Theorie und Berechnung

von

Motor-Luftschiffen

von

Dipl.-Ing. C. Eberhardt
Ingenieur beim Königl. Preuß. Luftschiffer-Bataillon, Berlin

Mit 118 Abbildungen im Text

Berlin W. 57
Verlag von M. Krayn
1912

Rosenthal & Co., Berlin SO., Rungestr. 20

INHALT

Vorwort.

Das Gerippe der vorliegenden Arbeit entstand aus einer Zusammenstellung von Formeln, die ich mir zunächst für meinen persönlichen Gebrauch entwickelt hatte, und deren Verwendung sich im Laufe meiner nunmehr sechsjährigen Praxis auf dem Gebiete des Motorballonbaues als zweckentsprechend herausgestellt hat.

Diese Gleichungen sollen in erster Linie zur Berechnung der wichtigsten Dimensionen aller wesentlichen Konstruktionselemente eines Luftschiffes dienen, während die Art der Ableitung den Zweck verfolgt, die für den Luftschiffkonstrukteur erforderlichen theoretischen Grundlagen in geschlossener Form zu bieten.

Die für den unmittelbaren Gebrauch am Konstruktionstisch bestimmten Gleichungen habe ich mich bemüht, in eine möglichst handliche Gestalt zu bringen.

Der Gang der Entwickelungen ist meist recht einfacher Natur, und habe ich daher alle Zwischenrechnungen auf das Notwendigste beschränkt, mit Ausnahme der wenigen Kapitel, die etwas höhere Rechnungsarten erfordern.

Auf konstruktive Details bin ich nirgends eingegangen, einerseits deshalb, weil keine Stelle, bei der Luftschiffe gebaut werden, eine Veröffentlichung ihrer konstruktiven Einzelheiten gerne sehen wird, und andererseits, weil ich der Ansicht bin, daß dafür kein großes Bedürfnis vorliegen kann, denn jeder im allgemeinen Maschinenbau gewandte Konstrukteur wird die anfangs etwas ungewohnten Aufgaben, die bei der konstruktiven Ausführung eines Luftschiffes an ihn herantreten, auf seine Art zweckentsprechend zu lösen wissen.

Ich habe mich daher darauf beschränkt, nur die Konstruktionsgrundsätze näher zu besprechen und auf einige prinzipielle Regeln hinzuweisen, deren sorgfältige Beachtung sich durch die Erfahrung als Notwendigkeit herausgestellt hat.

Es gibt kaum ein Verkehrsmittel, bei dem ein Fehler in der Berechnung oder in der konstruktiven Ausführung so schwerwiegende Folgen nach sich ziehen kann, wie bei einem Luftfahrzeug.

Der letztere Fehler wird leicht vermieden, wenn die hier gegebenen Konstruktionsgrundzüge beachtet werden, und bei Entwurf und Ausführung der Details die notwendige Sorgfalt vorhanden ist:

Dagegen ist ein Fehler in der Berechnung oder Schätzung der wesentlichen Dimensionen beziehungsweise der Beanspruchung der wichtigeren Konstruktionselemente nicht nur der gefährlichere, sondern auch der näherliegende, denn nur zu leicht ist er die Folge einer ungenügenden Kenntnis der theoretischen Grundlagen oder mangelnder Erfahrung.

Die Anwendung der hier entwickelten Gleichungen, in Verbindung mit den gegebenen Erfahrungszahlen dürfte einen solchen Kunstfehler mit Sicherheit verhindern.

Die Benutzung derselben am Konstruktionstisch ist schon auf Grund ihrer einfachen Form und Herleitung eine sehr bequeme. Um jedoch jeden Zweifel über die Art der Verwendung auszuschließen, habe ich fast stets ein Zahlenbeispiel aus der Praxis beigefügt.

Was die Berechnung der Ruderflächen betrifft, so habe ich sowohl für die Höhen- als auch für die Seitensteuerung das Loessl'sche Luftwiderstandsgesetz zu Grunde gelegt, das den Luftwiderstandskoeffizienten gleich 1 verlangt, während die moderneren Versuche denselben zwischen 0,66 und 0,7 angeben.

Bei diesen neuesten Versuchen, deren Zuverlässigkeit außer Frage steht, kamen jedoch bis jetzt nur Flächen in Betracht, deren Größe gegenüber derjenigen der Ruderflächen eines Luftschiffes verschwindend ist. Jedenfalls ist die Frage noch nicht geklärt, in welcher Weise Form und Ausdehnung einer Fläche, bzw. die beim fahrenden Schiff auftretenden Wirbel, den fraglichen Koeffizienten beeinflussen können. Ich habe, allerdings nur auf Grund eines sehr primitiven Versuches am Luftschiff, diesen Koeffizienten für ein zirka 15 qm großes Seitenruder ziemlich genau gleich 1 gefunden.

Der geschätzte Leser, der einem anderen Koeffizienten den Vorzug gibt, braucht die fraglichen Formeln nur mit dem demselben zu multiplizieren.

Die Ruderflächen ergeben sich dann entsprechend größer, ich glaube aber sicher, daß dann die gewünschte Wirkung überschritten wird, ein Umstand, der ja im allgemeinen nichts schadet, jedoch andererseits bei vorn liegenden Höhensteuern einen unruhigen Lauf des Schiffes bedingen kann.

Ich habe es für notwendig gehalten, den eigentlichen Betrachtungen über Motorluftschiffe ein Kapitel vorauszuschicken, das sich mit der Konstruktion und Ausrüstung eines modernen Freiballons befaßt, denn ich halte es für selbstverständlich, daß der Konstrukteur von Motorluftschiffen mit der Einrichtung eines frei dem Winde überlassenen Kugelballons sowie mit dessen Theorie vollkommen vertraut ist.

Anschließend daran ergab es sich von selbst, alle die dem freien und lenkbaren Ballon gemeinsamen Momente zunächst unter den einfacheren Verhältnissen des Kugelballons vorzuführen, womit ich glaube, dem angehenden Luftschiffkonstrukteur das Eindringen in den nicht so ganz einfachen, zum mindesten aber etwas ungewohnten Stoff einigermaßen erleichtert zu haben.

Diejenigen wenigen Betrachtungen bzw. Rechnungen, die zum Teil ein unmittelbar für die praktische Verwertung geeignetes Resultat nicht zu zeitigen vermögen, bitte ich deshalb nicht überschlagen zu wollen, denn gerade in solchen Fragen, die auf Grund mangelnder Versuchsunterlagen noch keine genügende Klärung erfahren konnten, ist eine kleine Rechnung oft von großem Wert, denn sie verschafft meist einen Überblick auf den Einfluß der einzelnen Faktoren auf das Ganze, und gestattet damit zum mindesten eine zuverlässigere Schätzung, als wenn eine solche nur gefühlsmäßig angestellt wird.

Die letztere Art der Schätzung mag recht gut sein, so lange das betreffende Gebiet über einen reichen Erfahrungsschatz verfügt, bzw. so lange ein solcher Erfahrungsschatz auf ein verwandtes Gebiet übertragen werden kann.

Liegen diese glücklichen Verhältnisse aber nicht vor, so gleicht eine Schätzung nach dem Gefühl mehr oder weniger einem Tappen im Dunklen.

Durch eine vorausgehende Rechnung wird der nachfolgende Versuch sich planmäßiger gestalten, unter Umständen auch ganz erspart werden können.

Als Schulbeispiel für den letzteren Fall möchte ich auf die in dem Kapitel 5 „Berechnung und Konstruktion der Ventile“ gegebene Entwickelung hinweisen, durch die der Weg für die konstruktive Ausführung eines jeder gewünschten Anforderung entsprechenden Überdruckventils in einfachster Weise gezeigt wird.

Es wird in diesem Falle kaum möglich sein, das gewonnene Resultat durch Probieren zu ermitteln.

Indem ich nun diese Arbeit der Öffentlichkeit übergebe, möchte ich die Hoffnung aussprechen dürfen, meinen Fachgenossen jeglichen Systems und insbesondere den angehenden Motorluftschiff-Konstrukteuren einen kleinen Dienst erwiesen zu haben.

Berlin, Reinickendorf W., im November 1911.

C. Eberhardt.

1. Luft und Wasserstoff. Auftrieb. Änderung des Auftriebs mit Druck und Temperatur.

Luft und Wasserstoff gehören zu den vollkommenen Gasen, also zu denjenigen, für welche die Gesetze von Gay-Lussac und Mariotte Geltung besitzen. Beide Gesetze sind vereinigt in der Zustandsgleichung der vollkommenen Gase, die sich schreibt:

$$10\,000\ p\,V = G\,R\,T$$

Dabei bedeutet:

p den absoluten Druck oder die Spannung des Gases in kg pro qcm,
G das Gewicht der betrachteten Gasmenge in kg,
V das Volumen derselben in cbm,
T die absolute Temperatur, und schließlich
R die Gaskonstante.

Die Zustandsgleichung der vollkommenen Gase genügt, um uns über die sämtlichen Fragen zu orientieren, die bei der Besprechung der Auftriebskräfte eines Luftschiffes von Bedeutung sind.

Nach dem Gesetz von Archimedes verliert jeder in ein Medium eingetauchte Körper so viel von seinem Gewicht, als der von ihm verdrängte Teil des Mediums wiegt. Sein Gewicht wird also negativ, wenn das spezifische Gewicht des Körpers geringer als dasjenige des Mediums ist. In diesem Falle sprechen wir von einem Auftrieb des eingetauchten Körpers, worunter wir also dasjenige Gewicht verstehen, mit dem der eingetauchte Körper belastet werden muß, damit er in seinem Medium gerade im Gleichgewichte schwimmt.

Dieses Belastungsgewicht entspricht der Differenz der Gewichte des Körpers und des von ihm verdrängten Mediums.

Das Gewicht von 1 cbm Luft, des für uns in Betracht kommenden Mediums, beträgt bei 0° Temperatur und 760 mm Druck in trockenem Zustande 1,293 kg.

Das Gewicht von 1 cbm Wasserstoff bestimmt sich unter den gleichen Verhältnissen zu 0,09 kg, so daß wir also mit 1 cbm des leichtesten uns zur Verfügung stehenden Gases ein Gewicht von $1{,}293 - 0{,}09 = 1{,}203$ kg in der Luft schwebend zu erhalten vermögen.

Maximal könnte ein Raum von 1 cbm 1,293 kg frei in der Luft halten, für den Fall, daß sein Inhalt gar nichts wiegt, eine Möglichkeit, die die Erfinder durch das Vakuum-Luftschiff zu erreichen streben.

Wir sehen, daß wir im Wasserstoff ein Gas besitzen, das der maximalen Grenze des möglichen Auftriebes in idealer Weise nahekommt, und diesem glücklichen Umstande ist es zu danken, daß der Beherrschung des Luftmeeres durch Motorluftschiffe ein Erfolg vorausgesagt werden kann.

Der Auftrieb von 1 cbm Wasserstoff von $\cong 1{,}2$ kg ist nur gültig für Temperatur und Druck von 0° C. und 760 mm Hg Säule.

Mit Hilfe der eingangs dieses Kapitels angegebenen Zustandsgleichung für vollkommene Gase wollen wir nun Gleichungen aufstellen, die in handlicher Form die Auftriebsverhältnisse so zu ermitteln gestatten, wie sie unter praktischen Verhältnissen auftreten.

Aus der Zustandsgleichung ergibt sich das Gewicht des Luftvolumens V beim Drucke p und der Temperatur t° C. wenn wir in derselben setzen für $R = 29{,}26$ die Gaskonstante der Luft, und für $T = t° + 273$ zu:

$$G = \frac{10\,000 \; p \, V}{29{,}26 \, (t + 273)} \quad \ldots\ldots \quad 1)$$

und entsprechend das Gewicht des Wasserstoffvolumens V beim Drucke p' und der Temperatur t' nach Einsetzen der Gaskonstanten des Wasserstoffes $R = 420$ zu:

$$G' = \frac{10\,000 \; p' \, V}{420 \, (t' + 273)} \quad \ldots\ldots \quad 2)$$

Der gesamte Auftrieb A des betrachteten Wasserstoffvolumens V ergibt sich dann als die Differenz dieser beiden Gewichte in der Form:

$$A = 10000 \, V \left[\frac{p}{29{,}26 \, (t + 273)} - \frac{p'}{420 \, (t' + 273)}\right].$$

Mit Hilfe dieser Gleichung können wir für jeden beliebigen Zustand der Wasserstoffüllung und der dieselbe umgebenden atmosphärischen Luft den zugehörigen Auftrieb angeben.

Nun sind jedoch die Druck- und Temperaturunterschiede innerhalb und außerhalb des Ballons in ihrem Einflusse auf den Auftrieb so gering, daß wir sie ohne Schaden vernachlässigen können, und unsere Gleichung für den Auftrieb des Wasserstoffvolumens V schreibt sich dann in der einfacheren Gestalt:

$$A = \frac{10000\,V\,p}{t + 273}\left[\frac{1}{29{,}26} - \frac{1}{420}\right]$$

wobei Druck und Temperatur dem jeweiligen Zustande der Atmosphäre entsprechen, und die Voraussetzung getroffen wird, daß innerhalb des Ballons die gleichen Verhältnisse gelten sollen.

Diese Auftriebsgleichung läßt sich für die praktische Verwendung noch bequemer gestalten.

Zunächst interessiert uns der Auftrieb pro Raumeinheit, wir setzen also $V = 1$ cbm.

Ferner messen wir den Luftdruck in mm Quecksilbersäule, während er in der Gleichung in kg pro qcm auftritt. Nun entspricht 1 kg pro qcm dem Drucke einer Quecksilbersäule von 735,5 mm, das ist der Luftdruck, der in etwa 300 m Höhe herrscht.

Unter Berücksichtigung dieser Momente erhalten wir für den Auftrieb von 1 cbm Wasserstoff, wenn wir den Luftdruck in mm Quecksilbersäule mit b bezeichnen.

$$a = \frac{10000\,b}{(t + 273)\cdot 735{,}5}\left[\frac{1}{29{,}26} - \frac{1}{420}\right]$$

oder nach Zusammenfassung der konstanten Werte die einfache Beziehung:

$$a = \frac{1}{2{,}32}\cdot\frac{b}{T} \qquad \ldots\ldots\ldots \quad 3)$$

worin also b den Barometerstand und T die absolute Temperatur der Luft bedeutet.

Für einen Barometerstand von 760 mm und eine Temperatur von 0° berechnet sich der Auftrieb a von 1 cbm Wasserstoff aus Gl. 3 zu:

$$\frac{1}{2{,}32}\cdot\frac{760}{273} = 1{,}2 \text{ kg};$$

Aus den Gleichungen 1 und 2 ergeben sich die Gewichte von 1 cbm Luft bzw. Wasserstoff unter den gleichen Verhältnissen zu 1,293 kg und 0,09 kg.

Diese drei Zahlen, die ich bereits in der Einleitung dieses Kapitels angegeben habe, spielen für den Luftschiffkonstrukteur eine wichtige Rolle.

Sie gelten nur für 760 mm Druck und 0° Temperatur und können daher der Berechnung eines Luftschiffes nicht ohne weiteres zu Grunde gelegt werden, da dieser Zustand der Atmosphäre meistens nicht vorhanden, und außerdem die Voraussetzung gemacht ist, daß chemisch reines Wasserstoffgas vorliegt.

Wir wollen daher zunächst untersuchen, wie sich der Auftrieb pro cbm Gas mit Druck und Temperatur ändert, um auf diese Weise

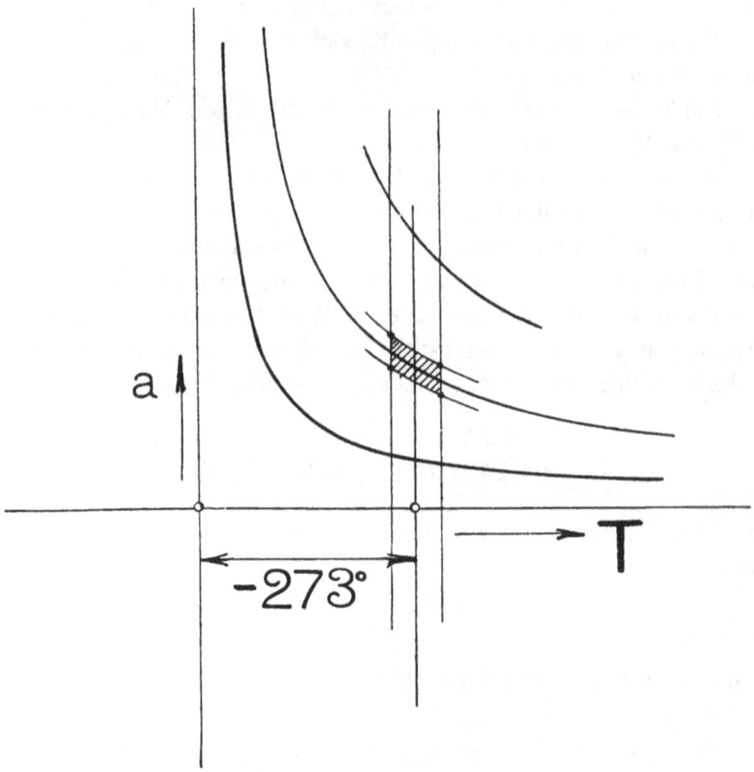

Fig. 1.

festzustellen, welche Auftriebszahl für die Berechnung eines Luftschiffes zu verwenden ist, damit die zum Betriebe erforderliche Tragkraft auch bei den ungünstigsten Temperatur- und Druckverhältnissen, die im Verwendungsgebiete des Schiffes auftreten können, noch gewährleistet ist.

Ferner soll uns diese Untersuchung einen Überblick gestatten auf die Zu- oder Abnahme der Tragfähigkeit des Schiffes bei Temperatur- oder Luftdruckschwankungen.

Wir ersehen aus Gl. 3 die ohnehin bekannte Tatsache, daß der

Auftrieb wächst mit steigendem Barometer, und daß er nachläßt mit steigender Temperatur.

Besonders interessieren uns die Zahlen, welche uns angeben, wieviel 1 cbm Wasserstoff an Auftrieb verliert oder gewinnt, wenn

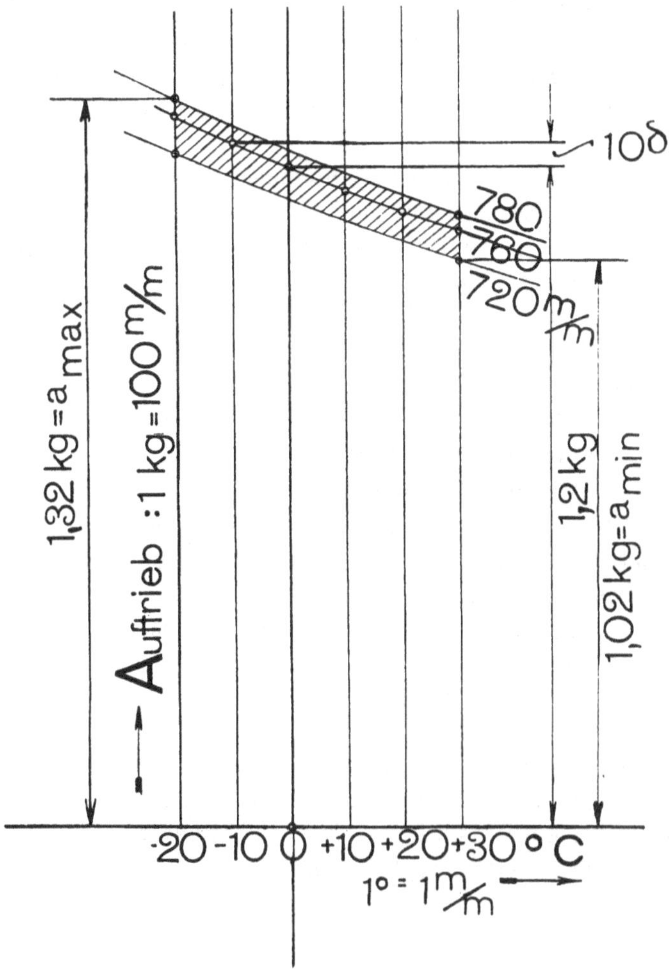

Fig. 2.

einerseits bei konstantem Druck die Temperatur um 1 ° zunimmt und andererseits bei konstant bleibender Temperatur das Quecksilberbarometer um 1 mm steigt.

Schreiben wir Gleichung 3 in der Form

$$a\,T = \frac{b}{2{,}32}$$

so erkennen wir, daß für einen gegebenen konstanten Druck b der Auftrieb mit steigender Temperatur abnimmt, nach dem Gesetze einer gleichseitigen Hyperbel, deren Mittelpunkt bei T = —273 ° liegt. Jedem Drucke entspricht eine andere Hyperbel, die um so höher liegt, je größer der Luftdruck wird, so daß in dieser Hyperbelschar (s. Fig. 1) sämtliche Auftriebsmöglichkeiten enthalten sind. Das praktisch in Betracht kommende Gebiet, etwa zwischen — 20 ° und + 30 ° C., sowie zwischen 720 und 780 mm Druck, ist durch Schraffur gekennzeichnet.

In Fig. 2 sind die Auftriebe für einen Druck b = 760 mm sowie für die Grenzdrucke 720 und 780 mm nach Gl. 3 innerhalb der für unsere Gegenden in Betracht kommenden Temperaturgrenzen berechnet und aufgetragen.

Wir sehen, daß der Hyperbelbogen in dieser Gegend schon so flach verläuft, daß wir ihn durch eine grade Linie ersetzen, d. h. also, daß wir die Abnahme des Auftriebes pro Grad Temperaturzunahme in unseren Breiten als konstant annehmen können.

Wir wollen nun diese Auftriebsdifferenz pro Grad Temperaturänderung zahlenmäßig bestimmen.

Gleichung 3 gibt uns den Auftrieb pro cbm Gas an, für den Druck und die Temperatur der Atmosphäre b und T.

Setzen wir in dieser Gleichung statt T eine um 1 ° höhere Temperatur ein, also T + 1, so erhalten wir daraus den durch die Temperaturerhöhung von 1 ° bei gleichbleibendem Druck bedingten, gegen den ursprünglichen Zustand etwas verminderten Auftrieb.

Subtrahieren wir nun die beiden Gleichungen von einander, so bekommen wir die zu der ursprünglichen Temperatur T gehörige Auftriebsdifferenz für 1 ° Temperaturzunahme.

Bezeichnen wir diese Differenz mit δ_t, so ergibt sich dafür:

$$\delta_t = \frac{1}{2,32}\left(\frac{b}{T} - \frac{b}{T+1}\right)$$

oder

$$\delta_t = \frac{b}{2,32} \cdot \frac{1}{T^2 + T} \quad \ldots\ldots\ldots \quad 4)$$

Aus Gleichung 4 ersehen wir, daß die Auftriebsdifferenz direkt proportional dem Luftdrucke wächst. Je höher also der herrschende Luftdruck, desto mehr beeinflußt der Temperaturwechsel die Tragkraft eines Schiffes. In Fig. 1 kennzeichnet sich diese Erscheinung durch immer steileren Abfall der Auftriebshyperbeln mit zunehmendem Drucke innerhalb des praktisch verwendeten Temperaturgebietes.

Die bei uns auftretenden Luftdruckschwankungen (s. Fig. 2) vermögen jedoch keinen sehr wesentlichen Einfluß auf den Durchschnittswert der Differenz δ_t auszuüben, immerhin können sie bei großen Schiffen etwas mehr ausmachen als erwünscht ist, und man muß jedenfalls über die Art ihres Einflusses die richtige Vorstellung haben.

Berechnen wir nun nach Gl. 4 die Auftriebsdifferenz δ_t für die Temperaturen $t = -20°$, $0°$, $+20°$, und $+30°$ und dem konstanten Druck $b = 760$ mm, so erhalten wir dafür die Zahlen:

t^0 C	δ_t in kg
− 20	0,0051
± 0	0,0043
+ 20	0,0038
+ 30	0,0036

Die Abnahme der Auftriebsdifferenz δ_t mit zunehmender Temperatur erfolgt also wie nach Fig. 2 vorauszusehen war, so langsam, daß sie innerhalb der praktisch auftretenden Temperaturgrenzen zwischen $-20°$ und $+30°$ die Annahme eines Mittelwertes zuläßt, den wir zu 0,004 kg = 4 g wählen wollen. Dabei darf aber nicht vergessen werden, daß in arktischen Gebieten eine Temperaturänderung einen größeren Einfluß auf die Tragkraft eines Schiffes ausübt als in den heißen Zonen.

Wir können uns also für unsere Temperaturverhältnisse merken, daß mit der Erhöhung der Temperatur um 1° der Auftrieb von 1 cbm Wasserstoff um rund 4 g nachläßt, was sich bei heißer Jahreszeit recht unangenehm bemerkbar macht.

So verliert z. B. ein großes Schiff von 20 000 cbm Deplacement bei nur 1° Temperaturzunahme 80 kg an Tragkraft, kann also gerade eine Person weniger befördern, bei 12,5° Temperatursteigerung beläuft sich der Verlust an Tragkraft in diesem besonderen Falle bereits auf 1000 kg.

Wir sehen also, daß der Auftrieb von 1,2 kg der für 760 mm Druck und 0° Temperatur bei reinem Gas vorhanden ist, der Deplacementsberechnung eines in gemäßigten Zonen fahrenden Schiffes unmöglich zugrunde gelegt werden kann.

Wenden wir uns nun zu der Untersuchung der Aenderung des Auftriebes von 1 cbm Gas bei einer Druckänderung von 1 mm Quecksilbersäule unter der Voraussetzung einer konstanten Temperatur. Zu diesem Zwecke setzen wir wieder in Gleichung 3 für den ursprünglichen Druck b den um 1 mm höheren Barometerstand b + 1 ein, subtrahieren beide Zustandsgleichungen von einander und erhalten damit die durch 1 mm Druckänderung verursachte Auftriebsdifferenz, die wir jetzt mit δ_b bezeichnen wollen, zu:

$$\delta_b = \frac{1}{2{,}32}\left(\frac{b+1}{T} - \frac{b}{T}\right)$$

oder

$$\delta_b = \frac{1}{2{,}32\,T} \quad . \quad . \quad . \quad . \quad . \quad . \quad . \quad . \quad 5)$$

Die Auftriebsänderung δ_b für 1 mm Druckdifferenz ist also unabhängig vom ursprünglichen Druck, also für jeden Druck die gleiche, im Gegensatz zur Auftriebsänderung δ_t für 1 ° Temperaturdifferenz, die eine Funktion der ursprünglichen Temperatur darstellt, also bei jeder Temperatur eine andere wird, und nur innerhalb der praktisch in Betracht kommenden Temperaturgrenzen als konstant angenommen werden konnte.

δ_b wird um so größer, je niedriger die Temperatur ist, bei der die Druckänderung stattfindet.

Schreiben wir Gleichung 5 wie folgt:

$$\delta_b\,T = \frac{1}{2{,}32}$$

so zeigt sie sich in der Form der gleichseitigen Hyperbel, womit wir über die Art der Differenzabnahme δ_b mit steigender Temperatur orientiert sind.

Der Mittelpunkt der Hyperbel liegt bei T = — 273 ° entsprechend der Fig. 3.

Die Hyperbel verläuft im praktisch benutzten Temperaturgebiet wiederum schon so flach, daß sie ebenso wie vorher bei der Änderung des Auftriebs mit der Temperatur an dieser Stelle durch eine gerade Linie ersetzt werden kann, oder mit anderen Worten: Die Auftriebsdifferenz δ_b für 1 mm Druckunterschied ist nicht nur unabhängig vom ursprünglichen Druck, sondern innerhalb des praktisch benutzten Gebietes auch mit größter Annäherung unabhängig von der Temperatur.

Berechnen wir nun mittels der Gleichung 5 für die Temperaturen t = —10 °, 0 °, + 10 °, + 20°, + 30 ° die zugehörigen Differenzen δ_b, so erhalten wir:

t^0 C	δ_b in kg
— 10	0,00164
0	0,00158
+ 10	0,00152
+ 20	0,00147
+ 30	0,00142

Die Unterschiede der Werte δ_b innerhalb einer Temperaturschwankung von 40 ° C. sind also so gering, daß wir einen konstanten

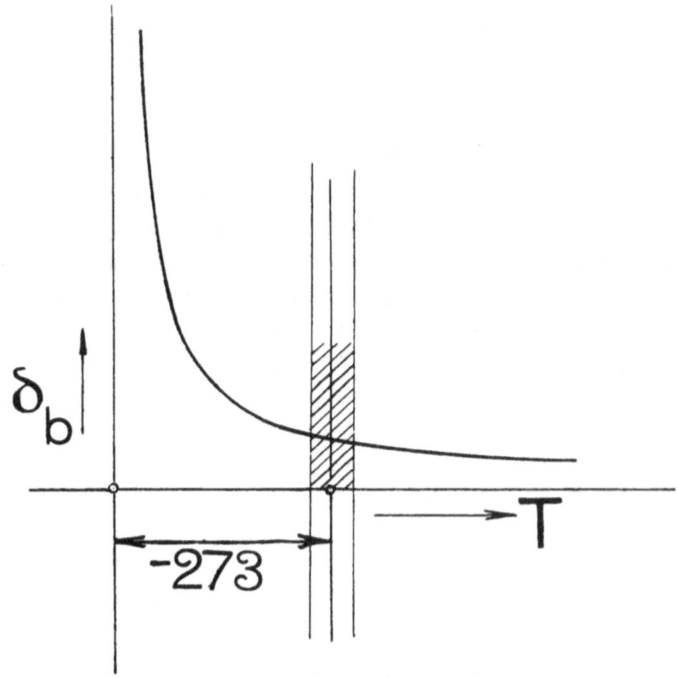

Fig. 3.

Mittelwert annehmen können, den wir in diesem Falle zu 0,0015 kg bestimmen wollen, und wir können uns wieder als Regel merken, daß mit der Erhöhung des Druckes um 1 mm der Auftrieb von 1 cbm Gas um rund 1,5 g zunimmt.

Der Einfluß der Luftdruckschwankungen auf die Tragkraft eines Schiffes ist also bei weitem nicht so stark als derjenige des

Temperaturwechsels, für welchen wir als Mittelwert 4 g Auftriebsdifferenz pro 1 ° und cbm festgestellt haben.

Damit ist uns der Einfluß von Druck und Temperatur auf die Auftriebsverhältnisse vollkommen bekannt.

Es frägt sich nun: Welche Auftriebsgröße pro cbm Wasserstoff legen wir der Berechnung eines Luftschiffes zugrunde.

In Fig. 2 sind nach Gl. 3 die Auftriebshyperbeln innerhalb der Temperatur- und Druckgrenzen unserer Breiten aufgetragen und das praktisch in Betracht kommende Auftriebsgebiet durch Schraffur gekennzeichnet.

Danach wäre der maximal zu erwartende Auftrieb pro cbm zu 1,32 kg an der höchsten Ecke des schraffierten Vierecks anzunehmen, der mindeste dagegen an der tiefsten Ecke desselben zu 1,02 kg, und mit der letzteren Größe wäre sonach beim Entwurf eines Schiffes zu rechnen, wenn dasselbe auch bei den ungünstigsten Druck- und Temperaturverhältnissen seine volle Leistungsfähigkeit entfalten soll.

Ich möchte auch nicht raten, von diesem Werte abzuweichen, indem man auf die Hoffnung baut, daß jene außerordentlich ungünstigen Fahrverhältnisse bei 30 ° C. und nur 720 mm Barometerstand voraussichtlich nur alle zehn Jahre einmal eintreten, denn einerseits ist zu beachten, daß allen unseren bisherigen Überlegungen reines Gas zugrunde lag, das bei 760 mm Druck und 0 ° genau 1,2 kg Auftrieb liefert, und das uns in der Praxis nicht immer zur Verfügung steht, und auch wenn ein Wasserstoff von dieser Qualität vorhanden ist, so kommen seine guten Eigenschaften nur bei frischer Füllung des Ballons zur Geltung. Nach einiger Zeit läßt durch Diffusion der Auftrieb nach, und kann auch durch tägliches Nachfüllen mit frischem Gas nie mehr ganz auf seine ursprüngliche Höhe gebracht werden. Da aber unsere Luftschiffe bei den hohen Kosten der Füllung wochen- und monatelang unter Gas stehen müssen, so ist mit der Abnahme des Auftriebes erheblich zu rechnen.

Andererseits ist es eine durch die Erfahrung absolut feststehende Tatsache, daß jedes einzelne Konstruktionsaggregat schwerer ausfällt als man glaubt. Dagegen hilft weder die sorgfältigste und mühsamste Gewichtsberechnung während des Entwurfes, noch die durch größte Erfahrung unterstützte Schätzung des Gewichts. Es helfen dagegen auch nichts die auf Grund der Kenntnis obiger Tatsache auf die berechneten oder geschätzten Gewichte gemachten Zuschläge: Jedes Konstruktionsaggregat wiegt mehr als man glaubt.

Wer nicht geneigt ist, diesen Satz als absolute Wahrheit hinzunehmen, hat wenig Aussicht, ein brauchbarer Luftschiffkonstrukteur zu werden.

Auf Grund dieser Überlegungen wollen wir also für die Berechnung eines Luftschiffes eine Auftriebskraft pro cbm Gas von 1,02 kg festhalten.

Eine Abweichung von dieser Zahl nach oben hin hat meistens eine Enttäuschung zur Folge, und eine nachträgliche Volumenvergrößerung des fertig montierten Schiffes infolge ungenügender Tragkraft ist nicht zu vermeiden.

2. Konstruktion und Ausrüstung des modernen Freiballons. Der Einfluss des Windes.

Für den Konstrukteur von Motorluftschiffen dürfte es eine selbstverständliche Notwendigkeit sein, daß er mit der Konstruktion und Ausrüstung eines ohne Motor, frei dem Winde überlassenen Kugelballons, sowie mit dessen Verhalten in der Luft und an der Erde, womöglich aber auch mit seiner selbständigen Führung vollkommen vertraut ist.

Es ist diese Notwendigkeit vor allem schon deshalb gegeben, weil das Motorluftschiff jederzeit bei Motordefekten in die Lage eines Freiballons versetzt werden kann, und weil ferner ein Motorluftschiff in seinen statischen Gleichgewichtsverhältnissen sowie im Verhalten seiner Gasfüllung sich von einem Freiballon prinzipiell in nichts unterscheidet.

Ferner finden wir die wesentlichen Konstruktionsteile und Ausrüstungsgegenstände des freien Ballons beim Lenkbaren wieder, und es ist deshalb zweckmäßig und für das Verständnis der folgenden Kapitel fördernd, wenn wir zunächst alle dem freien und lenkbaren Ballon gemeinsamen Konstruktionsteile und Eigenschaften unter den einfacheren Verhältnissen des Freiballons studieren.

Die praktische Ausführung der Erkenntnis, daß ein mit einem leichteren Gas als die atmosphärische Luft gefüllter Ballon bei genügender Dimensionierung in derselben emporsteigen müsse, unternahmen zum ersten Male die Gebrüder Montgolfiers im Jahre 1783 zu Paris, indem sie einen Ballon mit heißer Luft erfüllten, der auch tatsächlich vor den Augen der staunenden Zeitgenossen sich von der Erde löste und langsam steigend davonzog.

Der Unterschied des spezifischen Gewichts zwischen der heißen Luft im Innern des Ballons und der den Ballon umgebenden atmosphärischen Luft ist jedoch ein sehr geringer. So beträgt er beispielsweise unter der Voraussetzung, daß die Temperatur der Atmosphäre 0° beträgt, und die Luft im Innern des Ballons auf 100° erhitzt wird, nur C 0,3 kg, d. h. jeder Kubikmeter der Ballonfüllung vermag ein Gewicht von 0,3 kg zu heben.

Trotz dieses geringen Auftriebes der erhitzten Luft, und trotz der primitiven, technischen Hilfsmittel der damaligen Zeit, gelang es den Gebrüdern Montgolfiers, einen Ballon zu konstruieren, der zwei Personen zu heben vermochte. Die beiden französischen Edelleute Pilatre de Roziers und Marquis d'Arlandes waren die ersten Menschen, die sich diesem Fahrzeug anvertrauten, und zwar mit Erfolg, denn nach ca. 25 Minuten landeten sie unversehrt glatt in der Nähe von Paris.

Nach diesen erfolgreichen Ergebnissen kam der Gelehrte Charles auf den Gedanken, den Ballon statt mit erwärmter Luft mit Wasserstoff zu füllen, so daß also jeder Kubikmeter der Ballonfüllung c 1 kg zu heben in der Lage ist. Er konstruierte einen Ballon aus gefirnißter Seide und stieg mit diesem Fahrzeug im Dezember des Jahres 1783 mit seinem Freunde Roberts auf. Nach kurzer Fahrt landeten sie wohlbehalten außerhalb der Stadt Paris.

Durch diese kühnen Versuche war der Beweis erbracht, daß es dem Menschen praktisch möglich ist, den Grund des Luftmeeres, auf den er bis dahin gebannt war, zu verlassen.

Trotz dieses großen Erfolges war man sich jedoch gleich des Nachteils bewußt, daß der freischwebende Ballon ein Spiel der Winde ist. Das Fahrzeug wird vom Winde erfaßt und solange durch den Druck des Windes beschleunigt, bis es die Geschwindigkeit und Richtung desselben angenommen hat. *Ist dieser Beharrungszustand erreicht, so besteht zwischen dem Ballon und der ihn umgebenden Atmosphäre kein Geschwindigkeitsunterschied mehr.*

Der Luftschiffer im Freiballon fühlt daher für gewöhnlich in Fahrt nicht den leisesten Windhauch, wenngleich er unter Umständen mit der Geschwindigkeit eines Schnellzuges über die Erde davongeführt wird. Gelangt jedoch der Ballon auf seiner Fahrt in Luftschichten, in denen die Richtung oder die Geschwindigkeit des Windes eine andere ist, so schießt die mehrere Zentner schwere Masse des Freiballons zunächst infolge ihrer Beharrung in derselben Richtung und mit der alten Geschwindigkeit weiter, und erst allmählich nimmt der Ballon die Geschwindigkeit bzw. Richtung der Luftströmung an, in die er geraten ist. Nur in solchen Fällen fühlt der Luftschiffer während der Fahrt auf kurze Zeit Wind, und die Richtung, aus der er den Luftzug erhält, läßt ihn wissen, daß sein Fahrzeug Richtung oder Geschwindigkeit geändert hat, und in welchem Sinne.

Die Versuche, die unmittelbar nach Erfindung des Freiballons angestellt wurden, denselben mit Hilfe von Segelflächen und Steuerrudern zu lenken, waren daher vergeblich, denn der Wind vermag nach Eintritt des Beharrungszustandes keinerlei Kräfte mehr auf irgendeinen Teil des Fahrzeuges auszuüben.

Das Gleiche gilt auch für den in Fahrt befindlichen Lenkbaren, denn auch er nimmt natürlich nach Eintritt des Beharrungszustandes Geschwindigkeit und Richtung der ihn umgebenden Luft restlos an, und bewegt sich nur relativ zu dieser mit Richtung und Geschwindigkeit des herrschenden Windes über die Erdoberfläche ziehenden Luftmasse mit Hilfe der durch seine Propeller erzeugten Eigengeschwindigkeit.

Seine für die Praxis maßgebende Geschwindigkeit relativ zur Oberfläche der Erde ist also gegeben durch die Resultierende aus Eigengeschwindigkeit und Windgeschwindigkeit. Ich komme darauf noch in einem besonderen Kapitel ausführlich zu sprechen.

Die auf einen Lenkbaren in Fahrt wirkenden Luftdruckkräfte können also nur von dem durch seine Eigengeschwindigkeit herrührenden Luftzuge erzeugt sein, und wirken daher stets frontal, mit Ausnahme des bereits beim Freiballon erwähnten Falles, daß Stärke oder Richtung des herrschenden Windes sich ändern.

Seit den oben erwähnten ersten Freiballonfahrten im Jahre 1783 wurde die konstruktive Ausführung der Freiballons in einer Weise durchgebildet, daß dieselbe in ihrer Einfachheit und Zweckmäßigkeit als vollendet erscheinen muß.

Wir wollen uns nun die praktische Ausführungsform eines modernen Freiballons etwas näher ansehen. Fig. 4 zeigt die Skizze eines solchen.

Als Form für den Gasraum wählte man von Anfang an die Kugel, weil dieser Körper bei einem Maximum von Rauminhalt ein Minimum an Oberfläche aufweist, und somit ein Minimum des Gewichts der Gashülle gewährleistet.

Die Gashülle des Ballons muß unten stets offen sein, denn das zur Füllung verwendete Gas hat das Bestreben, sich energisch auszudehnen, wenn der äußere Luftdruck geringer wird, oder wenn die Temperatur der Gasfüllung wächst, oder gar, wenn beides zugleich eintritt. Das erstere ist stets der Fall, wenn der Ballon steigt, also andauernd in Luftschichten von geringerem Druck gelangt; die zweite

Ursache einer Ausdehnung der Ballonfüllung ist weniger durch die Temperaturunterschiede der verschiedenen Luftschichten gegeben, als durch die wechselnde und unter Umständen sehr intensive Sonnenbestrahlung.

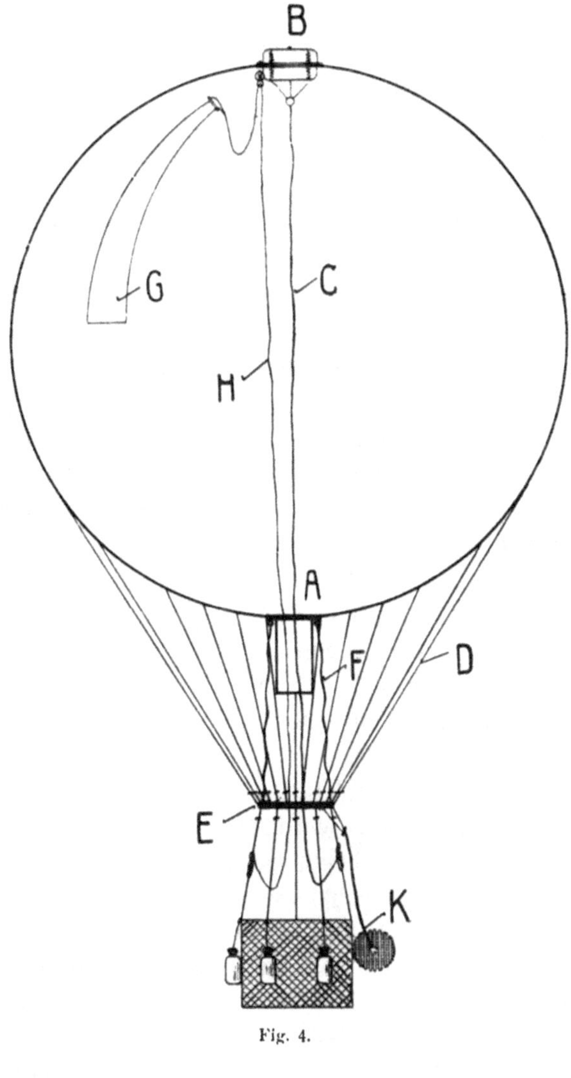

Fig. 4.

Der Unterschied zwischen der Temperatur der Atmosphäre und der Temperatur im Innern des Ballons kann nach Hauptmann von Sigsfeld bis zu 60° C. betragen.

Bei dem fahrenden Lenkbaren sind solche Temperaturunterschiede jedoch nicht zu befürchten, da dessen Oberfläche in dem durch seine Eigenschwindigkeit erzeugten Luftstrom dauernd gekühlt wird, so daß ein wesentlicher Temperaturunterschied zwischen Gasfüllung und umgebender Atmosphäre nicht besteht, eine Annahme, die ich auch der Behandlung der Auftriebsverhältnisse im 1. Kapitel zugrunde legte.

Ist der Freiballon bei der Abfahrt voll gefüllt, und wäre er völlig geschlossen und das Gas somit nicht in der Lage, beim Nachlassen des äußeren Luftdruckes mit wachsender Höhe, bzw. bei Zunahme der Temperatur sich auszudehnen, so würde die dadurch bedingte Zunahme des Gasdruckes bald die Festigkeitsgrenze des Ballonstoffes erreichen, und schließlich die Hülle zum Platzen bringen.

Der Ballon besitzt daher stets am unteren Pol eine kreisförmige Öffnung *A* von ca. ½ m Durchmesser, an die sich mittels eines Holzringes ein kurzer zylindrischer Ansatz schließt, der Füllansatz, so genannt, weil er bei der Füllung des Ballons zum Anschluß der Gasleitung dient.

Im Zenit des Ballons befindet sich ein Ventil *B*, das durch Zug an einer durch den Füllansatz zum Korbe führenden Leine, der Ventilleine *C*, geöffnet werden kann, wodurch ein Teil des Gases zum Ausströmen gebracht wird.

Beim Nachlassen des Zuges an der Ventilleine schließt sich das Ventil selbsttätig durch kräftige Federn *F* (s. Fig. 5), die den Ventilteller gasdicht gegen eine an einem Holz- oder Metallring befestigte Gummimembrane pressen. Die Konstruktion eines Freiballonventils zeigt Fig. 5. Die sichere Führung des Ventiltellers wird durch Kniehebel bewirkt.

Die Ventile der Motorluftschiffe, auf die wir noch näher zu sprechen kommen, sind im wesentlichen ebenso gebaut.

Die ganze Hülle umschließt ein dichtmaschiges Netz aus Hanfseilen, dessen untere Maschen in eine Anzahl Leinen auslaufen, die sogenannten Netzleinen *D*, die an dem aus Stahlrohr bestehenden Korbring *E* enden (siehe Fig. 4). Dieser Korbring trägt an kräftigen Hanfleinen den Korb zur Aufnahme der Insassen. Außerdem führen vom Korbring nach oben zu dem Holzring des Füllansatzes zwei Leinen, die Füllansatzleinen *F*, welche den Zweck haben, den Abstand des Füllansatzes vom Korbringe zu begrenzen.

Der Korb besteht aus Weidengeflecht, da dieses Material große Elastizität besitzt, die beim Aufschlag auf die Erde unter Umständen in hohem Maße erforderlich ist, um eine Zerstörung des Korbes zu verhindern.

Als Landungsvorrichtung besitzt ferner jeder Freiballon die Reißbahn, das ist ein zungenförmiger Stoffstreifen *G* von ca. 10 cm Breite, der, vom Zenit bis zum Äquator der Kugel verlaufend, an der Hülle mittels Paragummi angeklebt oder angenäht ist, und mit Hilfe der an seiner Spitze befestigten und durch den Füllansatz zum Korbe führenden Reißleine *H* aufgerissen werden kann, wodurch ein klaffender Riß in der Hülle entsteht, der eine rasche Entleerung derselben sichert. (Siehe Figur 4.)

Erst nach Erfindung und dem allgemeinen Bekanntwerden der Reißbahn war die Möglichkeit einer sicheren Landung auch bei scharfem Wind gegeben.

Der zur Erde gehende Ballon wird bei starkem Winde mit großer Kraft und Geschwindigkeit über das Gelände geschleift, und Hindernisse, wie Gebäude, Bäume, Felsen etc. können schwere

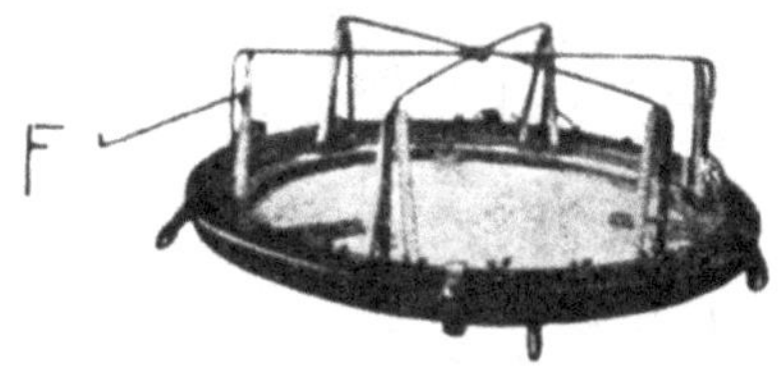

Fig. 5.

Katastrophen im Gefolge haben, wenn es nicht gelingt, durch schnelle Entleerung des Gasinhaltes das Fahrzeug zum Halten zu bringen. Diese Möglichkeit ist durch die Einführung der Reißbahn gegeben. In früheren Zeiten besaß man als Landungsorgan nur das Ventil, durch dessen verhältnismäßig geringe Öffnung der Gasinhalt nur langsam entweichen kann, so daß daher langdauernde gefährliche Schleiffahrten vor der Landung in Kauf genommen werden mußten.

Um ein unerwünschtes Öffnen der Reißbahn zu verhindern, wird die Reißleine nicht unmittelbar von der Spitze der Reißbahn zum Korbe geführt, sondern sie ist vorher durch eine Feder *I* in einem am Ventilring befestigten Ring *L* gesichert, aus der sie nur durch einen energischen Ruck gelöst werden kann (siehe Fig. 6). Erst dann ist der Ballon klar zur Landung.

Außer der Reißbahn besitzt der Freiballon als weiteres Landungsorgan das Schleppseil *K*, ein starkes Hanfseil von ca. 100 m Länge, welches am Korbe befestigt ist, und zwar auf derselben Seite, auf der sich die Reißbahn befindet. Es hat den Zweck, den Ballon vor der Landung so einzustellen, daß die Reißbahn auf der Luvseite liegt, so daß also die beim Reißen unter dem Druck des Windes in der Fahrtrichtung zur Erde sinkende Hülle den Reißschlitz stets oben behält, wodurch allein eine schnelle Entleerung und damit eine sichere Landung gewährleistet ist. Ferner dient das Schleppseil dazu, den Fall des Ballons kurz vor der Erde zu mildern, indem das Gewicht des Fahrzeuges von dem Augenblick ab, in dem das Schleppseil den Boden berührt, allmählich um das ganze Gewicht des Schleppseiles entlastet wird.

Schließlich hat das vor der Landung auf der Erde nachgeschleifte Seil die Aufgabe, durch seinen beträchtlichen Reibungswiderstand die Fahrgeschwindigkeit des Ballons zu bremsen.

Die Ausrüstung des Freiballons an Instrumenten besteht im allgemeinen aus zwei Barometern zur Bestimmung der Höhenlage

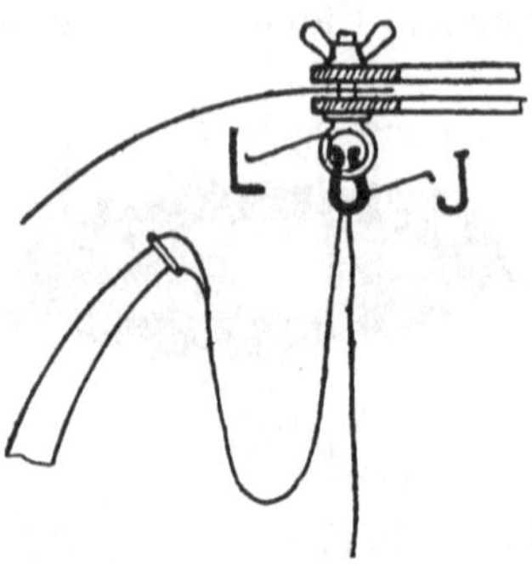

Fig. 6.

des Fahrzeuges und zwar aus einem Aneroid-Barometer, dessen Zeiger den Luftdruck und die diesem entsprechende Höhenlage abzulesen gestattet, und ferner aus einem Barographen, dessen Schreibstift auf einem durch ein Uhrwerk in Drehung gesetzten Zylinder eine Höhenkurve aufzeichnet, die die Höhenlage des Ballons für jeden Augenblick der Fahrt festhält.

Aus diesen beiden Höhenmessern erkennt der Luftschiffer eine Änderung der Höhenlage seines Fahrzeuges jedoch nicht so schnell, als es ihm erwünscht ist, da sich der Zeiger bzw. der Schreibstift sehr langsam und für das Auge kaum wahrnehmbar bewegen. Aus diesem Grunde gehört zur Ausrüstung des Freiballons noch das Statoskop, ein Apparat, der sofort die Änderung der Höhenlage verrät. Er besteht aus einem Aluminiumgehäuse mit einer kreisrunden Öffnung, welche mit einer Gummimembrane verschlossen ist. An eine weitere Öffnung des Gehäuses ist ein kurzer Gummischlauch angeschlossen. Drückt man diesen mit der Hand zu, so dehnt sich beim Steigen des Ballons die nun im Innern des Gehäuses eingeschlossene

Luft unter dem Nachlassen des Luftdruckes aus und zieht sich umgekehrt beim Fallen des Fahrzeuges zusammen. Hierdurch wird die Gummimembrane in einem Fall nach außen, im andern nach innen gedrückt, welche Bewegung mechanisch auf einen Zeiger übertragen wird, dessen Ausschlag nach der einen oder andern Seite augenblicklich Intensität und Sinn einer Vertikalbewegung angibt.

Die gleichen Ausrüstungsgegenstände und Vorrichtungen muß auch ein Motorluftschiff besitzen. In bezug auf die Reißvorrichtung besteht nur ein Unterschied in der Verwendung: Der Freiballon wird bei der Landung stets gerissen, der Motorballon dagegen nur bei Gefahr, und dann nur im äußersten Notfall.

Ferner braucht der Luftschiffer Kompaß und Karten, damit er sich stets über Fahrtrichtung und Gelände orientieren kann.

Schließlich noch einige Worte über die Verwendung eines Ankers.

Die Berichte vieler Ballonführer gehen darin überein, daß ein Anker trotz seines Gewichtes von ca. 40 kg bei hartem Boden nicht packt und bei weichem Boden vielfach wieder ausgerissen wird und in großen Sprüngen dem Ballon folgt, womit für die Korbinsassen eine Gefahr der Beschädigung vorliegt. Es ist deshalb von der Mitführung eines Ankers Abstand zu nehmen und läßt sich in der Tat durch rechtzeitige Ballastausgabe, Verwendung des Schlepptaues und Benützung der Reißbahn so gut operieren, daß der Anker durchaus entbehrlich wird.

3. Der statische Gleichgewichtszustand. Verhalten des Ballons und seine Gasfüllung bei wechselnder Höhe.

Wir kommen nun zu den Mitteln, die uns die Möglichkeit bieten, die Höhenlage unseres Fahrzeuges zu beherrschen.

Wir studieren sie zunächst wieder unter den einfacheren Verhältnissen eines Freiballons ebenso wie das Verhalten der Gasfüllung bei Änderung der Höhenlage des Ballons, wobei zu bemerken ist, daß alle Schlußfolgerungen ohne weiteres auch für einen Motorballon bedingungslos Geltung besitzen, und zwar gleichgültig, ob er sich in Fahrt befindet oder nicht.

Nehmen wir zunächst an, daß der Freiballon vor dem Ablassen von der Erde vollständig gefüllt ist, was im allgemeinen durchaus nicht notwendig ist, und denken wir uns ferner den Ballon außer seinem toten Gewicht und der aus Personen, Proviant, Apparaten etc. bestehenden Nutzlast, noch mit soviel Ballast beschwert, daß er gerade im Gleichgewicht schwebt, so können wir offenbar durch Gewichtserleichterung, also durch Abwerfen von Ballast, der in Form von Sand und bei Lenkbaren in Form von Wasser mitgeführt wird, erreichen, daß der Ballon leichter wird, als das Gewicht der von ihm verdrängten Luft. Dieser Gewichtsunterschied, der also genau der abgeworfenen Ballastmenge entspricht, wirkt sofort als Auftrieb, und beschleunigt den Ballon so lange nach oben, bis das Gewicht der von ihm verdrängten Luft, das bei dem gleichbleibenden Volumen des Ballons mit wachsender Höhe immer mehr abnimmt, schließlich gerade wieder gleich dem Gesamtgewichte des Fahrzeuges geworden ist.

Andererseits erreicht man durch Verminderung des Ballonvolumens, also durch Ablassen von Gas aus dem am höchsten Punkte der Ballonhülle angebrachten Ventil, daß das Gewicht der von dem Fahrzeug verdrängten Luft geringer wird, als das Gesamtgewicht desselben. Der dadurch erzeugte Gewichtsunterschied wirkt als beschleunigende Kraft nach der Erde zu: Der Ballon fällt, und zwar fällt er bis zur Erde durch, wenn nicht rechtzeitig durch Ballastwerfen gebremst wird. Diese Erscheinung erklärt sich leicht, wenn wir uns an das Mariottesche Gesetz erinnern, nach welchem bei gleichbleibender Temperatur das Produkt aus Druck und Volumen eines Gases stets eine konstante Größe ist. Bezeichnen wir den Druck einer Atmosphäre in einer beliebigen Höhe über dem Meere mit p und das Volumen des Ballons, dessen Gasfüllung unter dem äußeren Luftdruck steht, mit V, so haben wir zunächst nach Mariotte $pV =$ konstant. Veranlassen wir nun durch Ablassen von Gas den Fall des Ballons, so gelangt derselbe in Luftschichten mit höherem Druck und der Ballon schrumpft im selben Maße zusammen, als der Luftdruck steigt. Im selben Maße wächst aber das Gewicht der von dem Gasinhalte des Ballons verdrängten Luft, so daß also der durch Ventilzug veranlaßte Gewichtsunterschied zwischen Ballon und verdrängter Luft während des Falles andauernd genau der gleiche bleibt, womit das Durchfallen des Freiballons bis zur Erde erklärt ist.

Es handelt sich also beim Fall eines Freiballons um eine gleichförmige beschleunigte Bewegung, die sich von dem freien Fall eines Körpers nur dadurch unterscheidet, daß die beschleunigende Kraft nicht dem Gewichte des Ballons, sondern nur dem Gewichtsunterschiede zwischen dem Ballon und der von ihm verdrängten Luft entspricht.

Bis jetzt gilt diese Ueberlegung streng, jedoch nur unter der Voraussetzung, daß die Temperatur der Gasfüllung und die der umgebenden Luft, während des Falles stets dieselbe bleibt, was in der Praxis natürlich nicht immer der Fall ist, so daß je nach den Temperaturunterschieden zwischen der äußeren Luft und der Gasfüllung, sowie hauptsächlich nach den Temperaturunterschieden der Luft bei verschiedenen Höhen, eine Ausnahme von der Regel insofern eintreten kann, als der fallende Ballon unterwegs doch eine Gleichgewichtslage zu finden vermag.

Das Durchfallen bis zur Erde kann aber im allgemeinen nur verhindert werden durch Abwerfen von Ballast, und zwar gerade so viel, als der Gewichtsunterschied zwischen Ballon und verdrängter Luft beträgt. Diese Ballastmenge wird geschätzt, und zwar hängt die richtige Schätzung lediglich ab von der Erfahrung des Luftschiffers. Ueberwirft er sich beim Bremsen der Fallbewegung, gibt er also mehr Ballast, als nötig ist, um den Unterschied zwischen dem Gewichte des Ballons und dem der verdrängten Luft auszugleichen, so steigt der

Ballon in die alte Höhenlage zurück, wenn der Fehler nicht sofort durch Ventilzug wieder gut gemacht wird.

Es machen sich nunmehr nämlich dieselben Gesetze geltend wie beim Fall des Ballons.

Durch das Abwerfen einer Ballastmenge, die größer war als der Unterschied zwischen Ballongewicht und Gewicht der verdrängten Luft, also größer als die den Ballon nach unten beschleunigende Kraft, wird ein Auftrieb erzeugt, der dem Unterschiede zwischen dieser Kraft und der abgeworfenen Ballastmenge entspricht.

Diese Kraft beschleunigt den Ballon nach oben.

Wir dachten uns, bevor wir den Fall des Fahrzeuges durch Ventilzug eingeleitet haben, den Ballon voll gefüllt. Zunächst findet nun eine Verminderung des Gasvolumens durch das Öffnen des Ventils statt, und wie wir weiter sehen, während des Falles eine andauernde Verminderung des Volumens bei gleichbleibendem Gasgewicht unter dem wachsenden Drucke der Atmosphäre.

Das Abwerfen einer Ballastmenge, die, wie vorausgesetzt wurde, etwas größer sein möge als der durch den Ventilzug veranlaßte Unterschied zwischen Ballongewicht und Gewicht der verdrängten Luft, hat nun zur Folge, daß der Fall des Fahrzeuges nicht nur gebremst wird, sondern daß der Ballon wieder nach oben geht.

Während des Steigens dehnt sich nun die Gasfüllung unter dem Nachlassen des Luftdruckes mit wachsender Höhe immer mehr aus, bis die Hülle wieder prall gefüllt ist. Diese Höhenlage nennt man die P r a l l h ö h e des Ballons. Offenbar ist nun diese Höhe eine größere als diejenige, aus der wir vorher den prall gefüllten Ballon durch Ventilzug zum Fallen brachten, da das Gewicht der Gasfüllung um die durch das Ventil abgeströmte Gasmenge vermindert wurde.

Das Fahrzeug wird also seine alte Höhenlage übersteigen, und zwar zunächst soweit, bis der abnehmende äußere Luftdruck der Gasfüllung gestattet, sich bis zur restlosen Ausfüllung der Hülle auszudehnen.

In der Prallhöhe angelangt, wirken jedoch immer noch beschleunigend nach oben ebensoviel Kilogramm als wir der Voraussetzung gemäß mehr an Ballast abgegeben haben als zum Bremsen des Falles notwendig gewesen wäre, also diejenige Ballastmenge, um die wir uns überworfen haben.

Der Ballon steigt also über seine Prallhöhe hinaus, und das unter dem immer mehr abnehmenden Luftdrucke sich andauernd weiter ausdehnende Gas verläßt nun die Hülle durch den Füllansatz und strömt ins Freie. Bis zum Erreichen der Prallhöhe war auf dem ganzen Wege des Ballons stets das Gewicht der von der Gasfüllung verdrängten Luft das gleiche, denn das mit wachsender Höhe abnehmende spezifische Gewicht der Luft ist verbunden mit einer Ausdehnung des Ballonvolumens, derart, daß das Produkt aus beiden, also das Gewicht der verdrängten Luft, stets eine konstante Größe blieb. Anders wird nun die Sache beim Übersteigen der Prallhöhe. Das Ballonvolumen hat sein Maximum erreicht und bleibt von nun an konstant, während das spezifische Gewicht der Luft mit weiterem Steigen immer geringer wird, so daß also auch das Gewicht der verdrängten Luft mit der Höhe abnimmt, und der Ballon steigt offenbar so lange über seine Prallhöhe hinaus, bis das Gewicht der verdrängten Luft um diejenige Ballastmenge abgenommen hat, um die wir uns überworfen haben. In diesem Augenblick wird das Gewicht der verdrängten Luft genau gleich dem Gewicht des Fahrzeuges, d. h. der Ballon befindet sich nun in dieser Höhe im Gleichgewicht. Da jedoch das Fahrzeug infolge seiner Beharrung etwas über diese Gleichgewichtshöhe hinausschießt, so gelangt es darüber wieder in Luftschichten, in denen es etwas mehr wiegt als die dort von seinem Volumen verdrängte Luft, so daß es unter der Wirkung dieses Gewichtsüberschusses wieder zu fallen beginnt und nun aus demselben Grunde wie früher wiederum unfehlbar zur Erde durchfällt, wenn es nicht sofort durch Ballastabgabe in der erreichten Höhe gehalten wird. Ohne Zutun des Luftschiffers würde der Freiballon also niemals ins Gleichgewicht gelangen, denn wir haben gesehen, daß der Ballon nach Passieren der Prallhöhe bei nunmehr gleichbleibendem Volumen mit zunehmender Höhe andauernd Gas durch den Füllansatz abstößt, also auch dann, wenn er infolge seiner lebendigen Kraft über seine Gleichgewichtshöhe hinausgestiegen ist. Passiert er nun beim Zurückfallen diese Höhenlage wieder, so kann er sich dort nunmehr nicht mehr im Gleichgewicht befinden, da nun sein Volumen um diejenige Gasmenge vermindert ist, die er nach dem Überschreiten seiner Gleichgewichtslage durch Ausdehnung des Gases verloren hat.

Die Geschicklichkeit des Führers besteht nun darin, den Ballon mit einem Minimum von Ballastaufwand in der Gleichgewichtshöhe zu halten. Daraus ergibt sich zunächst die Regel, daß man das Steigen des Ballons im allgemeinen nicht hindert, wohl aber jede Tendenz zum Fallen durch sofortige Ballastabgabe im Keime erstickt.

Die Ursache einer Fallbewegung kann jedoch auch eine rein mechanische sein.

Die Luftströmung, die den Ballon mit sich führt, ist nicht immer horizontal gerichtet.

Besonders im Sommer sind vertikale Luftbewegungen von oft großer Intensität sehr häufig, von denen das Fahrzeug unter Umständen widerstandslos mitgenommen wird.

Fährt der Ballon quer über einen Gebirgszug, so hebt ihn die dem Gelände sich anschmiegende Luftwelle leicht darüber hinweg und führt ihn auf der anderen Seite wieder herab ohne Zutun des Führers.

Was das Verhalten der Gasfüllung anbetrifft, so haben wir festgestellt, daß der bei der Abfahrt prall gefüllte Freiballon während des Steigens andauernd Gas aus dem Füllansatz stößt und somit, wenn er aus der erstiegenen Höhe zur Erde zurückkehrt, in um so höherem Maße zusammenschrumpft, je mehr er sich der Erde nähert, da der durch das Steigen bedingte Gasverlust sich unter dem mit dem Falle zunehmenden Atmosphärendrucke immer mehr geltend macht. Die Ballonhülle zeigt also nach der Rückkehr zur Erde nicht mehr die pralle Kugelform, die sie bei der Abfahrt und in der Höhe hatte, sondern die Gestalt einer Birne, und der untere Teil der Hülle ist in starke Falten gelegt.

Dieser Umstand ist nun für einen Freiballon ohne weitere Bedeutung, er spielt auch bei einem Motorballon keine Rolle, sofern derselbe nach dem starren System gebaut ist, dagegen liegt es auf der Hand, daß ein halb- oder unstarres Motorluftschiff den Betrieb nicht mehr aufrechterhalten kann oder zum mindesten erheblich einschränken muß, wenn die Ballonhülle ihre pralle Form verliert.

Es muß daher bei diesen Schiffen während des Fallens der durch die andauernde Volumenverminderung der Gasfüllung frei werdende Raum durch Luft ersetzt werden, um die pralle Form der Hülle zu erhalten. Die dazu erforderlichen Luftmengen pumpt man mit Hilfe von Ventilatoren in die innerhalb der Hülle zu diesem Zwecke angebrachten Ballonets, das sind kleinere Ballons, deren Hüllen leer am Boden des Gasraumes liegen, wenn derselbe bei Beginn der Fahrt prall mit Wasserstoff gefüllt ist. Sie bleiben natürlich auch so lange leer, bis der Lenkbare seine größte Höhenlage erreicht hat. Während des Aufstieges bläst der im Gegensatz zum Freiballon vollkommen geschlossene Ballonkörper aus seinen Überdruckventilen andauernd diejenigen Gasmengen ab, die während des nun folgenden Abstieges durch die Luft ersetzt werden sollen.

Die Überdruckventile öffnen sich automatisch unter dem beim Steigen des Schiffes zunehmenden Drucke der Gasfüllung.

Bei Beginn des Abstieges treten die Ventilatoren in Tätigkeit und versehen die ebenfalls durch Überdruckventile nach außen abgeschlossenen Ballonets mehr und mehr mit atmosphärischer Luft, bis dieselben, an der Erde angelangt, gerade prall damit gefüllt sind, sofern das Schiff aus seiner durch die Dimensionierung der Ballonetanlage bestimmten maximalen Steighöhe zurückkehrte.

Die Tragkraft des Schiffes ist also jetzt nach der Ankunft an der Erde vermindert um das Gewicht der in die Ballonets gepumpten Luft, und dieses Gewicht entspricht offenbar gerade dem zur Ersteigung dieser Höhe erforderlichen Opfer an Ballast.

Hat das Schiff seine maximale Steighöhe überschritten, so vermögen die Ballonets den damit verbundenen Gasverlust nicht mehr ganz zu ersetzen, und die Hülle wird dann in der Nähe der Erde von dem Augenblicke an schlaff, in welchem die Ballonets gerade prall geworden sind.

Die Hülle wirft dann mehr oder weniger starke Falten und das Schiff kann dann nur noch mit verminderter Fahrgeschwindigkeit manövrieren. Die Ballonets sind daher einerseits recht reichlich zu bemessen, und andererseits ist sorgfältig darauf zu achten, daß die maximale Steighöhe des Schiffes nicht überschritten wird.

4. Berechnung und Anordnung der Ballonets und der Luftleitung. Dimensionierung der Ballonet-Ventilatoren.

Am Schlusse des letzten Kapitels haben wir festgestellt, daß alle nichtstarren Schiffe zum Zwecke der Aufrechterhaltung ihrer prallen Form genötigt sind, den beim Steigen erlittenen Gasverlust während des Abstieges zur Erde durch atmosphärische Luft zu ersetzen. Wir haben ferner festgestellt, daß der Rauminhalt der Ballonets abhängig ist von der dem Luftschiff vorgeschriebenen maximalen Steighöhe, und wir sind demnach zunächst vor die Aufgabe gestellt, diesen Zusammenhang zu ermitteln.

Um zu einem praktisch brauchbaren Resultate zu gelangen, müssen wir normale Verhältnisse zugrunde legen. und außerdem die vereinfachende Voraussetzung treffen, daß die Temperatur der Gasfüllung unabhängig von der Höhe stets die gleiche bleibe.

Zu diesen Annahmen sind wir einerseits gezwungen, da die wandelbaren Zustände der Atmosphäre sich mit Recht nur ungern einer mathematischen Formulierung fügen, andererseits sind diese Annahmen um so unbedenklicher, als wir, wie am Ende des unmittelbar vorhergehenden Kapitels erwähnt, die Absicht haben, die Ballonetanlage recht reichlich zu dimensionieren, um bei einer ungewollten Ueberschreitung der Maximalhöhe das Schiff in der Nähe der Erde noch mit Sicherheit prall zu erhalten.

Wir setzen also mittlere und konstante Temperatur voraus, und wählen dafür 10° Celsius.

Ferner setzen wir voraus, daß die dieser Temperatur entsprechenden normalen Luftdruckverhältnisse in den zugehörigen Höhen herrschen mögen.

Wir erhalten aus der folgenden Tabelle für die Höhen von 0 bis

2000 m den entsprechenden mittleren Barometerstand in mm Quecksilbersäule für 10° Temperatur zu:

0	100	200	300	400	500	600	700
760	751	742	733	724	716	707	699

800	900	1000	1200	1500	2000	m Höhe über dem Meeresspiegel
690	682	674	658	635	598	mm Quecksilbersäule

Bezeichnen wir nun das Volumen des prall gefüllten Ballons mit V und den Luftdruck in mm Q.S. in der maximal von dem Fahrzeug zu ersteigenden Höhe mit b, ferner den Luftdruck in der Höhe des Meeresspiegels mit b_0 und schließlich das Volumen der den Balloninhalt V in der maximalen Höhe restlos füllenden Gasmasse, in der Höhe des Meeresspiegels mit V_0, so erhalten wir nach dem Gesetz von Mariotte die einfache Beziehung:

$$V \cdot b = V_0 b_0$$

und daraus das unbekannte Volumen

$$V_0 = V \frac{b}{b_0} \quad \ldots \ldots \ldots \ldots 6)$$

Gleichung 6) gibt uns also denjenigen Raum an, der von dem gesamten Rauminhalt V der Ballonhülle noch von Gas erfüllt ist, nachdem das Schiff aus der erstiegenen Höhe nach dem Meeresspiegel zurückgekehrt ist.

Die Differenz beider Räume ist demnach zur Prallhaltung der Hülle durch Einpumpen von Luft zu ersetzen, und wir finden also für das Volumen B der Ballonetanlage die Beziehung:

$$B = V\left(1 - \frac{b}{b_0}\right)$$

$$\text{oder } B = V\left(1 - \frac{b}{760}\right) \quad \ldots \ldots \ldots 7)$$

Die größte Steighöhe, die zurzeit verlangt wird, ist diejenige für Kriegszwecke. Sie beträgt augenblicklich 2000 m. Dieser Höhe entspricht ein Luftdruck nach der vorstehenden Tabelle von 598 mm Quecksilbersäule.

Dafür erhalten wir aus Gleichung 7)

$$B = V\left(1 - \frac{598}{760}\right) \sim \frac{1}{4,7} V$$

In Rücksicht auf die dieses Kapitel einleitenden Bemerkungen runden wir zur Sicherheit auf,

$$\text{zu: } B = \tfrac{1}{4} V \quad \ldots \ldots \ldots \ldots 8)$$

in Worten: Das Ballonetvolumen soll für 2000 m Steighöhe den vierten Teil des Ballonvolumens betragen.

Die Beibehaltung dieser gediegenen Regel ist auch dringend zu empfehlen bei der Berechnung von Luftschiffen, die keine Veranlassung haben, solche große Höhen aufzusuchen, also etwa ein Verkehrs- oder Sportluftschiff, das bemüht sein wird, in tieferen Luftschichten zu fahren, da dort die Windstärke im allgemeinen nachläßt.

Es kann jedoch die Möglichkeit eintreten, daß auch ein solches Schiff ein Interesse daran hat, höhere Luftschichten zu befahren, nämlich dann, wenn der dort oben herrschende, fast immer schärfere Wind in der Richtung auf das Ziel weht.

Aber auch abgesehen davon, treten auch bei sonst ganz normalen Wetterlagen hie und da vertikale Luftströmungen von solcher Gewalt auf, denen nicht bloß der Freiballon, der dem hochreißenden Luftstrom nur durch Gewichtserleichterung begegnen kann, sondern auch der außerdem mit wirksamen mechanischen Hilfsmitteln gerüstete Lenkbare widerstandslos unterliegt.

In solchen Fällen rächt sich eine aus kleinlicher Gewichtsersparnis zu knapp dimensionierte Ballonetanlage unter Umständen so schwer als möglich.

Es ist also sehr zu raten, die in Gleichung 8) gegebene Beziehung als das kleinste zulässige Ballonetvolumen hinzunehmen, selbstverständlich nur solange, als die maximal geforderte Steighöhe 2000 m nicht überschreitet. Für noch höhere Anforderungen gibt Gleich. 7) unter Zuhilfenahme der Luftdrucktabelle Auskunft.

Damit wäre die Frage der Ballonetdimensionierung erledigt, und es handelt sich jetzt weiterhin um die Anordnung bzw. konstruktive Befestigung der Ballonets im Innern der Ballonhülle.

Für die Anordnung bzw. Lage der Ballonetäume im Ballon ist zu beachten, daß durch das Einpumpen von Luft in das Innere des Gasraumes zum Zwecke der Formhaltung die horizontale Lage der Längsachse des Ballons keine Störung erleiden darf.

Sämtliche an dem Ballonkörper unmittelbar befestigten, bzw. daran aufgehängten Konstruktionsaggregate müssen so angeordnet sein, daß die Längsachse des ruhenden Luftschiffes genau horizontal steht.

Diese Forderung trifft zu, wenn die Resultierende sämtlicher auf das Fahrzeug wirkenden Gewichtskräfte, und die Resultierende sämtlicher Auftriebskräfte bei horizontaler Lage der Längsachse in ein und derselben Geraden zusammenfallen, oder mit anderen Worten, wenn bei der horizontalen Lage der Längsachse der Systemschwerpunkt des Schiffes senkrecht unter dem Schwerpunkt des Gasraumes liegt, denn in diesen beiden Punkten greift einerseits das Gesamtgewicht des Fahrzeuges und andererseits die Summe aller Auftriebskräfte an.

Findet nun eine Verschiebung des Systemschwerpunktes statt, etwa infolge einer Änderung der Gewichtsverteilung, oder eine Verschiebung des Gasraum-Schwerpunktes, was durch Einpumpen von Luft in die Ballonets stattfinden kann, so wird die horizontale Gleichgewichtslage des Schiffes gestört, und der Ballon neigt seine Längsachse so lange, bis beide Punkte wieder lotrecht untereinander liegen.

Die Ballonetanlage ist also derartig im Gasraum anzuordnen, daß der Schwerpunkt desselben beim Einpumpen von Luft sich nur

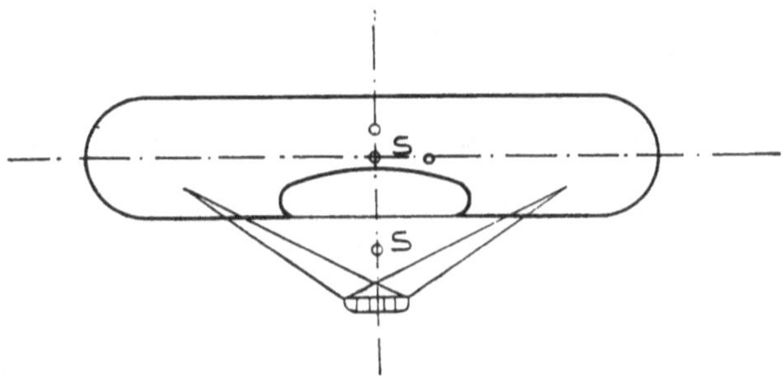

Fig. 7.

auf der durch den Systemschwerpunkt S gehenden Senkrechten verschieben kann, horizontale Gleichgewichtslage des Ballons vorausgesetzt. Siehe Fig. 7 und 8.

Der Ballonetraum ist also symmetrisch zu der Schwerlinie SS_0 zu verteilen (s. Fig. 7), wobei S_0 den Schwerpunkt des Ballonkörpers bedeutet.

Bei Anwendung zweier Ballonets besagt dieser Satz, daß beide Ballonets den gleichen Rauminhalt besitzen müssen, und daß auch der Abstand a ihrer Raumschwerpunkte von der Schwerlinie SS_0 der gleiche sein muß (siehe Fig. 8).

Der über dem Schwerpunkte S_0 des Ballonkörpers markierte Punkt soll den Schwerpunkt des Gasraumes andeuten, nachdem die Ballonets mit Luft gefüllt sind, also den Schwerpunkt des in den Figuren 7 und 8 mit starken Strichen umzogenen Raumes.

Bei gefüllten Ballonets liegen die Verhältnisse auch so, als ob der mit starken Linien begrenzte Raum die tatsächliche Form des Gasraumes zum Ausdruck bringen würde, denn es ist ganz gleichgültig, ob die mit Luft erfüllten Ballonetträume von der äußeren Atmosphäre durch eine Wand getrennt sind oder nicht. Diese trennende Wand ist in den Figuren 7 und 8 durch eine schwächer ausgezogene Begrenzungslinie markiert.

Der oben ausgesprochene Satz, wonach die Ballonetträume symmetrisch zu der Schwerlinie SS_0 zu verteilen sind, gilt streng genommen in der angegebenen Form nur bei Verwendung eines einzelnen Ballonets, entsprechend der Fig. 7.

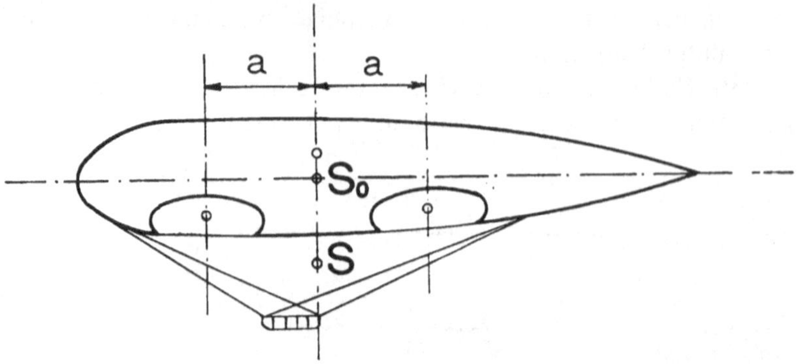

Fig. 8.

Für zwei Ballonets dagegen ist die in Fig. 8 gegebene Disposition zwar die konstruktiv und praktisch bequemste, insofern beide Ballonets das gleiche Volumen und den gleichen Abstand ihrer Raumschwerpunkte von der Schwerlinie SS_0 besitzen, jedoch ist sie nicht unbedingt notwendig. Es können zwingende Gründe vorliegen, die einen verschiedenen Abstand der Ballonetraumschwerpunkte von der Senkrechten SS_0 bedingen, und in diesem Falle muß die Dimensionierung der beiden Ballonets so getroffen werden, daß das statische Moment ihrer Volumina in Bezug auf die Schwerlinie SS_0 beiderseits das gleiche ist. Es muß also sein nach Fig. 9:

$$v_1 \cdot a_1 = v_2 \cdot a_2 \quad \ldots\ldots\ldots \quad 9)$$

wobei v_1 und v_2 die Rauminhalte der Ballonets bedeuten sollen.

In diesem Falle kann sich offenbar der Schwerpunkt des Gasraumes bei gefüllten Ballonets nur auf der Senkrechten SS_0 nach oben verschoben haben, womit die horizontale Lage der Ballonachse gewährleistet bleibt.

Der vorher ausgesprochene Satz über die Notwendigkeit einer symmetrischen Verteilung der Ballonetträume bezüglich der Senkrechten SS_0 muß also insofern präzisiert werden, als sich diese Symmetrie für den allgemeinen Fall a u f d i e s t a t i s c h e n M o m e n t e der vor und hinter der Schwerlinie SS_0 angebrachten Ballonetträume bezieht.

Was den konstruktiven Einbau der Ballonets betrifft, so können dieselben entweder nach den Figuren 7 und 8 an dem Boden der Hülle befestigt sein, oder sie sind, nach einem seinerzeit von mir gemachten Vorschlag, an der Decke derselben aufgehängt, welch letzterer Form der Vorzug zu geben ist, da es in diesem Falle nicht passieren kann, daß die schweren Falten des leeren Ballonets sich so über die Ein-

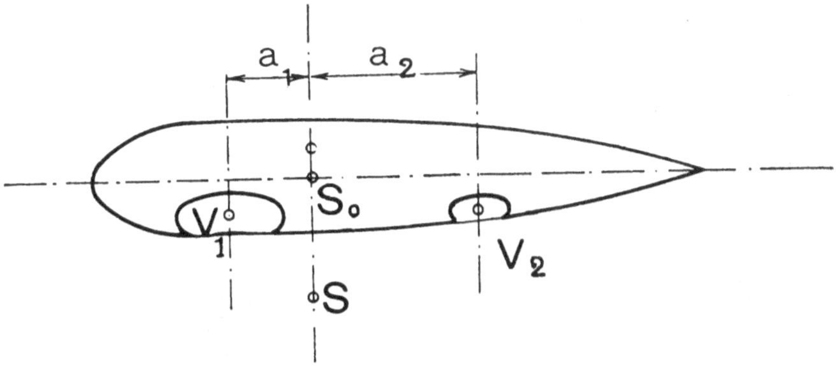

Fig. 9.

trittsöffnung des Luftkanals legen, daß das Einpumpen der Luft erschwert, oder gar vollständig verhindert wird. Die Figuren 10 und 11 zeigen ein aufgehängtes Ballonet im Querschnitt, in gefülltem und in leerem Zustande.

Ballonets, die eine größere Längenausdehnung besitzen, müssen durch Querschotten in einzelne, jedoch durch eine Öffnung untereinander in Verbindung stehende Räume geteilt werden, da sonst bei teilweiser Füllung die hin und her flutenden Luftmassen die horizontale Gleichgewichtslage des Schiffes empfindlich stören können.

Ferner ist es sehr zu empfehlen, die Ballonets nicht unlösbar in die Hülle einzubauen, sondern so zu konstruieren, daß sie bequem herauszunehmen sind, zu welchem Zwecke die Hülle mit einer verschließbaren kreisförmigen Öffnung versehen ist.

Fig. 12 zeigt schließlich die Anordnung der Luftleitung. Das vom Ballonet-Ventilator nach oben führende Rohr teilt sich an der Hülle und verzweigt sich nach den einzelnen Ballonets, deren Zahl natürlich bei großen Schiffen auch größer werden kann oder muß, als zwei.

Jede einzelne Zweigleitung ist mit einer Klappe *k* versehen, die von der Gondel aus betätigt wird, so daß die Verteilung der Luft in die einzelnen Ballonets nach Belieben erfolgen kann.

Durch Öffnen sämtlicher Klappen strömt die Luft gleichzeitig in alle Ballonets.

Die Luftleitung ist am besten so wie in Fig. 12 angedeutet, an der Außenseite der Hülle fest angenäht. Sie kann auch in das Innere des Ballons verlegt werden, was aber weniger zu empfehlen ist, da die Leitung dann nicht zugänglich bleibt.

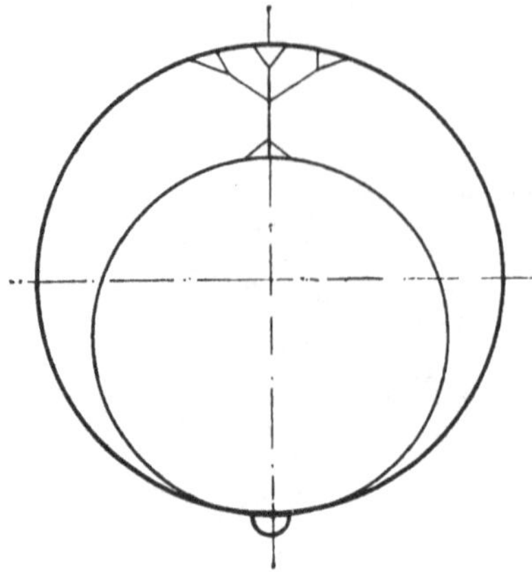

Fig. 10.

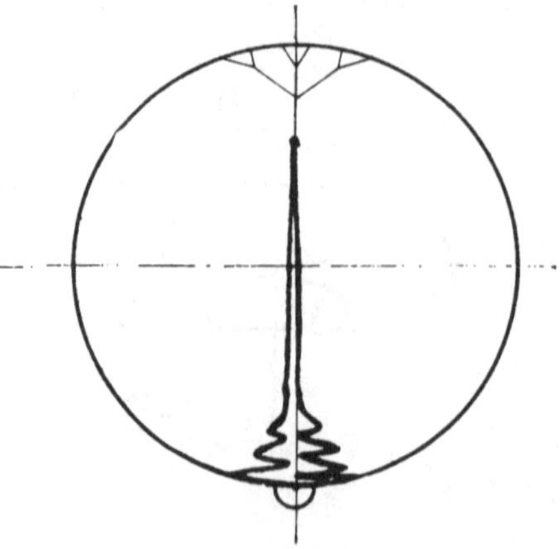

Fig. 11.

In Fig. 12 bedeuten ferner *V* die Überdruckventile der Ballonets, die sich automatisch öffnen, sobald die Ballonets prall gefüllt sind. Die etwa noch weiter zugeführte Luft strömt dann ins Freie. Unmittelbar daneben, in der Mitte des Ballonets, liegen die Öffnungen *L*, durch welche die Luft aus der Luftleitung in die Ballonets eintritt.

Das Ventil *M* auf dem Rücken des Ballons stellt das große Manövrierventil dar, das von der Gondel aus geöffnet werden kann, um Gas abzugeben, falls das Schiff rasch zum Fallen gebracht werden soll.

Am Schwanzende des Ballons befinden sich schließlich die Überdruck-Ventile *U*, deren Federn durch den inneren Überdruck des Gasraumes gespannt werden, um durch die sich dann abhebenden Ventilteller das Gas beim Steigen ins Freie zu entlassen.

Die Lage der Überdruckventile am hinteren Ende des Ballons ist deshalb geboten, weil das in Fahrt sofort nach rückwärts und oben abströmende Gas keine Gelegenheit finden kann, in die Nähe der Auspuffgase der Motoren zu gelangen und sich dort unter Umständen zu entzünden.

Die Federn der Ballonet-Überdruckventile *V* müssen auf einen etwas geringeren Überdruck abgestimmt sein, als diejenigen des Gasraumes, die mit *U* bezeichnet sind, damit beim Steigen des Schiffes mit ganz oder teilweise gefüllten Ballonets zunächst die Luft aus den Ballonets geblasen wird, und dann erst, wenn diese ganz entleert sind, gibt der Ballon bei weiterem Steigen aus seinen Überdruckventilen Gas ab.

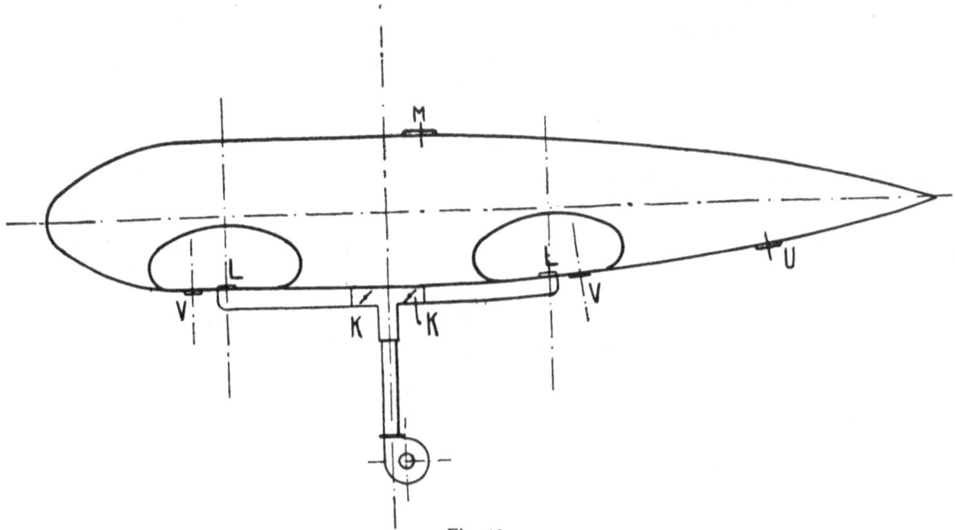

Fig. 12.

Wir kommen nun schließlich zu der Berechnung des Ballonetventilators. Er muß in der Lage sein, innerhalb der kürzesten, bei normalem Betrieb zu erwartenden Fallzeit des Schiffes aus seiner maximalen Steighöhe zur Erde, den gesamten Rauminhalt *B* der Ballonetanlage mit Luft zu füllen.

Im Kapitel 3 haben wir gesehen, daß der Fall eines Schiffes in Form einer gleichförmig beschleunigten Bewegung vor sich geht.

Diese dauert jedoch nur so lange an, bis der durch den schneller werdenden Fall immer mehr anwachsende Luftwiderstand gerade gleich der beschleunigenden Kraft geworden ist. Dieser Zustand wird im allgemeinen bei der großen Fläche, die der Ballon bietet, bald erreicht sein, und der weitere Fall vollzieht sich dann mit gleichförmiger Geschwindigkeit.

Bezeichnen wir diese maximale Fallgeschwindigkeit mit c und die maximale Steighöhe mit h, so beträgt die kürzeste Fallzeit

$$t = \frac{h}{c} \text{ Sekunden}$$

Bezeichnen wir ferner die sekundliche Luftmenge, die der Ventilator liefern muß mit Q, so wird

$$B = Q\ t = Q \frac{h}{c} \quad . \ . \ . \ . \ . \ . \ . \ . \quad 10)$$

Setzen wir in dieser Gleichung für den Ballonetraum B den in Gleichung 7) dieses Kapitels gefundenen Wert, so erhalten wir für die vom Ventilator maximal zu liefernde sekundliche Luftmenge:

$$Q = V \cdot \frac{c}{h}\left(1 - \frac{b}{760}\right) \quad . \ . \ . \ . \ . \ . \quad 11)$$

L e g e n w i r e i n e m a x i m a l e F a l l g e s c h w i n d i g k e i t v o n c = 3 m z u g r u n d e, so erhalten wir für die übliche Maximalhöhe von h = 2000 m, der ein Barometerstand von b = 598 mm entspricht, aus Gleichung 11 für einen beispielsweise 9000 cbm fassenden Ballon:

$$Q = 9000 \frac{3}{2000}\left(1 - \frac{598}{760}\right) \sim 3 \text{ cbm pro Sekunde.}$$

Ersetzen wir in Gleichung 10 den Ballonetraum B durch den dafür in Gleichung 8 gegebenen aufgerundeten Wert, so erhalten wir für die Maximalwerte c = 3 m und h = 2000 m die Beziehung:

$$\frac{1}{4} V = Q \cdot \frac{2000}{3}$$

und daraus:

$$Q = \frac{3\,V}{8000} \quad . \ . \ . \ . \ . \ . \ . \ . \ . \ . \quad 12)$$

mit welcher einfachen Formel in der Praxis gerechnet werden kann.

Sie liefert für unser Beispiel eines Ballons von 9000 cbm Deplacement:

$$Q = 3 \cdot \frac{9000}{8000} \sim 3{,}3 \text{ cbm}$$

also etwas mehr, als die korrekte Gleichung 11 ergibt, die einen für die maximal angenommene Fallgeschwindigkeit von 3 m vollkommen genügenden Ventilator liefert.

Zum Schluß dieses Kapitels sei noch die Anordnung der Ballonetanlage eines kleineren Parseval-Schiffes mit nur einem Ballonet in der Mitte gezeigt (s. Fig. 13), und ferner diejenige eines größeren

Parseval-Schiffes mit zwei Ballonets (s. Fig. 14). Man erkennt in den Skizzen deutlich die Anordnung der außen liegenden Luftleitung.

Die Parseval-Schiffe besitzen keine eigenen Gasüberdruckventile in der Hülle, die automatisch Gas abblasen, wenn der Überdruck beim Steigen des Schiffes zu groß wird, sondern sie verwenden dazu das große, auf dem Rücken des Ballons sitzende, Manövrierventil *M*, das einerseits von Hand geöffnet werden kann,

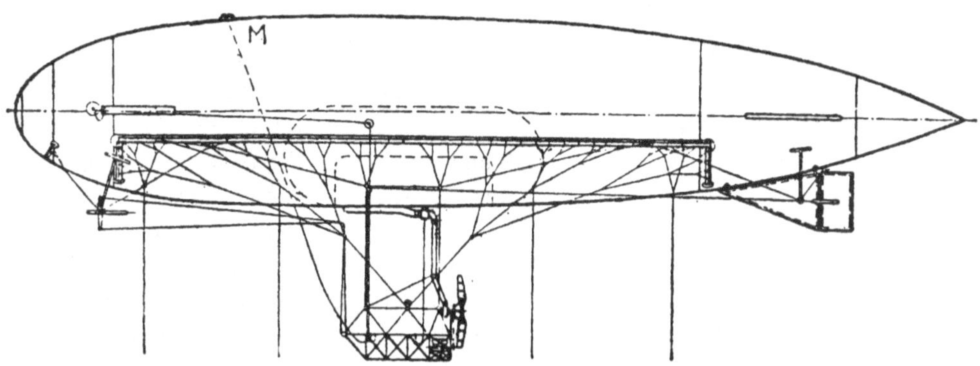

Fig. 13.

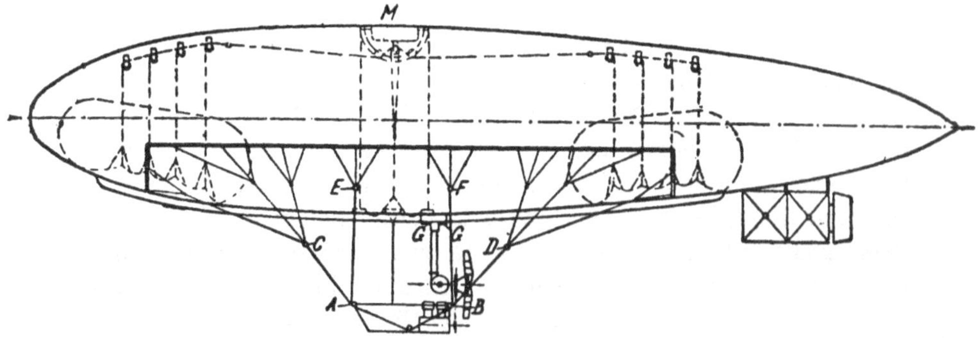

Fig. 14.

andererseits aber sich in sehr sinnreicher Weise selbsttätig öffnet, sobald das Anwachsen des inneren Überdruckes dies erforderlich macht.

Die nachfolgende Beschreibung dieser Einrichtung rührt von Major v. Parseval selbst her, und es ist daher für das Verständnis am besten, wenn ich dieselbe wörtlich folgen lasse:

„Der Ballon als Tragkörper ist so eingeteilt, daß von hinten gesehen zunächst ein Abschnitt zum Tragen der Steuerorgane dient,

Demnächst folgt der Gasraum, welcher die Gondel zu tragen bestimmt ist; in diesem Gasraum befinden sich an beiden Enden die Luftsäcke, auch Ballonets genannt. Diese müssen so groß sein, daß — nach Verbrauch des ganzen Ballastes und Brennstoffes sowie aller anderen allenfalls noch möglichen Erleichterungen des Schiffes, wenn infolge des Steigens eine große Menge Gas verloren gegangen ist, und nun beim Niedergehen ein Überfluß an Raum im Ballon entsteht — der Raumüberfluß ausgeglichen wird. Zurzeit macht man die Ballonets so groß, daß sie ein Viertel des Ballons einnehmen, wenn sie ganz aufgeblasen werden."

Also entsprechend der in diesem Kapitel abgeleiteten Gleich. 8).

„Diese Größe reicht aus bis zu Landungen aus einer Höhe von 2000 m. Die Anordnung der Ballonets zeigt die Figur 9, die punktierten Linien geben den Umriß der Luftsäcke in aufgeblasenem Zustand. Die Füllung der Luftsäcke erfolgt durch einen Ventilator, der so groß ist, daß er etwa den 4000. Teil des Ballonvolumens pro Sekunde fördern kann. (Major von Parseval legt also eine maximale Fallgeschwindigkeit von $c = 2$ m zugrunde, denn unsere Gleichung 12) geht für $c = 2$ über in

$$Q = \frac{2\,V}{8000} = \frac{V}{4000} \quad \ldots\ldots\ldots \quad 13)$$

Gleichung 12) bietet größeren Sicherheitsgrad gegen Verlust der Form bei scharfem Fall, Gleichung 13) nach Major von Parseval gestattet kleineren Ventilator, damit geringeres Gewicht desselben und geringeren Energiebedarf und genügt auch vollkommen für normale Verhältnisse.) In dem T-Stück *G* befinden sich zwei Sicherheitsventile und eine Klappenanordnung, welche beide Ballonets voneinander trennt und den Luftstrom beliebig dem einen oder anderen zuzuführen gestattet. Von der Oberseite der Luftsäcke geht eine große Anzahl Leinen senkrecht an die Oberseite des Ballons und vereinigt sich hier, über Rollen laufend, zu einer Schlußleine, welche an das Hauptventil führt. An diesem läuft sie über drei Rollen, von denen zwei an einem starken Bügel befestigt sind, während die dritte an den Ventilteller angebracht ist. Spannt sich die Leine, so wird das Hauptventil aufgezogen. Wenn der Ballon steigt, so werden zunächst durch die Ausdehnung des Ballongases die Luftsäcke zusammengedrückt, indem durch die Sicherheitsventile *G—G* die Luft entweicht. Ist dies geschehen, so spannen sich die Leinen und ziehen das Hauptventil auf, so daß der Ballon, wenn das Gas sich noch weiter ausdehnt, vor dem Platzen geschützt ist. Die Verbindungsleine kann auch dann noch von einem zum anderen Luftsack über die Rollen am Ventil hin- und hergleiten, wenn ein Luftsack sich füllt und der andere sich entleert. Man kann also auch dann noch die Luft in den Säcken nach Bedarf hin- und herschieben. Um eine weitere Sicherheitsvorrichtung zu haben für den Fall, daß die Anordnung nicht richtig funktionieren sollte, ist dem Ventil gegenüber am Bauche des Ballons eine große Membran angeordnet, welche mit dem Ventil durch eine Leine verbunden ist. Distanzleinen halten den Ventilring und den Außenring um die Membran in entsprechendem Abstand. Überschreitet der Druck im Ballon das zulässige Maß, so öffnet die große Membran das Ventil. Gleichzeitig dient die Membran als Durchgang für die Ventilleine."

Dieser sinnreichen Konstruktion dürfte jedoch der Nachteil einer gewissen Komplikation anhaften. Insbesondere erfordert die Montage der Leinenführung im Innern des Ballons große Mühe und Sorgfalt, und ein Unklarwerden der Leinen ist nicht ganz ausgeschlossen. Ich halte jedenfalls die Verwendung von Überdruckventilen für sicherer und einfacher.

Hiermit wären die prinzipiellen Grundlagen für die Berechnung und Anordnung der Ballonet- und Ventilatorenanlage in erschöpfender Weise dargelegt und wir wenden uns im nächsten Kapitel zur Berechnung und Konstruktion der Ventile.

5. Berechnung und Konstruktion der Ventile.

Die Disposition der Ventilanlage, sowie die Placierung der einzelnen Ventile wurde im vorausgehenden Kapitel bereits besprochen, so daß es sich jetzt nur noch um deren Dimensionierung und Konstruktionsgrundlagen handelt.

Den Überdruckventilen ist die wichtige Aufgabe anvertraut, dafür zu sorgen, daß das beim Steigen des Schiffes sich machtvoll dehnende Gas in demjenigen Augenblick in genügenden Mengen die Hülle verlassen kann, als der durch die Expansionskraft der Gasfüllung verursachte Überdruck größer wird, als es der gegen Bruch der Hülle gewählte und unbedingt aufrecht zu erhaltende Sicherheitsgrad verträgt.

Da nun alle halb- und unstarren Schiffe gezwungen sind, zum Zwecke der sicheren Formhaltung mit einem, je ihrer Bauart bzw. ihrem System entsprechenden Überdruck zu fahren, der trotz seines geringen positiven Wertes von maximal 30 mm Wassersäule, die Ballonhülle schon in einer Weise beansprucht, daß der Sicherheitsgrad gegen Bruch der Hülle den im normalen Maschinenbau üblichen Sicherheitsgrad knapp erreicht, so ist es in Anbetracht des Umstandes, daß ein Reißen der Hülle fast unfehlbar zur Katastrophe führt, für den Konstrukteur eine dringende Pflicht, dafür zu sorgen, daß die Überdruckventile mit Sicherheit in demjenigen Augenblick mit voller Kraft Gas zu blasen beginnen, als der zum Betrieb erforderliche Überdruck gerade überschritten wird.

Dies allein genügt jedoch noch nicht. Es muß vielmehr noch die Sicherheit gegeben sein, daß der den abrauschenden Gasmassen durch das maximal geöffnete Ventil gebotene Querschnitt so lange dauernd zur Verfügung steht, bis jede Möglichkeit der Überschreitung des normalen Betriebsdruckes beseitigt ist.

Diese Sicherheit ist offenbar ausgeschlossen, wenn man für Lenkbare an der für Freiballons üblichen Konstruktionsform festhält, bei der nach Fig. 15 der Ventilteller durch senkrechte Spiralfedern auf den Sitz gepreßt wird.

In dem Augenblick, in dem nämlich der innere Überdruck den Anpressungsdruck der Federn übersteigt, hebt sich der Teller ab, aber nur, um sich sofort wieder zu schließen, denn mit der Dehnung der Feder wächst ihr Anpressungsdruck und ist im Moment des Öffnens meistens schon größer als der Gasdruck. Der Ventilteller springt daher auf seinen Sitz zurück und das gleiche Spiel wiederholt sich andauernd von neuem — das Ventil flattert und gibt daher einerseits nie seinen ganzen Querschnitt frei, so daß das Gas nur ungenügend und mit großer Geschwindigkeit den schmalen Spalt verlassen kann, und andererseits wird die Gummimembran des Ventilsitzes durch das beständige Hämmern bald zerstört, so daß Undichtigkeit die Folge ist.

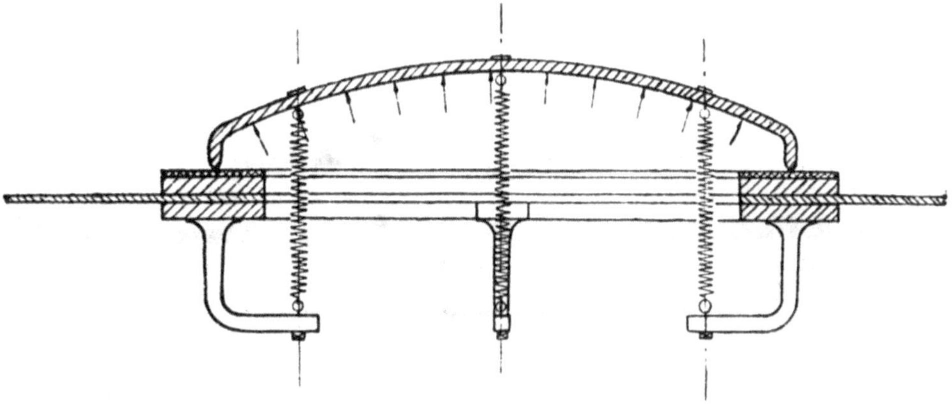

Fig. 15.

Dies letztere wäre jedoch kein sehr wesentlicher Übelstand, die Gefahr liegt lediglich darin, daß das expandierende Gas nicht in der Lage ist, durch genügend weite, dauernd aufrecht erhaltene Austrittsquerschnitte der Ventile in bequemer Weise abströmen zu können.

Es muß also einerseits dafür gesorgt sein, daß eine durch die Erfahrung bestimmte Austrittsgeschwindigkeit des Gases nicht überschritten wird, selbst nicht bei den maximal zu erwartenden Steiggeschwindigkeiten des Ballons, die wir ebenso wie die maximale Fallgeschwindigkeit zu 3 m per Sekunde annehmen wollen.

Bedingen ungünstige atmosphärische Verhältnisse, insbesondere starke senkrechte Luftströmungen noch größere Geschwindigkeiten des Schiffes in vertikaler Richtung, so muß eben beim Steigen eine schärfere Beanspruchung des Hüllenmaterials, beim Fallen dagegen eine Faltenbildung der Hülle und damit verbundener, mehr oder weniger starker Formverlust in Kauf genommen werden.

Andererseits muß dafür gesorgt werden, durch entsprechende konstruktive Maßnahmen das Flattern der Ventile zu verhindern und den vollen zur Verfügung stehenden Austrittsquerschnitt während des Abblasens dauernd aufrecht zu erhalten.

Zunächst wollen wir diesen Austrittsquerschnitt berechnen und damit die Hauptdimensionen eines Überdruckventiles, also dessen Hub und dessen Durchmesser, bestimmen.

In Fig. 16 ist ein geöffnetes Ventil schematisch dargestellt, der Ventildurchmesser ist mit d bezeichnet, der Hub mit s. Der maximale

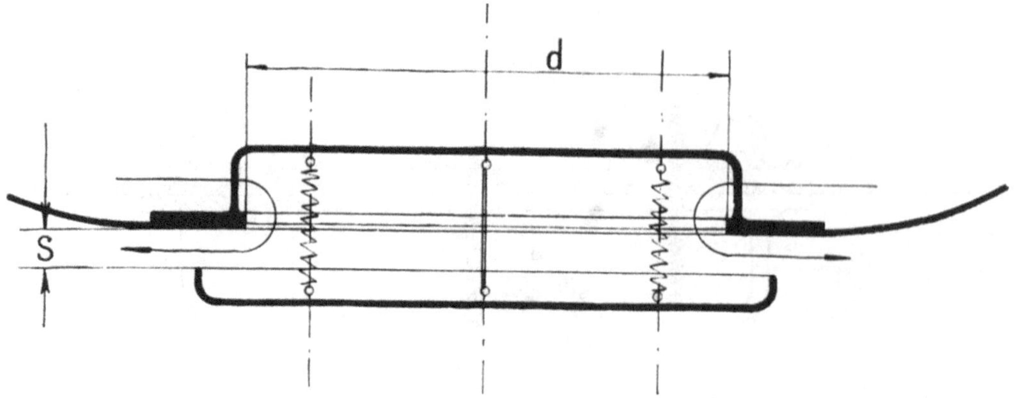

Fig. 16.

Hub des Ventiles muß auf irgend eine Weise begrenzt sein, z. B. durch die Anspannung eines Drahtseiles, das zwischen Ventilteller und Ventilbügel befestigt ist, wie dies in Fig. 16 angedeutet.

Diese Begrenzung des Hubes muß stets gewährleistet sein, besonders auch bei von Hand gezogenen Ventilen, damit die zulässige Dehnung der Federn nicht überschritten werden kann.

Bei voll geöffnetem Ventil bietet sich den ausströmenden Gasmassen ein Ausflußquerschnitt von der Größe des Cylindermantels:

$$q = d \pi s \quad . \quad . \quad . \quad . \quad . \quad . \quad . \quad . \quad 14)$$

Vorher muß das Gas den Kreisquerschnitt $\frac{d^2 \pi}{4}$ des Ventiles passieren und derselbe darf natürlich nicht etwa kleiner sein als q, sondern mindestens ebenso groß.

Es muß also sein:

$$d \pi s \leq \frac{d^2 \pi}{4}$$

$$\text{oder } s \leqq \frac{d}{4} \quad \ldots\ldots\ldots \quad 15)$$

Man macht zweckmäßig $d = 6\,s$ bis $8\,s$.

Es handelt sich nun darum, den Querschnitt q so zu bemessen, daß die beim Ersteigen der maximalen Höhe h abzublasende Gasmenge bei schnellster Steiggeschwindigkeit des Schiffes eine bestimmte Ausflußgeschwindigkeit nicht überschreitet, damit der Ausflußquerschnitt möglichst reichlich wird, und der Ausflußwiderstand möglichst gering.

Diese maximale Ausflußgeschwindigkeit empfehle ich nicht höher als zu 10 m per Sekunde anzunehmen. Eine größere Geschwindigkeit liefert kleinere und damit leichtere Ventile, aber auch unter Umständen ungenügende Querschnitte.

Man kann auch schließlich nicht wissen, ob die beim Füllen von Ballons mit komprimiertem Wasserstoff zu beobachtenden Selbstentzündungen nicht vielleicht ihren Grund haben in der erhöhten Reibung, die durch die große Austrittsgeschwindigkeit des Gases aus den unter 5 Atmosphären Druck stehenden Stahlflaschen bedingt ist.

Bei einem so wichtigen Konstruktionsaggregat, wie es die Ventilanlage eines Luftschiffes darstellt, ist jedenfalls Vorsicht am Platze, und die Rücksicht auf Gewichtsersparnis bei der Dimensionierung der Ventile muß dabei vollkommen in den Hintergrund treten.

Wir wenden uns nun zu der Berechnung der Gasmengen, die beim Ersteigen der maximalen Höhe des Schiffes von den Überdruckventilen zu entlassen sind.

Es bedeute V wieder das Volumen des prall gefüllten Ballons. Nehmen wir an, das Schiff befinde sich in Meereshöhe bei 760 mm Luftdruck und sei prall mit Gas gefüllt, so würde dieses Gasvolumen V in der maximalen Höhe h unter dem in dieser Höhe herrschenden geringeren Druck von b^1 mm Q. S. einen größeren Raum V^1 einnehmen, der sich wieder unter Voraussetzung einer konstant bleibenden Temperatur nach dem Mariotteschen Gesetz bestimmt zu:

$$V^1 = V \frac{760}{b^1}$$

so daß die Volumenvergrößerung, und somit die aus den Ventilen zu blasende Gasmenge sich ergibt zu:

$$B^1 = V^1 - V = V\left(\frac{760}{b^1} - 1\right) \quad \ldots \ldots \quad 16)$$

Die kürzeste Zeit, in der das Gasvolumen B^1 im ungünstigsten Falle die Ventilquerschnitte passieren muß, erhalten wir aus der maximalen Steiggeschwindigkeit c des Schiffes und der maximalen Steighöhe h zu

$$t = \frac{h}{c} \text{ Sekunden}$$

Bezeichnen wir die zu 10 m per Sekunde angegebene größte Ausflußgeschwindigkeit des Gases mit v, so erhalten wir für den Ausflußquerschnitt q eines die Gasmenge B^1 mit Sicherheit entlassenden Überdruckventiles die Gleichung:

$$B^1 = q\,v\,t$$

und wenn wir darin für t den unmittelbar vorher festgestellten Wert, und für B^1 die dafür in Gleichung 16) gefundene Beziehung einsetzen:

$$q = V\left(\frac{760}{b^1} - 1\right)\frac{c}{v \cdot h} \quad \ldots \ldots \quad 17)$$

Unter Verwendung von Gl. 14 bestimmen sich dann sofort Durchmesser und Hub des Ventiles, bei deren Festsetzung die für das Verhältnis zwischen Hub und Durchmesser gegebenen Beziehungen zu beachten sind.

Der Ventilationsdurchmesser soll 70, höchstens 80 cm nicht überschreiten. Anderenfalls sind zwei oder mehr Ventile zu wählen.

Es empfiehlt sich überhaupt, von vornherein zwei Ventile vorzusehen, im Interesse der Sicherheit, für den Fall, daß das eine unklar werden sollte. Es wäre dann für jedes Ventil die Hälfte des aus Gl. 17 sich ergebenden Querschnittes anzusetzen. Für die übliche maximale Steighöhe von 2000 m, die maximal zu erwartende Steiggeschwindigkeit von 3 m und die zulässige Ausflußgeschwindigkeit von 10 m erhalten wir aus Gl. 17, wenn wir noch den der Höhe von 2000 m normal zugeordneten Barometerstand von 598 mm Q. S. einsetzen den Wert:

$$q = \frac{41}{1\,000\,000}\,V \text{ qm} \quad \ldots \ldots \quad 18)$$

wobei das Ballonvolumen V in Kubikmeter einzusetzen ist, was übrigens bei allen Gleichungen zu geschehen hat.

Für ein Schiff von 9000 cbm Deplazement würden wir also unter Verwendung von 2 Überdruckventilen einen Abflußquerschnitt pro Ventil erhalten zu:

$$q = \frac{1}{2} \frac{41 \cdot 9000}{1000000} = 0{,}18 \text{ qm} = 1800 \text{ qcm}$$

Wählen wir das Verhältnis zwischen Hub und Ventildurchmesser zu $^1/_8$, also $\frac{s}{d} = \frac{1}{8}$ so wird nach Gl. 14)

$$q = \frac{d^2 \pi}{8} = 1800$$

und daraus ergibt sich der für ein Ventil erforderliche Durchmesser zu

$$d = 68 \text{ cm}$$

und für den Ventilhub $s = \frac{d}{8} \backsim 9$ cm.

Mit Hilfe der vorstehend entwickelten Gleichungen ist also die Berechnung der Ventildimensionen in einfachster Weise zu erledigen.

Die Ballonetüberdruckventile erhalten zweckmäßig die gleichen Abmessungen, da sie die gleiche Aufgabe zu erfüllen haben wie die Überdruckventile, wenngleich hier gegen eine kleine Verminderung der Dimensionen im Interesse der Gewichtsersparnis nicht viel einzuwenden wäre, da für den Fall, daß bei schnellem Steigen die Ballonetventile die vorhandene Luft nicht rasch genug abgeben könnten, sofort die Überdruckventile des Gasraumes einspringen würden.

Für jedes Ballonet genügt ein Ventil.

Was das auf dem Rücken des Ballons angeordnete Manövrierventil betrifft, das im allgemeinen nur von Hand gezogen wird, so ist es üblich, dasselbe mit etwas größerem Durchmesser auszustatten, als die übrigen Ventile, was, wenn auch nicht durchaus notwendig, jedoch sehr empfehlenswert ist.

Der Zweck des Manövrierventils ist einerseits der, das Schiff durch Ablassen von Gas zum Fallen zu bringen, falls die im Lenkbaren vorhandenen maschinellen Mittel nicht mehr ausreichen oder ganz versagen, und andererseits dient es dazu, die automatisch arbeitenden Überdruckventile zu unterstützen, wenn der vom Manometer angezeigte Gasdruck bei großen Steiggeschwindigkeiten den normalen Betriebsdruck zu übersteigen droht.

Es kann auch einmal ein Überdruckventil nicht funktionieren, im unglücklichsten Falle vielleicht beide, und dann ist eine etwas reichliche Dimensionierung des Manövrierventils, dessen Durchmesser bei ganz großen Schiffen jedoch 1 m nicht überschreiten soll, eine recht wünschenswerte Sache.

Die Ventilleine, die zum Öffnen des Manövrierventiles vom Führerstand aus gezogen wird, ist mit Hilfe einer Gummi-Stopfbüchse durch die Bauchwand des Ballons nach der Gondel geführt.

E i n Manövrierventil genügt für die größten halb- und unstarren Schiffe, sofern deren Hüllen nicht durch Schotten in mehrere v o l l k o m m e n getrennte Räume geteilt sind, in welchem Falle selbstverständlich jeder einzelne Raum sein besonderes Manövrierventil und besonderes Ballonet besitzen muß.

Was die Anwendung des Manövrierventils betrifft, so geht aus den oben entwickelten Ausführungen hervor, daß es im allgemeinen nur im Notfalle gezogen wird.

Wir kommen nun zu der Untersuchung der weiteren wichtigen Frage, durch welche Mittel wir in der Lage sind, den vollen Ventilhub beim Abblasen dauernd aufrecht zu erhalten.

Da der Ventilteller nicht gut anders als durch Federdruck auf seinen Sitz gepreßt werden kann, und die Federspannung mit dem Abheben des Tellers notwendig wachsen muß, so erscheint es bei der ersten Betrachtung des Falles schlechterdings als unmöglich, daß das Zurückschnellen des Ventiltellers auf seinen Sitz verhindert werden kann, solange der das Ventil öffnende Gasdruck nicht ebenfalls zunimmt. Die Wirkung des inneren Gasüberdruckes ist in Fig. 15 durch kleine Kraftpfeile angedeutet.

Eine Zunahme des Gasdruckes soll jedoch gerade durch die Tätigkeit der Ventile verhindert werden, zum mindesten muß bei einem seinen Zweck entsprechenden Überdruckventil der Gasdruck während des Abblasens konstant bleiben, womöglich aber recht schnell abnehmen, worauf die Ventile naturgemäß sofort durch Abschließen reagieren, um erst dann wieder zu öffnen, wenn der Gasdruck beginnt, den zulässigen Druck zu überschreiten, auf den die Federn der Ventile sorgfältig durch Druckproben abgestimmt sein müssen.

Es handelt sich also darum, eine Möglichkeit zu finden, die mit wachsendem Ventilhub immer schärfer angespannten Federn am Zurückgehen zu hindern, trotzdem der von innen kommende Gegendruck der Gasfüllung konstant bleibt.

Die folgende Untersuchung wird zeigen, daß es durch geeignete Schieflegung der Federn in Verbindung mit einer besonderen Wahl ihrer Aufhängepunkte nicht nur gelingt, dies zu erreichen, s o n d e r n d a ß m a n a u c h i n d e r L a g e i s t, d i e v o l l k o m m e n e Ö f f n u n g d e s V e n t i l e s a u t o m a t i s c h z u e r z w i n g e n, t r o t z d e m w ä h r e n d d e s Ö f f n e n s u n d d e r d a m i t i m m e r s t ä r k e r a n z u s p a n n e n d e n F e d e r n, d e r d a s V e n t i l a u f d r ü c k e n d e G a s d r u c k m i t d e m A b s t r ö m e n n a c h l a s s e n m ö g e.

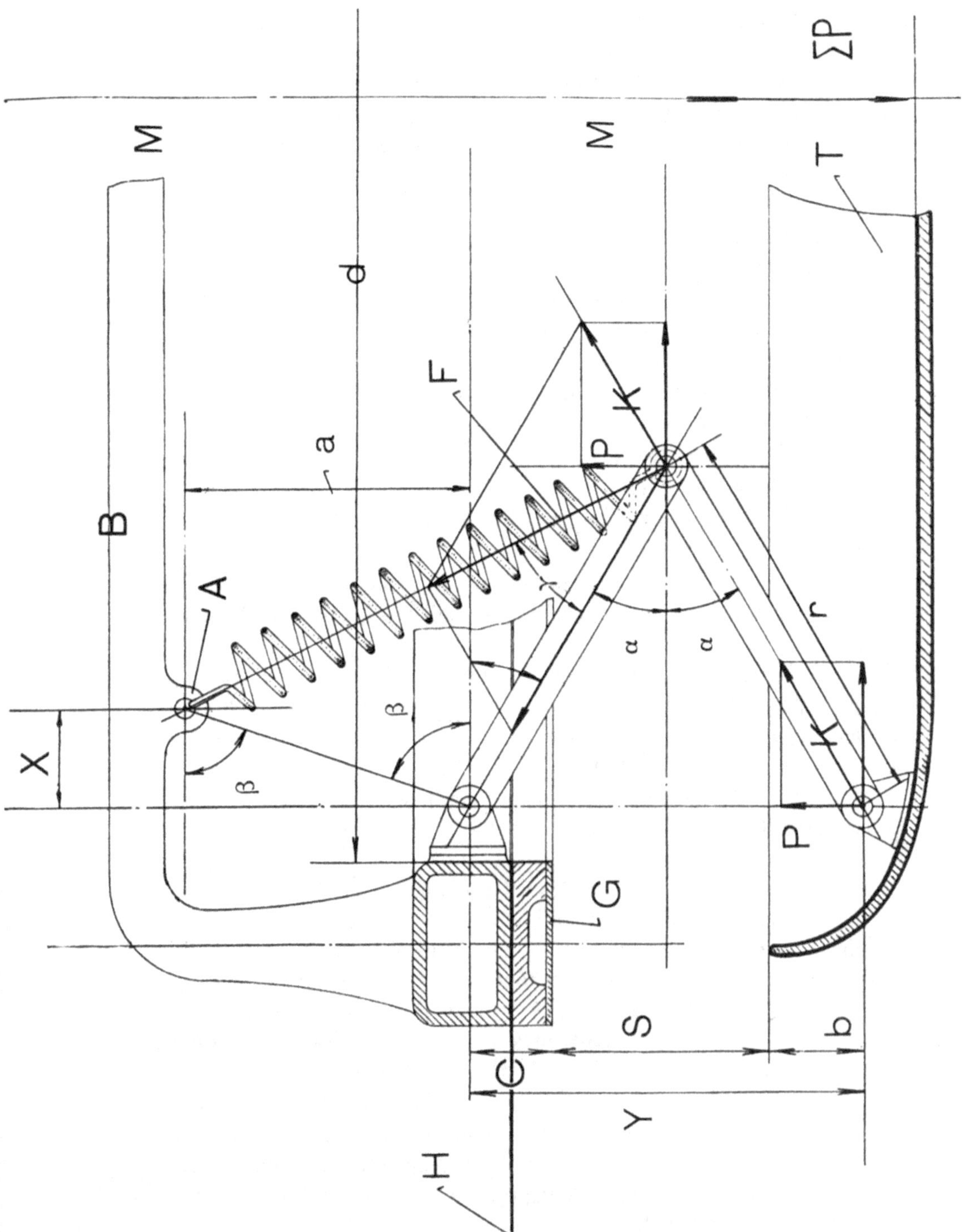

Fig. 17.

Bevor wir in diese Untersuchung eintreten, soll noch bemerkt werden, daß jedes anständige Ventil einer zentrischen Geradführung bedarf, die am einfachsten durch Kniehebel bewirkt wird.

In Fig. 17 ist die eine Hälfte eines mit Kniehebelführung versehenen Ventiles im Schnitt skizziert. Dabei bedeutet *MM* die Mittellinie oder Achse des Ventils, und der auf derselben über dem Ventilteller *T* markierte, mit ΣP bezeichnete, Pfeil repräsentiere die Resultierende aller auf denselben vom Innern des Ballons aus wirkenden Gasdruckkräfte.

Die Ballonhülle *H* ist mittels Schrauben gasdicht zwischen die beiden Ventilringe gepreßt, deren Querschnitte durch Schraffur hervorgehoben sind, und von denen der obere die Ventilbügel zur Befestigung der Federn, der untere die Gummimembrane *G* zum Zwecke gasdichten Abschlusses trägt.

Wenn das Ventil als Überdruckventil, wie in unserem Falle, Verwendung finden soll, liegen die Bügel im Innern des Gasraumes, der Teller dagegen außen, im Gegensatz zum Manövrierventil, bei dem das Umgekehrte der Fall ist.

Die Geradführung des Tellers mit Hilfe der Kniehebel ist in Fig. 17 deutlich zu erkennen. Beide Kniehebel sind gleich lang angenommen.

Der Ventildurchmesser ist wieder mit d, der wirksame Hub mit s bezeichnet. Der geometrische Hub führt die Bezeichnung y, und aus der Figur geht hervor, daß $s = y - (c + b)$, wobei b und c Konstruktionskonstante darstellen.

Der Aufhängepunkt *A* der Ventilfeder am Bügel besitze in Bezug auf den Aufhängepunkt des oberen Kniehebels die Koordinaten a und x.

Das andere Ende der Feder ist nun nicht, wie bei den Figuren 15 und 16 angedeutet, unmittelbar am Ventilteller befestigt, sondern an der Spitze des gleichschenkligen Kniehebeldreiecks, und dieser wesentliche Umstand in Verbindung mit einer entsprechenden Wahl des oberen Aufhängepunktes *A* ermöglicht es, die Forderung zu erfüllen, daß das Ventil dauernd geöffnet bleibt, obwohl der öffnende Gasdruck während des Hubes konstant sein soll.

Die Anzahl der gleichmäßig auf dem Umfang des Ventilringes zu verteilenden Federn mit Kniehebeln beträgt gewöhnlich 4 bis 6, so daß die Kraft P, die auf jeden Aufhängepunkt des Tellers trifft, den der gewählten Federzahl entsprechenden Teil des gesamten Gasdruckes ΣP entspricht.

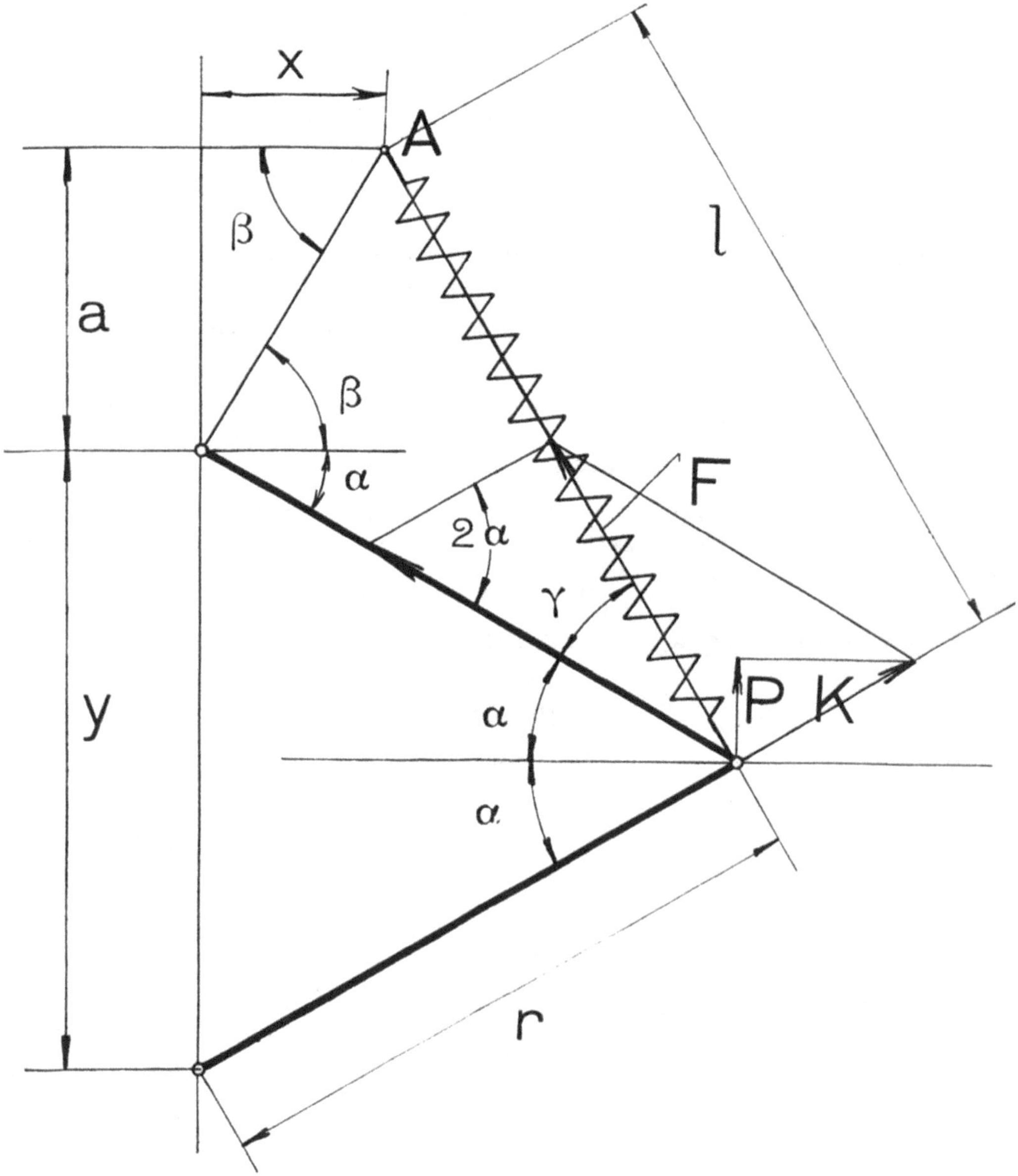

Fig. 18.

Denken wir uns nun das Ventil in der gezeichneten Stellung im Gleichgewicht, so wird offenbar die vertikale Komponente der durch die Federspannkraft F hervorgerufenen Kraft K ebenso groß sein müssen, wie der von diesem Kniehebel aufzunehmende Teil P des ganzen auf den Teller wirkenden Gasdruckes ΣP.

Die Federspannkraft F, die dem Gasdruck P das Gleichgewicht zu halten hat, ist nun eine Funktion des Ventilhubes y und damit auch eine Funktion des Winkels α, den jeder Kniehebel mit der Horizontalen einschließt, und es handelt sich nun darum, diese Funktion zu ermitteln, um mit deren Hilfe womöglich die Konstruktionsbedingungen für den gewünschten Gleichgewichtszustand zu ergründen.

Diese Aufgabe ist eine rein geometrische und bietet keine Schwierigkeit.

Der besseren Übersicht halber ist das planimetrische Gerippe der Fig. 17 in Gestalt der Fig. 18 noch einmal herausgezeichnet. Die Bezeichnungen sind die nämlichen wie dort.

Bezeichnen wir nun die Länge der gespannten Feder mit l, ihre Länge in unbelastetem Zustande mit l_0 und ihre Verlängerung mit

Δl, so dass also ist $l = l_0 + \Delta l$,

so erhalten wir für die Federkraft F die Beziehung:

$$F = c\,\Delta l$$

$$\text{oder } F = c\,(l - l_0) \quad \ldots\ldots\ldots \quad 19)$$

wobei c die Federkonstante bedeutet.

Bekanntlich wächst die Spannkraft F einer Spiralfeder genau proportional der Verlängerung Δl, so daß das Spannungsdiagramm durch eine gerade Linie dargestellt wird.

Aus Fig. 17 oder 18 erhalten wir nun weiter:

$$P = K \sin\alpha \quad \ldots\ldots\ldots \quad 20)$$

und ferner nach dem Sinussatz:

$$\frac{K}{F} = \frac{\sin\gamma}{\sin 2\alpha} \quad \ldots\ldots\ldots \quad 21)$$

so daß wir zunächst aus diesen drei Gleichungen erhalten:

$$P = c\,(l - l_0)\,\frac{\sin\gamma}{\sin 2\alpha}\,\sin\alpha$$

$$\text{oder } P = c\,(l - l_0)\,\frac{\sin\gamma}{2\cos\alpha} \quad \ldots\ldots\ldots \quad 22)$$

Den Winkel γ können wir durch nochmalige Verwendung des Sinussatzes ermitteln aus der Gleichung:

$$\frac{\sin\gamma}{\sin(\alpha+\beta)} = \sqrt{\frac{a^2+x^2}{l}} \quad \ldots\ldots \quad 23)$$

und schließlich ergibt sich die Federlänge l aus dem Cosinussatz zu:

$$l = \sqrt{r^2 + a^2 + x^2 - 2r\sqrt{a^2+x^2}\cos(\alpha+\beta)}$$

und daraus wird, wenn wir $\cos(\alpha+\beta)$ entwickeln und die Winkelfunktionen von β durch die Katheten a und x des zu diesem Winkel gehörigen rechtwinkeligen Dreiecks ausdrücken:

$$l = \sqrt{r^2 + a^2 + x^2 - 2\,r\,x\cos\alpha + 2\,r\,a\sin\alpha} \quad \ldots \quad 24)$$

Wir sind nun in der Lage, in Gleichung 22) sowohl die Winkelfunktion $\sin\gamma$ als auch die Federlänge l als Funktion des Winkels α einzuführen, womit der rechnerische Teil der Aufgabe erledigt wäre.

Ich setze nun aus Gründen der Übersichtlichkeit nur die durch Gl. 23) gegebene Funktion $\sin\gamma$ in Gl. 22) ein, um P als Funktion des Winkels α und damit des Ventilhubes y zu erhalten.

$$P = c\,(l - l_0)\,\frac{\sqrt{a^2+x^2}\,\sin(\alpha+\beta)}{2\,l\cos\alpha}$$

woraus nach Entwickelung von $\sin(\alpha+\beta)$ und Einführung der Katheten a und x an Stelle der Winkelfunktionen β sowie nach einigen Umformungen wird:

$$P = \frac{c}{2}\,(x\,\mathrm{tg}\,\alpha + a)\left(1 - \frac{l_0}{l}\right) \quad \ldots\ldots \quad 25)$$

Die Federlänge l steht uns jederzeit als Funktion des Winkels α in Gl. 24) zur Verfügung, so daß also die Gl. 25) die Abhängigkeit der Kraft P vom Ventilhub zur Anschauung bringt, also derjenigen Kraft, mit der die Federn bemüht sind den Ventilteller zurückzuziehen, und von der wir gerne sehen würden, wenn sie unabhängig vom Hub immer gleich groß bliebe, womöglich aber mit wachsendem Hube abnehmen möchte.

Ein Blick auf Gleichung 25) läßt aber leider erkennen, daß, wie wir den Aufhängepunkt A der Federn durch die uns freistehende Wahl seiner Koordinaten a und x auch ändern mögen, der Anpressungsdruck P mit wachsendem Hub, also mit zunehmendem Winkel α unfehlbar grösser werden muss, denn zunächst wächst der Summand $x\,\mathrm{tg}\,\alpha$ und ferner der Klammerausdruck $\left(1 - \frac{l_0}{l}\right)$, denn die Federlänge l wird wohl oder übel größer, womit der Wert des Bruches $\frac{l_0}{l}$ abnimmt, und da dieser Bruch stets ein echter sein muss, da die constante Länge l_0 der Feder in unbelastetem Zustande immer kleiner ist als die Länge l der angespannten Feder, so muss auch der besagte Klammerausdruck zunehmen.

Der Anpressungsdruck P nimmt also auf jeden Fall zu, ganz gleich wohin wir den Aufhängepunkt A hinlegen, und da die Koordinaten a und x dieses Punktes die einzigen Mittel bieten, den Wert P in Gl. 25) zu beeinflussen, so erscheint die gestellte Aufgabe als unlösbar.

Es gibt jedoch einen Ausweg. Betrachten wir die Gl. 25) etwas näher, so werden wir finden, dass wir die Variation der Kraft P nach Belieben beherrschen, sobald wir $l_0 = 0$ setzen. Gl. 25) zeigt dann die einfache Form:

$$P = \frac{c}{2}\left(x \operatorname{tg} \alpha + a\right) \quad . \quad . \quad . \quad . \quad . \quad . \quad . \quad . \quad 26)$$

. Es würde dies bedeuten, daß die Federlänge l in Fig. 18, die sich aus der Länge l_0 der unbelasteten Feder und deren Verlängerung $\Delta\, l$ zusammensetzt, nunmehr lediglich der Verlängerung allein entspricht.

Der unmittelbar von Gl. 19) gegebene Ansatz für die Federspannung würde demnach übergehen in:

$$F = c\, l \quad . \quad . \quad . \quad . \quad . \quad . \quad . \quad . \quad 27)$$

da wir jetzt $\Delta\, l = l$ voraussetzen.

Gleichung 27) entspricht dann der Gl. 19) wenn wir darin $l_0 = 0$ setzen.

Wie diese Voraussetzung praktisch verwirklicht werden kann, soll später folgen, zunächst soll gezeigt werden, daß die vorstehende Entwickelung sofort auf Gl. 26) führt, sobald wir Gl. 19) durch Gl. 27) ersetzen. Die Gleichungen 20 bis 24 gelten unverändert, nach wie vor, da sie rein planimetrischer Natur sind.

Wir erhalten aus Gl. 20) nach Einsetzen des durch Gl. 21) gegebenen Wertes für K:

$$P = \frac{\sin \gamma}{2 \cos \alpha} F$$

nachdem die Funktion $\sin 2\alpha$ entwickelt wurde, und nach Ersatz der Federspannung F, durch die in Gl. 27) vorausgesetzte Grösse:

$$P = \frac{\sin \gamma}{2 \cos \alpha} c\, l$$

Wird nun noch $\sin \gamma$ durch die von Gl. 23) gebotene Beziehung vertreten, so wird:

$$P = \frac{\sqrt{a^2 + x^2}}{2\,l \cos\alpha} \sin(\alpha + \beta) \cdot c\,l$$

womit die Federlänge l aus der Rechnung fällt, und sich nach Entwickelung von sin $(\alpha + \beta)$ und einigen Vereinfachungen, genau der gleichen Art wie vorher, sich sofort ergibt zu:

$$P = \frac{c}{2}(x \operatorname{tg} \alpha + a)$$

womit die Richtigkeit der Gl. 26) bewiesen ist die wir vorher aus Gl. 25) ohne weiteres erhalten konnten, indem wir $l_0 = 0$ setzen.

Aus Gleichung 26) die mit der unmittelbar vorstehenden Gleichung identisch ist, ersehen wir aber ohne weiteres, daß der Anpressungsdruck P konstant wird, unabhängig vom Winkel α, sobald wir die Abscisse x des Aufhängspunktes A der Feder zu Null machen, an welcher Massnahme wir durch nichts gehindert sind. Wir brauchen zu diesem Zwecke nur den Aufhängspunkt A (s. Fig. 17) auf die durch die Kniehebeldrehpunkte gehende Senkrechte zu verlegen.

Aus Gleichung 26) wlrd dann für $x = 0$:

$$P = \frac{ac}{2} \quad \ldots\ldots\ldots \quad 28)$$

womit P unabhängig vom Ventilhub und trotz andauernd schärfer werdender Federspannung die gleiche Größe beibehält, das Ventil daher solange seinen vollen Hub hergeben muß, solange der Gasdruck nicht nachläßt.

Aus Gleichung 28) ist ferner zu erkennen, was auch aus den vorhergehenden Funktionen schon zu schließen ist, daß der Anpressungsdruck P der Federn mit der Höhe a gesteigert werden kann, was übrigens eine ganz naheliegende Sache ist, die schon lediglich aus der Betrachtung der Fig. 17 festgestellt werden kann.

Aus Gleichung 28) geht weiterhin hervor, dass für einen gegebenen Anpressungsdruck P, für $x = 0$, die noch zu wählenden Grössen a und c dem Gesetze der gleichseitigen Hyperbel folgen müssen, und beide daher nach Belieben vertauscht und variiert werden können, entsprechend den konstruktiven Bedürfnissen, ohne ihre Wirkung zu ändern, was eine weitere vorzügliche Eigenschaft der einfachen Gleichung 28) zu bedeuten hat.

Wir können jedoch noch mehr erreichen. Setzen wir nämlich in Gleichung 26) für x einen negativen Wert ein, so nimmt der Anpressungsdruck mit wachsendem Hube sogar ab, d. h. praktisch, daß das Ventil in dem Augenblick als der zulässige Überdruck überschritten wird, aufschnellt, bis zu seiner Hubbegrenzung, und den vollen Hub so lange beibehält, bis der Gasdruck noch geringer geworden ist als der zulässige.

In diesem Falle entspricht für den Winkel $\alpha = 0$ der Anpressungsdruck dem durch Gleichung 28) gegebenen Werte, um dann mit wachsendem Winkel, und somit wachsendem Hub andauernd abzunehmen bis zu Null, welcher Moment dann eintreten muss, wenn $x \operatorname{tg} \alpha = a$ wird.

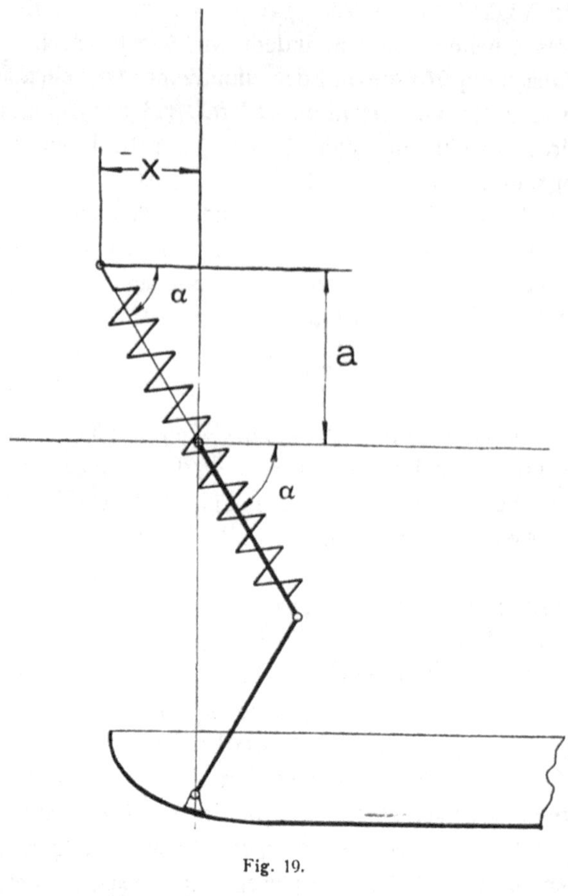

Fig. 19.

Die Situation entspricht dann der in Fig. 19 skizzierten Stellung, wonach die Mittellinie der Feder zusammenfällt mit der Mittellinie des oberen Kniehebels. In diesem Falle ist $x \operatorname{tg} \alpha = a$ geworden, und die Federspannung kann dann offenbar keine Komponente K (s. Fig. 18) mehr liefern, womit auch der Anpressungsdruck P verschwinden muss.

Geht das Ventil noch weiter, so wird der Anpressungsdruck P negativ, d. h. der Teller geht nicht mehr zu, das Ventil schnappt über, denn in diesem Augenblick tritt die Richtung der Federkraft zwischen die Kniehebel, und kann daher nur noch öffnend statt schliessend wirken.

Gegen dieses Überschnappen muss das Ventil durch seine Hubbegrenzung selbstverständlich mit reichlicher Sicherheit geschützt sein.

Es würde sich jetzt nur noch darum handeln, ein Mittel anzugeben, auf welche Weise es praktisch ermöglicht werden kann, dass die den vorstehenden Überlegungen zu Grunde liegende Voraussetzung erfüllt wird, wonach die Federverlängerung Δl identisch wird mit der in Fig. **18** dargestellten gesamten Federlänge $l = l_0 + \Delta l$ oder mit anderen Worten, dass die Länge l_0 der Feder in ungespanntem Zustande in unseren Gleichungen verschwindet, selbstverständlich nicht in Wirklichkeit, da es ein solches Mittel natürlich nicht gibt.

Ersetzen wir in Fig. 20, die wiederum ein zur Hälfte skizziertes Ventil zur Darstellung bringen soll, die Spiralfedern durch eine Gummischnur g die bei A über eine Rolle geführt, einerseits an die Spitze des gleichschenkeligen Kniehebel-Dreieckes, und anderenteils an dem bei M an der Krone des Ventils vorgesehenen Ringe befestigt sein soll, derart, dass die an der Spitze des Kniehebeldreieckes ausgehakte zunächst noch gespannte Gummischnur beim Entspannen, sich gerade bis zu dem Punkte A zusammenziehen möge, dessen Koordinaten durch a und $-x$ repräsentiert sind, so ist offenbar erreicht, dass die in unseren Rechnungen bisher mit l bezeichnete Strecke nunmehr nur noch der Verlängerung Δl entspricht, womit die Voraussetzungen der Gleichung **26** erfüllt sind.

Wir haben somit bei einem nach Fig. 20 konstruierten Ventil den Anpressungsdruck vollkommen in der Hand, durch die Wahl der Koordinaten a und x unter Anwendung des Kunstgriffes, dass die im Punkte M aufgehängte, und bei A über die Rolle geführte Gummischnur g so eingestellt ist, daß die Strecke AM mit der Länge l_0 der unbelasteten Schnur identisch ist.

Hiermit hätten wir die gestellte Aufgabe gelöst.

Die Ventilkonstruktion Fig. 20 habe ich zum D.R.P. angemeldet. Es hindert nichts, nach Fig. 21, anstelle der Gummischnur eine Spiralfeder zu verwenden, sofern man dieselbe in einer Hülse anordnet, die im Punkte A drehbar gelagert ist, und deren Länge l_0 in unbelastetem Zustande gerade mit der Länge der Hülse übereinstimmt. In diesem Falle sind offenbar die Voraussetzungen der Gleichung 26 ebenfalls erfüllt.

Es ist auch nicht durchaus nötig, den Endpunkt der Hülse drehbar zu lagern. Sie kann für die Mittellage des Ventils, so im Punkte *A*, fest angeordnet sein, daß in dieser Ventilstellung die Federachse gerade steht. Die Feder wird dann eben beim Ausschlag des Ventils etwas abgebogen, was ihr nicht viel schaden kann. Die Konstruktion wird dann wesentlich einfacher.

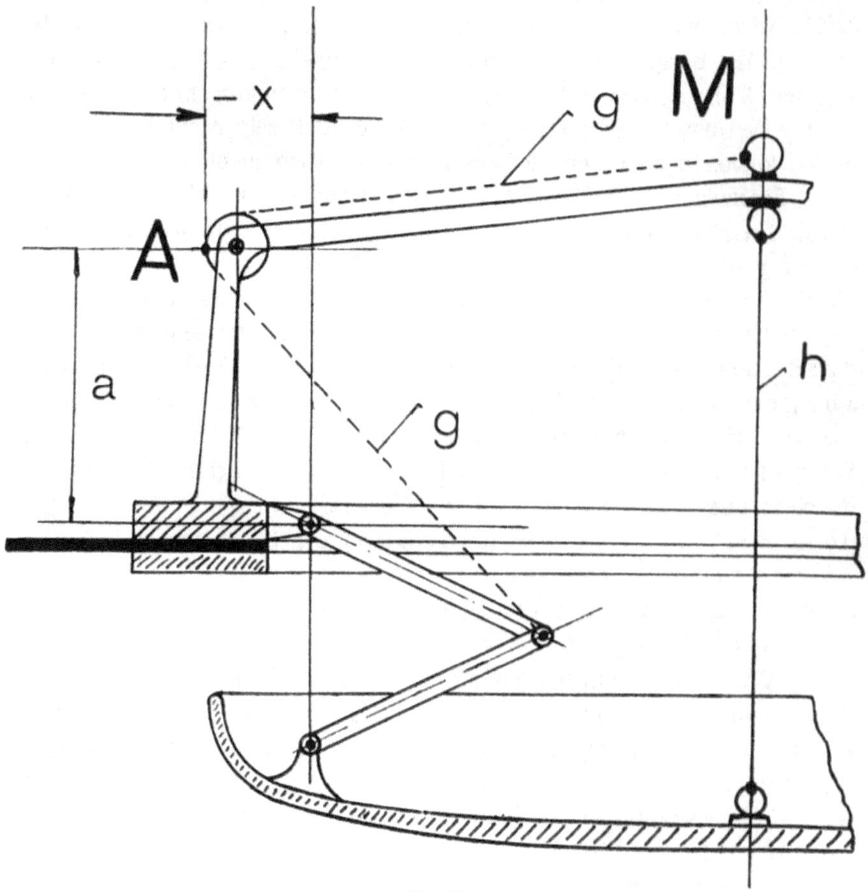

Fig. 20.

Am einfachsten wird sie jedoch unter Verwendung der Gummischnüre nach Fig. 20, die noch insofern empfehlenswert ist, als man bestrebt ist, in neuerer Zeit an den Ventilen alle Metallteile zu vermeiden, um elektrische Funkenbildung zu verhindern.

Von dem Überdruckventil wird verlangt, daß es sich in demjenigen Augenblick öffne, als der Gasdruck den Betriebsüberdruck um eine noch zulässige Größe überschritten hat. Für diese Größe wählen wir 5—10 mm Wassersäule, je nach der Beanspruchung, die der Stoff der Hülle dadurch erfährt. Nun entspricht 1 mm Wassersäule einem Drucke von 1 kg pro qm, und wir erhalten daher für den Anpressungsdruck P des Ventils die Beziehung:

$$P = \frac{d_1^2 \pi}{4} (p + 5) \quad \ldots \ldots \ldots \quad 29)$$

wobei p den Betriebsdruck des Schiffes in mm Wassersäule darstellt, während d_1 den größten Durchmesser des Ventiltellers bezeichnet (s. Fig. 21), da dieser für den Gasdruck in Betracht kommt.

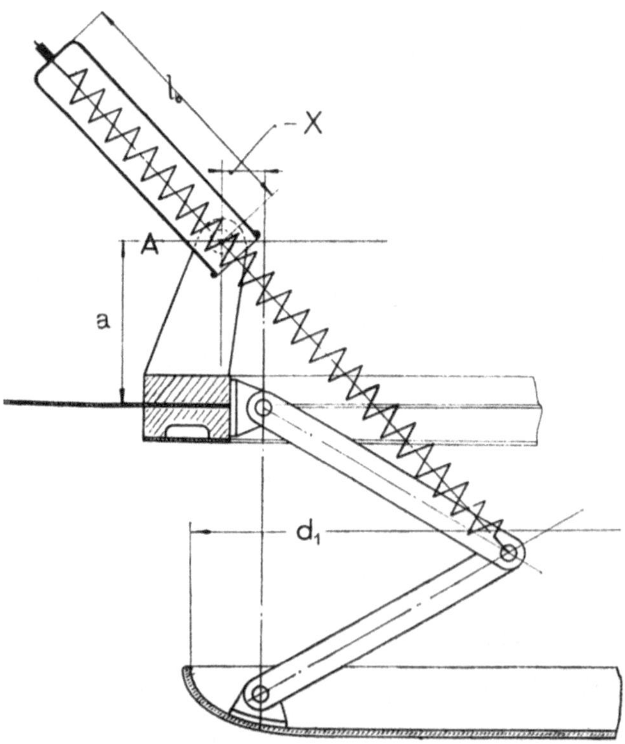

Fig. 21.

Anstelle der in Gleichung 29 eingeführten Zusatzspannung von 5 mm Wassersäule kann je nach Bedarf bis zu 10 mm gegangen werden.

Unter Voraussetzung eines konstanten Anpressungsdruckes, also für $x = 0$, welche Annahme in der Praxis die empfehlenswerteste ist, erhalten wir durch Gleichsetzen der Gleichungen 28 und 29:

$$ac = \frac{d_1^2 \pi}{2} (p + 5) \quad . \quad . \quad . \quad . \quad . \quad . \quad . \quad 30)$$

Damit sind wir schließlich in den Stand gesetzt, den Abstand a sowie die Federkonstante c so zu bestimmen, daß der erforderliche Anpressungsdruck P auch tatsächlich erreicht wird. Länge und Neigungswinkel der Kniehebel spielen dabei gar keine Rolle. Diese überraschende Vereinfachung und Uebersichtlichkeit der Verhältnisse ist lediglich durch die Anwendung des Kunstgriffes bedingt, wonach die Entfernung des festen Punktes A von der Spitze B des gleichschenkeligen Kniehebeldreiecks (s. Fig. 22.) einzig und allein der Verlängerung Δl der Feder entspricht, so daß also die Federspannkraft F dieser Länge proportional ist.

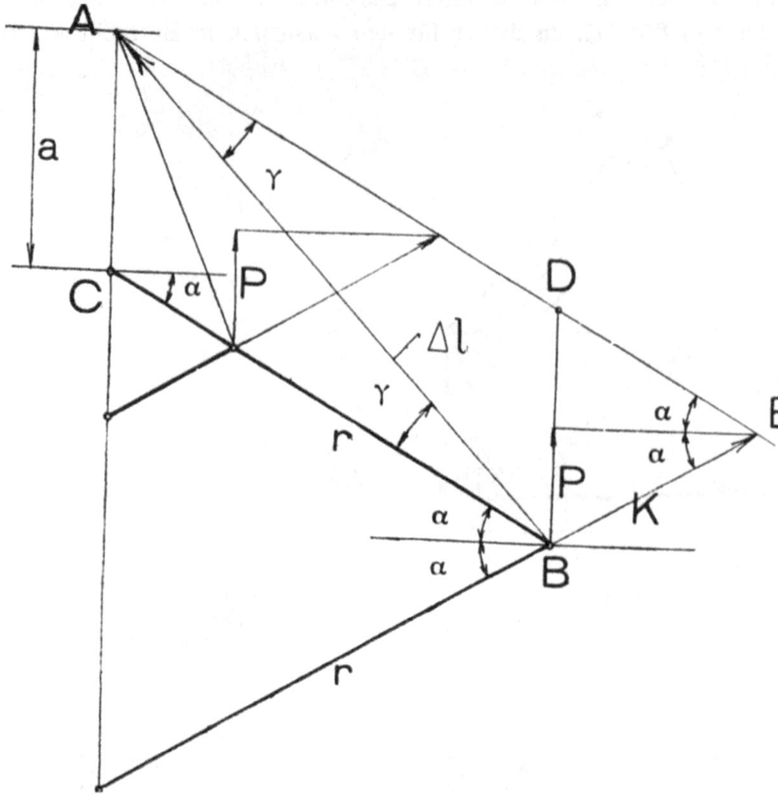

Fig. 22.

Wir wollen nun die Richtigkeit der Gleichung 28 noch einmal beweisen, indem wir dieselbe unmittelbar aus den für sie geltenden planimetrischen Verhältnissen ableiten. Diese sind in Fig. 22 dargestellt. Die Bezeichnungen sind die gleichen wie früher. Die Federspannkraft wird:

$$F = c\,\Delta\,l$$

Setzen wir die Federkonstante $c = 1$ so wird

$$F = \Delta\,l$$

so daß die Strecke A-B also die Federspannkraft F bedeutet. Ich treffe diese Vereinfachung deshalb, weil die Gleichung 28 über die Größe des Anpressungsdruckes P dann sofort aus der Figur abgelesen werden kann.

Zunächst finden wir wie früher:

$$P = K \sin \alpha$$

$$\text{ferner } K = \Delta l \frac{\sin \gamma}{\sin 2\alpha}$$

$$\text{und damit } P = \Delta l \frac{\sin \gamma}{2 \cos \alpha}$$

$$\text{ferner ist } \frac{\sin \gamma}{\sin(90^0 + \alpha)} = \frac{a}{\Delta l}$$

und nach Einsetzen dieses Wertes von $\sin \gamma$ in die Gleichung für P ergibt sich, nachdem wir den $\sin (90^\circ + \alpha)$ durch $\cos \alpha$ ersetzt haben, sofort die Gleichung 28 für $c = 1$ in der einfachsten Form zu

$$P = \frac{a}{2}$$

also vollständig unabhängig von Länge r und Neigung α der Kniehebel.

In Fig. 22 ist die Kräftezerlegung noch einmal gemacht für eine geringere Länge der Kniehebel. Stets ergibt sich P halb so groß wie die Strecke a, die als Seite des Parallelogramms $A\,C\,B\,D$ auftritt, so daß P als die halbe Grundlinie des gleichschenkeligen Dreiecks $D\,B\,E$ immer gleich $\frac{a}{2}$ werden muß, wie wir auch Neigung und Länge der Kniehebel wählen mögen.

Aus diesem Grunde nahm ich diesmal $c = 1$ an, denn damit läßt sich die wichtige Gleichung 28 ohne weiteres aus der Figur ablesen.

6. Die Zunahme des Gasdruckes im Ballon mit der Höhe der Gassäule.

Studieren wir die Verhältnisse zunächst wieder an einem Freiballon.

Der von außen auf die Hülle wirkende Luftdruck nimmt mit wachsender Bauhöhe des Ballons, mit der geringer werdenden Luftdichte ab.

Tragen wir für jede Höhe h als Abscisse vom Füllansatz gemessen (s. Fig. 23) den zugehörigen äußeren Luftdruck p als Ordinate auf, so erhalten wir eine Druckkurve, die bei der verhältnismäßig geringen Höhe des Ballons gegenüber der darüber lastenden Luftsäule von einer Geraden kaum zu unterscheiden ist. Der äußere Luftdruck am Füllansatz p_1, der sich vom Luftdruck im Zenit des Ballons p_2 um den Druck der Luftsäule H unterscheidet, pflanzt sich nun gleichmäßig durch den ganzen Gasraum fort. Wäre nun die Gasfüllung gewichtslos, so würde für jede beliebige Höhe h die Differenz zwischen p_1 und dem zu der Höhe h gehörigen Luftdruck p den inneren Überdruck des Ballons an dieser Stelle angeben. Diese Druckdifferenz ist in Fig. 23 durch starkes Ausziehen gekennzeichnet.

Da die Gasfüllung jedoch ein Gewicht besitzt, so vermindert sich dieser innere Überdruck an jeder Stelle um denjenigen Druck, der dem Gewichte der darunter liegenden Gassäule entspricht. Im Zenit des Ballons wird also der innere Überdruck offenbar um den vom Gewichte der ganzen Gassäule H herrührenden Druck p' geringer werden. Dieser Druck p' ist in Fig. 23 aufgetragen, so daß die Ordinatenstrecke A-B den tasächlich im Zenit des Ballons auftretenden Überdruck angibt. Da der Druck der Gassäule ungefähr proportional mit der Höhe h abnimmt, so brauchen wir nur den Punkt A mit dem Punkt C durch eine gerade Linie zu verbinden, um in den von dieser Geraden und der p-Kurve ausgeschnittenen Ordinatenstrecken für jede beliebige Höhe h den an dieser Stelle herrschenden Überdruck im Balloninnern zu erhalten. Diese Ordinatenstrecken sind in Fig. 23 durch Schraffur angedeutet.

So bedeutet also z. B. für die beliebige Höhe h über dem Füllansatz die Strecke D-E den an dieser Stelle wirkenden inneren Überdruck, während E-F den vom Gewichte der Gassäule h herrührenden Druck repräsentiert. Der innere Überdruck an jeder Stelle

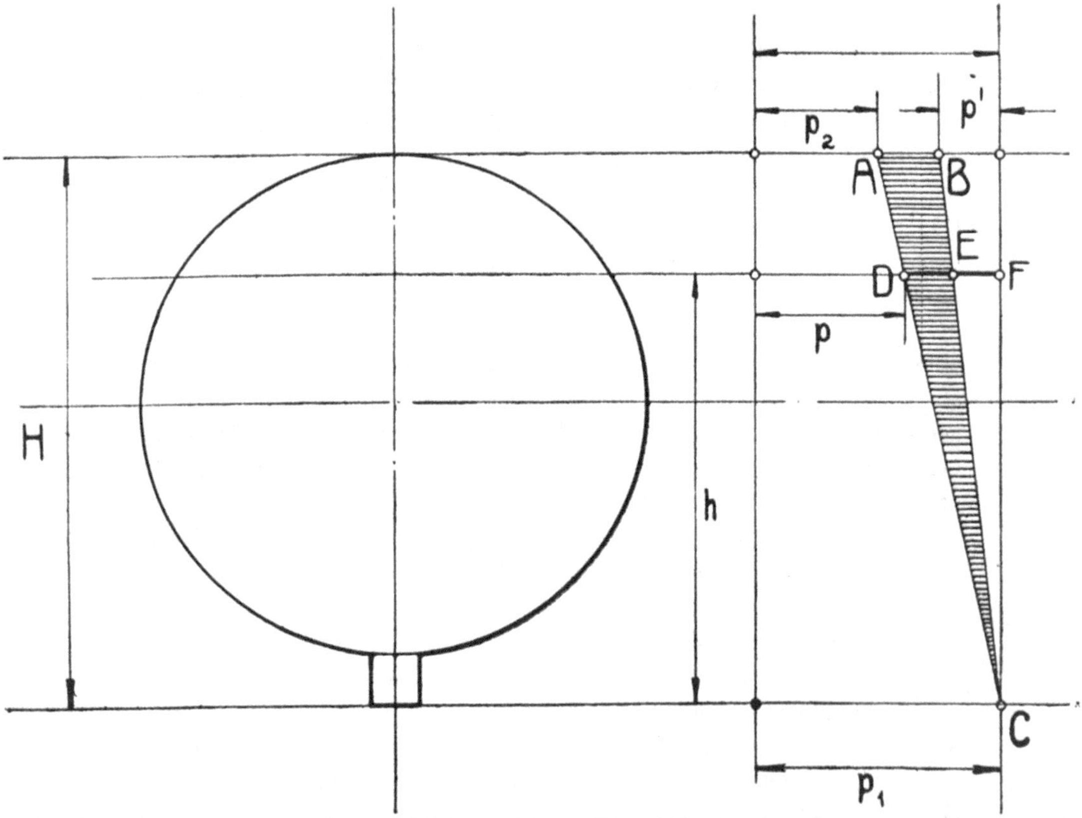

Fig. 23.

ist also nichts anderes, als die Druckdifferenz zwischen der über dem Füllansatz stehenden Luft- und Gassäule von gleicher Höhe, oder der Auftrieb der Gassäule.

Bezeichnen wir wieder das Gewicht von 1 cbm atmosphärischer Luft G und das von 1 cbm Wasserstoff mit G' so ergibt sich der innere Überdruck in der Höhe von h-Metern über dem Füllansatz gemessen zu:

$$h\,(G - G')$$

und nach Einsetzen der in Kapitel 1 dafür gefundenen Zahlenwerte erhalten wir:

$$h\ (1{,}293 - 0{,}09) = 1{,}2h.$$

Aus vorstehender Gleichung ergibt sich dieser Überdruck offenbar in Kilogramm pro Quadratmeter oder in Millimeter Wassersäule.

Wir merken uns also, daß mit jedem Meter über dem Füllansatz der innere Überdruck um 1,2 mm Wassersäule steigt.

Ein Freiballon von *c* 1000 cbm Rauminhalt besitzt einen Kugeldurchmesser von *c* 12,6 m, so daß der größte im Ballon auftretende Überdruck sich berechnet zu: $12{,}6 \cdot 1{,}2 \sim 15$ mm Wassersäule.

Dieser Druck herrscht am obersten Punkte des Ballons, also in der Umgebung des Ventils, und mit diesem Druck strömt das Gas bei Ventilzug ins Freie.

Bei dem vollständig nach außen abgeschlossenen, und von vornherein unter dem zum Betrieb notwendigen Überdruck p stehenden Motorballon, der in konstanter Größe den ganzen Gasraum beherrscht, ermittelt sich der größte auftretende Druck am höchsten Punkte derjenigen Stelle, an welcher der Ballondurchmesser am größten ist, indem man den Überdruck p zu dem durch die Höhe der Gassäule hervorgerufenen Überdruck addiert. Bezeichnen wir den größten Durchmesser des Ballons mit D, so ergibt sich unter Voraussetzung einer horizontalen Lage des Schiffes der maximale Druck aus der Gleichung:

$$p' = 1{,}2\,D + p \quad \ldots\ldots\ldots \quad 31)$$

wobei p' und p natürlich eine andere Bedeutung haben als in Fig. 23.

Das Schiff steht in Fahrt jedoch nicht immer horizontal, und unter Umständen können starke Stampfbewegungen auftreten oder durch andere Ursachen Schieflagen der Längsachse veranlaßt werden, durch welche die Höhe der dann auftretenden Gassäule und der damit entstehende maximale Überdruck, gegen die in Gl. 31 gegebenen Werte bedeutend vergrößert werden können.

Eine starke Schiefstellung kann z. B. eintreten, wenn eines der beiden Ballonets nicht funktioniert, indem etwa eine Luftleitung unklar geworden wird, so daß die gesamte eingepumpte Luft nach einer Seite konzentriert wird.

Schieflagen bis zu 30° sind schon dagewesen.

Mit dem dabei auftretenden Druck wäre demnach zu rechnen. Es dürfte genügen, diese Neigung von 30° als den ungünstigsten Fall hinzunehmen, denn sollte ein Schiff noch steiler aufbäumen, dann ist nicht mehr viel zu hoffen.

Wir erhalten nach Fig. 24 für 30° Neigung der Längsachse, deren Länge wir mit L bezeichnen wollen, für die maximale Höhe der Gassäule: $H \sim L \sin 30° = \frac{1}{2} L$ und weiter nach Gleichung 31 den größten zu erwartenden Druck, dem die Hülle noch genügend Stand halten muß:

$$p'_{max} = 1{,}2 \cdot \tfrac{1}{2} L + p \quad . \quad . \quad . \quad . \quad . \quad . \quad 32)$$

Für ein Schiff von 80 m Länge, das mit 25 mm Betriebsdruck fährt, ergibt sich nach Gl. 32

$$p'_{max} = 1{,}2 \cdot 40 + 25 = 73 \text{ mm Wassersäule.}$$

Es ist dies ein recht achtunggebietender Druck und eine gewisse Besorgnis nicht ganz unangebracht, auch wenn wir uns daran

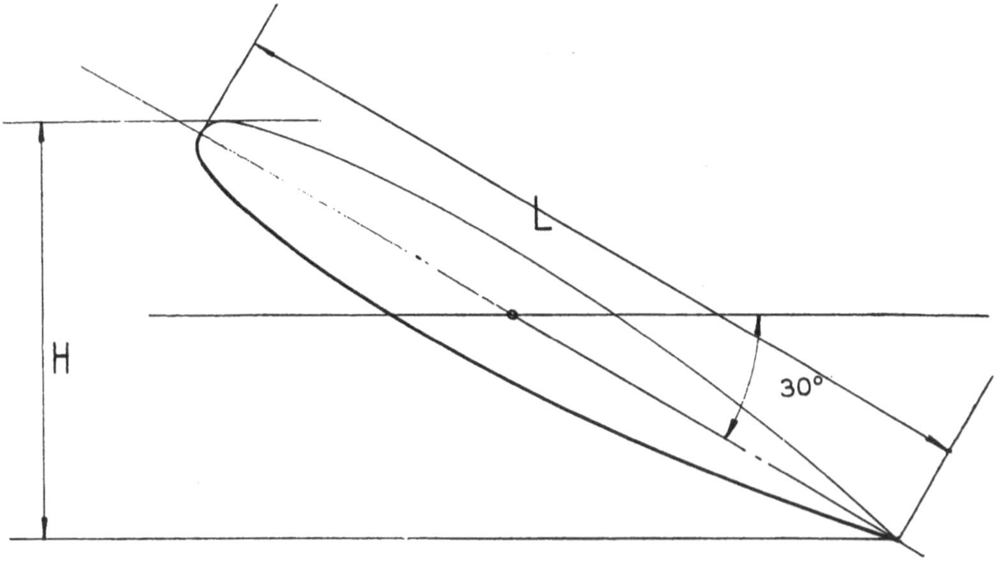

Fig. 24.

erinnern, daß die Neigung von 30° nur ganz ausnahmsweise zu befürchten ist. Jedenfalls ist diesem Punkte eine große Aufmerksamkeit zuzuwenden, denn die Stoffbeanspruchung wird durch einen Druck von c 70 mm Wassersäule bereits eine recht beträchtliche. Wir werden bei der Berechnung der Ballonhüllen gegen Bruch noch ausführlich auf diesen Fall zurückkommen.

Die starke Beanspruchung des Stoffes bei Schieflage des Ballons wird sofort beseitigt, sobald man den Gasraum durch Schotten in einzelne Räume zerlegt. Man macht dies im allgemeinen nicht gerne, da die ganze Anlage natürlich komplizierter und schwerer wird.

Für Schiffe von über 60 m Länge ist aber im Interesse der Sicherheit dringend zu raten, diese Komplikation in Kauf zu nehmen und den Gasraum mindestens durch eine Schotte in zwei Teile zu trennen. Auch darauf werden wir in späteren Kapiteln noch eingehender zu sprechen kommen.

Ein starres Schiff besitzt den Vorzug, daß man sich dabei um die Beanspruchung des Stoffes bei Schieflage des Ballons weiter nicht zu kümmern braucht, da es von vornherein in eine größere Anzahl einzelner Abteilungen geteilt ist und außerdem ohne Überdruck fährt.

7. Ballonform und Fahrwiderstand. Stabilität der Form. Stabilisierungsflächen.

Im Kapitel 2 haben wir bereits festgestellt, daß der Fahrwiderstand eines Luftschiffes unabhängig von Stärke und Richtung des herrschenden Windes stets frontal in Richtung der Schiffslängsachse wirkt, sofern wir zunächst von dem Fahrwiderstande der unter dem Gasraum hängenden Gondel absehen, der auch im Verhältnis zu demjenigen des mächtigen Ballonkörpers keine wesentliche Rolle spielt.

Streng genommen liegt die Resultierende aller Fahrwiderstände etwas unterhalb der Längsachse des Gasraumes, da Gondel und Takelage natürlich ebenfalls einen Fahrwiderstand bieten. Ferner haben wir in Kapitel 2 festgestellt, daß bei gegebenem Schiff die Größe des Fahrwiderstandes ebenfalls unabhängig von Windstärke und Windrichtung, nur von der relativ zum umgebenden Luftmeer entwickelten Eigengeschwindigkeit des Fahrzeuges abhängig sein kann.

Unter vorläufiger Vernachlässigung des Fahrwiderstandes der Gondel handelt es sich also in allen Fällen nur darum, den Fahrwiderstand eines in ruhender Luft mit der Eigengeschwindigkeit v bewegten Ballonkörpers zu ermitteln.

Es ist nun anschaulicher und auf die Ergebnisse der folgenden Untersuchung ohne Einfluß, wenn wir uns den Ballonkörper ruhend denken, und das unbegrenzt gedachte Luftmeer mit konstanter Geschwindigkeit v in Richtung der Längsachse des Schiffes strömen lassen.

Denken wir uns zunächst weiter das strömende Medium als vollkommen reibungslos, und studieren wir unter dieser Voraussetzung die Kräfte, die der in Fig. 25 skizzierte Rotationskörper erfährt, wenn er in dem strömenden Medium festgehalten wird.

Die alle in gleichen Abständen mit der Geschwindigkeit v parallel dahinziehenden Stromfäden, werden durch die Spitze des

Körpers allmählich andauernd stärker zusammengedrängt und zu einer beständigen Richtungsänderung gezwungen, und zwar vorerst so lange, bis der vordere Wendepunkt *A* der Begrenzungslinie des störenden Körpers erreicht ist. Der hydrostatische Druck auf den Kopf des Körpers nimmt also immer mehr zu, je mehr die Stromfäden durch den wachsenden Querschnitt des Körpers zusammengedrängt werden. Ferner drückt die Zentrifugalkraft der den Kopf passierenden Massen auf denselben, entsprechend der mehr oder weniger scharfen Krümmung der Begrenzungslinie der Spitze.

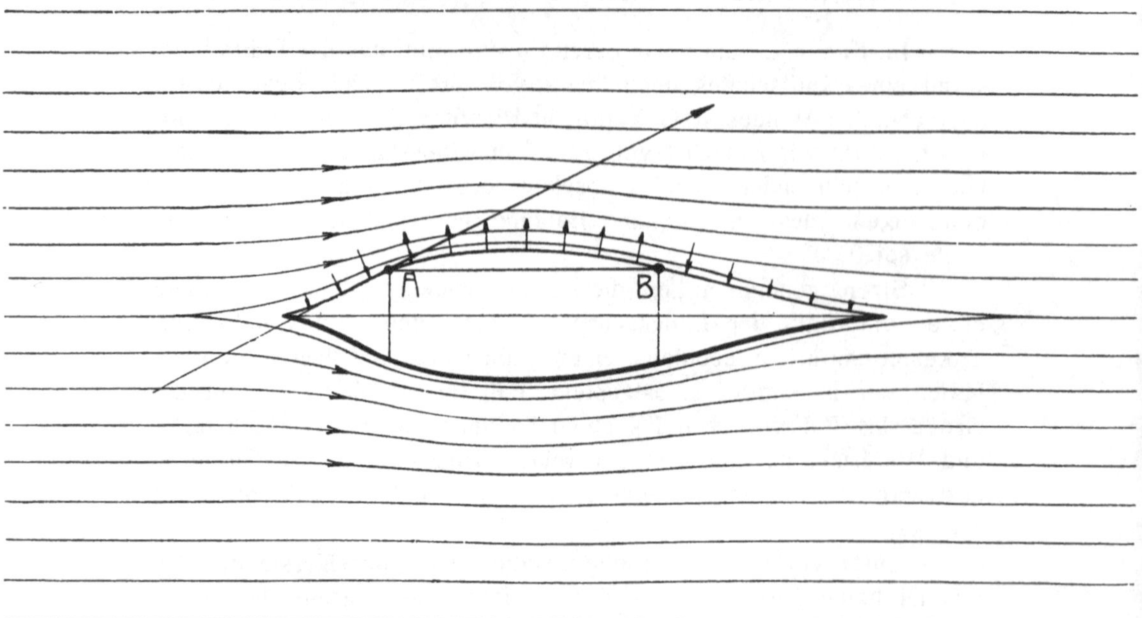

Fig. 25.

Im Punkte *A* angelangt, werden die Massenteilchen infolge ihrer Beharrung das Bestreben zeigen, in Richtung der Wendetangente weiterzuschießen. Sie würden dies auch zweifellos tun, wenn es sich um ein begrenztes Medium handeln würde (s. Fig. 26). In diesem Falle würde der gegen den Körper anströmende Cylinder des Mediums in einen Kegelmantel zerfließen.

In unserem Falle wird dies jedoch durch den äußeren hydrostatischen Druck verhindert und die strömenden Massen wenden sich wieder der Oberfläche des Körpers zu, und zwar in einer Kurve, deren Form durch die Bedingung gegeben ist, daß die ihrer Krümmung entsprechenden Zentrifugalkräfte der strömenden Massen mit dem von außen wirkenden hydrostatischen Druck gerade im Gleichgewichte stehen.

Der Krümmungsradius dieser Kurve wird also nach dem Schwanzende des Körpers zu immer größer werden müssen, da in dieser Richtung der hydrostatische Druck mehr und mehr abnimmt, indem das durch den Kopf komprimierte Medium sich mehr und mehr wieder entspannen kann, je weiter es sich vom größten Querschnitte des Körpers entfernt. Siehe Fig. 27.

Im gleichen Maße wie dieser Druck, muß daher auch die Zentrifugalkraft abnehmen, damit das Gleichgewicht bestehen bleibt und die Kurve wird sich somit verflachen, d. h. ihre Krümmungsradien wachsen.

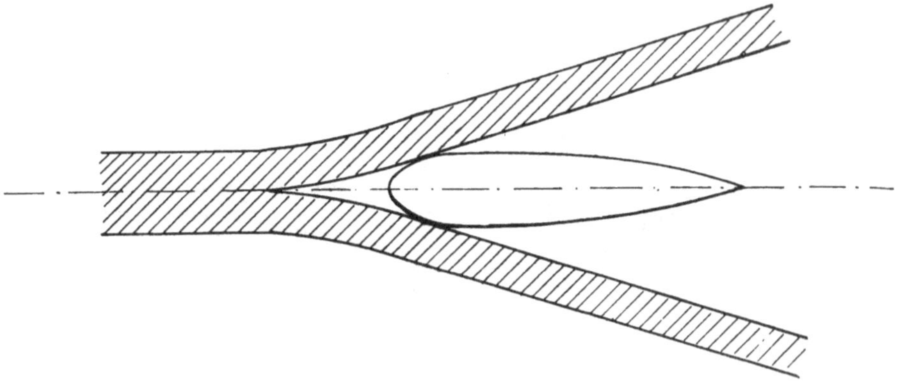

Fig. 26.

Ferner ist die Form der Kurve, die von dem der Oberfläche des Körpers am nächsten liegenden Strömungsfaden gebildet wird, abhängig von der Richtung der im Punkte *A* angedeuteten Wendetangente und von der Strömungsgeschwindigkeit *v*, denn bei gegebenem hydrostatischem Druck wird der innerste Stromfaden um so energischer nach außen drängen, also die Oberfläche des Körpers zu verlassen suchen, je steiler die Wendetangente und je größer die Stromgeschwindigkeit ist.

Gelingt es dem fließenden Medium, wie in Fig. 27 skizziert, von der Oberfläche des Körpers wegzukommen, so entsteht ein leerer Raum, der durch Schraffur gekennzeichnet ist.

Diese Erscheinung heißt man Kavitation, und sie spielt besonders bei den Propellern für Seeschiffe eine unangenehme Rolle.

Würde sie bei einem Luftschiffe auftreten, so würde unter dem schraffierten Raum der innere Überdruck des Ballons zunehmen und der Raum selbst sich mit Wirbeln erfüllen.

Da die Kurve des innersten Stromfadens eine Funktion des Neigungswinkels der Wendetangente bei *A* (s. Fig. 25) ferner der Stromgeschwindigkeit *v* und schließlich des hydrostatischen Druckes ist, so würde man die Form des Körpers genau diesem Stromfaden anpassen können, wenn man wüßte, wie diese Funktion aussieht.

In Fig. 25 ist dieser Fall skizziert, und es würde daher unter der gestellten Voraussetzung der innerste Stromfaden, innerhalb der Strecke *A-B*, die Oberfläche des Körpers gerade berühren, und zwar so, daß von *A* nach *B* nicht der geringste Druck auf denselben ausgeübt würde.

Dies wäre offenbar die idealste Begrenzungskurve für die Rumpfstrecke *A-B*, denn, da die Luft nicht reibungslos ist, wie das

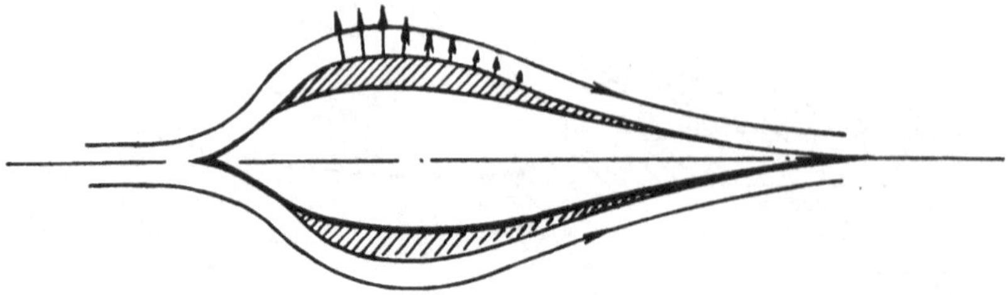

Fig. 27.

hier vorausgesetzte ideale Medium, so hätten wir in diesem Falle auf dem ganzen, durch die Punkte *A* und *B* begrenzten Teil der Oberfläche des Ballons absolut keine Reibung zu überwinden.

Diese Kurvenform ist aber leider noch nicht bekannt. Eingehende Versuche darüber können zunächst allein Aufschluß verschaffen.

Überschreitet nun der Stromfaden den Wendepunkt *B* in Fig. 25, der zur Schwanzbegrenzungslinie überleitet, so wiederholt sich der gleiche Vorgang, wie beim Passieren der vor dem Punkte *A* liegenden Kopflinie.

Das bis zum größten Querschnitt des Körpers andauernd stärker zusammengedrückte, hochelastische Medium entspannt sich von diesem Augenblick an mehr und mehr, bis es kurz nach Passieren der Schwanzspitze genau denselben hydrostatischen Druck wieder erreicht hat, den es vor dem Körper besaß und der mit Ausnahme der nächsten Umgebung des störenden Körpers im ganzen unbegrenzten Raum herrscht, in unserem Falle also der Druck der Atmosphäre.

Bis zum größten Durchmesser des Ballons muß also eine Arbeit zum Komprimieren der Luft aufgewendet werden, die in Form von potentieller Energie in der umgebenden Luftmasse aufgespeichert ist und die restlos wieder an den Körper abgegeben wird. während der von diesem Augenblick an bis zum Passieren der Schwanzspitze erfolgenden Entspannung der zusammengedrückten Luft.

Alle auf die vor und hinter dem größten Ballondurchmesser, auf die zugehörigen Begrenzungskurven (s. Fig. 25) drückenden Kräfte, die nur senkrecht auf die Oberfläche der Hülle wirken können, lassen sich zerlegen in je zwei Komponenten in Richtung der Ballonachse und senkrecht zu derselben.

Die senkrecht zur Achse wirkenden Komponenten heben sich aus Symmetriegründen ohne weiteres gegenseitig auf.

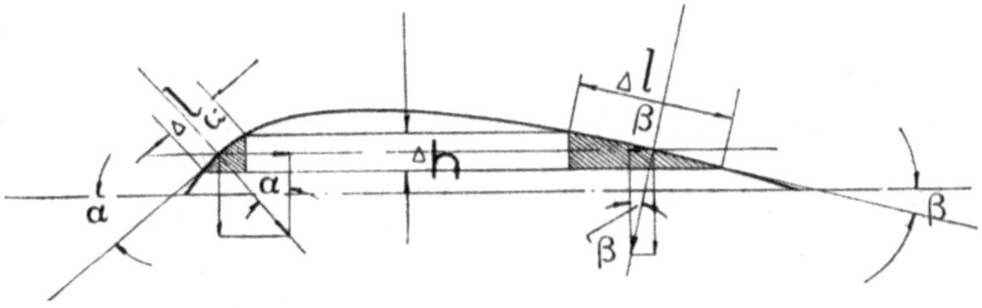

Fig. 28.

Wäre nun der Körper auch in Bezug auf die Ebene seiner größten Querschnittskreisfläche symmetrisch gebaut, so wäre es auch klar, daß die in Richtung der Ballonlängsachse wirkenden Komponenten sich gegenseitig aufheben müßten, daß somit ein derartiger Körper in einem strömenden, reibungslosen Medium **keinen Widerstand** erfahren könnte, da die Resultierende aller auf ihn wirkenden Kräfte zu Null werden muß.

Es läßt sich aber nachweisen, daß dieser Satz auch gelten kann, wenn der Rotationskörper in Bezug auf seinen größten Kreisquerschnitt unsymmetrisch konstruiert ist, wie dies bei unseren Skizzen der Fall ist.

Legen wir in Fig. 28 eine Parallele zur Längsachse des Ballons, so müssen in den Schnittpunkten dieser Parallelen mit den Begrenzungslinien der Hülle offenbar die gleichen hydrostatischen Drucke p herrschen, da der Durchflußquerschnitt des, wenn auch unbegrenzt gedachten, Mediums an diesen beiden Stellen gleich groß sein wird.

Die zu diesen Punkten gehörigen Flächenelemente werden durch den Parallelstreifen von der Höhe Δh aus der Begrenzungslinie herausgeschnitten.

Da der hydrostatische Druck nur senkrecht auf diesen Flächenelementen stehen kann, so ergibt sich, wenn wir die Neigungswinkel dieser Flächenelemente mit der Längsachse des Ballons mit α und β bezeichnen, für die in Richtung dieser Achse liegenden Druckkomponenten

$$p \sin \alpha \text{ und } p \sin \beta .$$

Die Längen der zugehörigen Flächenelemente berechnen sich zu

$$\Delta l_\alpha = \frac{\Delta h}{\sin \alpha} \text{ und } \Delta l_\beta = \frac{\Delta h}{\sin \beta};$$

Auf diese Flächenelemente wirken demnach die Kräfte

$$p \sin \alpha \frac{\Delta h}{\sin \alpha} \text{ und } p \sin \beta \frac{\Delta h}{\sin \beta} .$$

Der Sinus des Neigungswinkels hebt sich jedesmal weg, so daß also beide Komponenten dieselbe Größe $p \Delta h$ besitzen. Da sie in ein und derselben Geraden liegen und entgegengesetzt gerichtet sind, müssen sie sich gegenseitig aufheben.

Zerlegen wir nun die ganze Begrenzungskurve durch Parallelstreifen von der Höhe Δh in paarweise sich gegenüberstehende Flächenelemente, so müssen sich jedesmal die zugehörigen, in Richtung der Ballonachse wirkenden Komponenten des hydrostatischen Druckes einander aufheben und wir schließen daraus, daß die durch die Strömung erzeugten hydrostatischen Druckkräfte den Körper mit derselben Kraft gegen die Strömung vorwärts zu schieben streben, als sie ihn rückwärts zu drängen suchen. Die Resultierende aller hydrostatischen Druckkräfte ist also gleich Null, ganz gleichgültig, ob der Körper in Bezug auf die Ebene seines größten Kreisquerschnittes symmetrisch gebaut ist oder nicht.

Es frägt sich nun noch, ob das Gleiche auch gilt für die auf Kopf- und Schwanzfläche drückenden Zentrifugalkräfte.

Es kommen dafür nämlich nur diejenigen Kräfte in Betracht, die auf die Oberfläche des Körpers drückend wirken, also nur die von der Kopfspitze bis *A* und von *B* bis zur Schwanzspitze auftretenden Zentrifugalkräfte, denn zwischen *A* und *B* sind dieselben nach außen gerichtet und können daher den Körper nicht beeinflussen (s. Fig. 25), im Gegensatz zu den hydrostatischen Kräften, die natürlich auch zwischen *A* und *B* nach dem Körper zu gerichtet sind.

Betrachten wir nun wieder entsprechend den in Fig. 28 skizzierten Verhältnissen, zwei sich gegenüberliegende Kurvenelemente, die in Fig. 25 vor und hinter den Punkten *A* und *B* liegen, so erhalten wir für die zugehörigen Zentrifugalkräfte, wenn ρ_α und ρ_β die Krümmungsradien der Kurvenelemente bedeuten:

$$\frac{\Delta m v^2}{\rho_\alpha} \text{ und } \frac{\Delta m v^2}{\rho_\beta}$$

Dabei entspricht Δm den an der Richtungsänderung beteiligten Massenelementen des Mediums.

Die Strömungsgeschwindigkeit v ist im ganzen Raume, also auch an der Oberfläche des Körpers, als konstant angenommen, eine Möglichkeit, die bei inkompressiblen Flüssigkeiten ausgeschlossen wäre, bei einem elastischen Medium dagegen wie die atmosphärische Luft einigermaßen wohl zutreffen wird. In der Nähe des größten Ballonquerschnittes wird natürlich auch die Geschwindigkeit etwas größer, indem sich durch die Verengung des Durchflußquerschnittes nicht alles in Druck umsetzen wird.

Die in Richtung der Rotationsachse des Körpers wirkenden Komponenten dieser Zentrifugalkräfte ergeben sich dann weiter zu:

$$\frac{\Delta m v^2}{\rho_\alpha} \sin\alpha \text{ und } \frac{\Delta m v^2}{\rho_\beta} \cdot \sin\beta \,.$$

Die gesamten auf die Kurvenelemente in Richtung der Längsachse wirkenden Kräfte erhalten wir wieder durch Multiplikation derselben mit den Längen der nach Fig. 28 herausgeschnittenen Kurvenstrecken zu:

$$\frac{\Delta m v^2}{\rho_\alpha} \cdot \Delta h \text{ und } \frac{\Delta m v^2}{\rho_\beta} \Delta h$$

und wir sehen, daß sie nur dann sich gegenseitig aufheben können, wenn $\rho_\alpha = \rho_\beta$ wird, wenn also zwei sich nach Fig. 28 gegenüberliegende Kurventeilchen denselben Krümmungsradius besitzen.

Es müßten also, wenn der in Bezug auf den größten Kreisquerschnitt unsymmetrisch geformte Körper im strömenden reibungslosen Medium keinen Widerstand erfahren sollte, zum mindesten die in Fig. 25 vor und hinter den Wendepunkten *A* und *B* liegenden Kopf- und Schwanzbegrenzungslinien symmetrisch sein, denn nur dann wäre die Bedingung $\rho_\alpha = \rho_\beta$ für je zwei sich gegenüberliegende Kurvenelemente erfüllt. Die Rumpfbegrenzungslinie *AB* kann dabei einen beliebigen Verlauf nehmen, denn die auf derselben wirkenden Zentrifugalkräfte spielen für uns keine Rolle, da sie nach außen gerichtet sind.

Die Bedingung der Symmetrie von Kopf- und Schwanzform würde jedoch, sofern man nicht die Rumpflinie AB ebenfalls symmetrisch gestaltet, einen ziemlich scharfen Kurvenübergang im Wendepunkt B zur Folge haben, wenigstens solange man einen Wert darauf legt, den größten Querschnitt vor die Mitte des Körpers zu legen, was bei unseren Skizzen durchaus der Fall ist. Durch einen Versuch auf dem Papier kann man sich leicht von dieser Notwendigkeit überzeugen.

Die Folge dieses scharfen Überganges wäre wieder eine hinter dem Wendepunkte B auftretende Kavitationserscheinung, die aber jetzt weniger harmlos wäre wie in Fig. 27, bei der sie sich vor und hinter dem größten Querschnitt verteilt, sondern die beim Entspannen des Mediums frei werdende potentielle Energie würde uns nicht mehr treibend zur Verfügung stehen können. Wir bekommen also Fahrwiderstand.

Es gibt jedoch ein anderes Mittel, um die Resultierende aller in der Strömungsrichtung liegenden Komponenten der Zentrifugalkräfte zum Verschwinden zu bringen, ohne daß der eben besprochene Mißstand eintritt.

Es ist nämlich durchaus nicht notwendig, daß die Wendepunkte A und B in Fig. 25 den gleichen Abstand von der Rotationsachse besitzen müssen.

L e g e n w i r d e n P u n k t B h ö h e r a l s d e n W e n d e p u n k t A (s. Fig. 29), so ergibt sich zwanglos ein ruhig verlaufender Kurvenzug für einen v o r d i e M i t t e des Körpers liegenden maximalen Querschnitt, wenn wir die Länge des Schwanzes größer als diejenige des Kopfes wählen, welche Annahmen bis jetzt stillschweigend als zweckmäßig vorausgesetzt wurden.

Denken wir uns in Fig. 29 Kopf- und Schwanzbegrenzungskurven, der einfacheren Rechnung halber in Gestalt von Kreisbögen, und zwar in derart idealer Weise auslaufend, daß die zu Kopf- und Schwanzspitze gehörigen Radien senkrecht auf der Längsachse des Körpers stehen, und ferner die zu diesen Kreisbögen gehörigen Zentriwinkel α gleich groß, so ergibt sich für das mittlere an der Richtungsänderung teilnehmende Massenelement $\triangle m$ für die beliebige Lage auf der Kopfkurve unter dem Winkel x die in Richtung der Längsachse wirkende Komponente der Zentrifugalkraft zu:

$$dC = \frac{\Delta m v^2}{\rho} \sin x \rho dx$$

$$\text{oder } dC = \Delta m v^2 \sin x dx$$

und durch Integration zwischen den Grenzen $x = 0$ und $x = \alpha$ die Summe aller in der Stromrichtung liegenden Komponenten, der auf die Kopflinie AC wirkenden Zentrifugalkräfte zu:

$$C = \Delta m v^2 (1 - \cos \alpha).$$

Den gleichen Wert erhalten wir offenbar auch für die Schwanzlinie BD, da der Krümmungsradius aus der Differentialgleichung

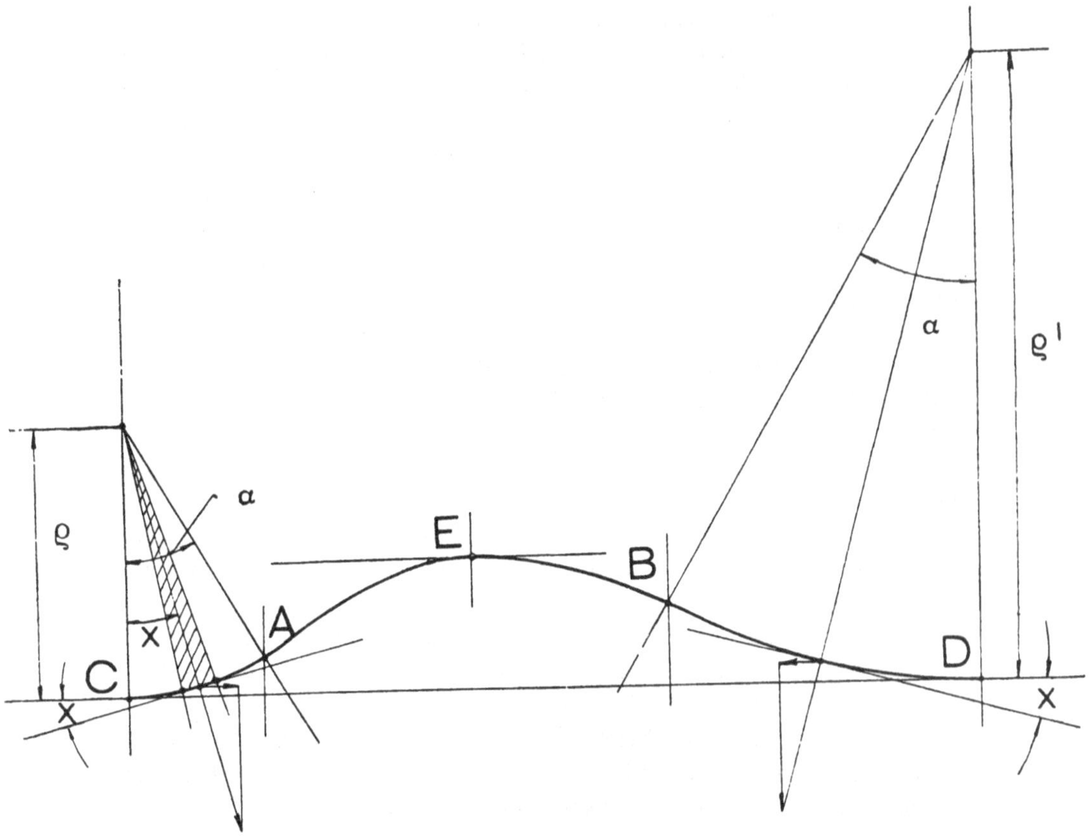

Fig. 29.

fällt und nur der für Schwanz und Kopf gleich groß vorausgesetzte Zentriwinkel α eine Rolle spielt.

Es ist also die Möglichkeit vorhanden, einen Körper mit gedrungenem Kopf und schlankem Schwanzende so zu formen, daß in einem reibungslosen, strömenden Medium tatsächlich keinerlei Kräfte ihn belästigen.

Denken wir uns die Flüssigkeit ruhend und den Körper in Richtung seiner Längsachse mit der bisherigen Strömungsgeschwindigkeit v im Gange, so besagt der eben ausgesprochene Satz, daß dieser Körper bei geeigneter Gestalt von dieser Geschwindigkeit nichts verliert.

Wäre also die atmosphärische Luft reibungslos, so brauchte man mit Hilfe der Propeller nur die Masse eines nach den vorstehenden Überlegungen konstruierten Schiffes auf eine der Form des Schiffes entsprechende Geschwindigkeit zu beschleunigen, und nachdem die gewünschte Geschwindigkeit erreicht ist, die in ganz beliebiger Stärke gewählte Maschine abzustoppen, um die erlangte Geschwindigkeit von selbst dauernd beizubehalten.

Das Schiff liefe also unter diesen idealen Voraussetzungen ganz allein.

Es geht daraus hervor, daß wir in der Wirklichkeit nur hauptsächlich die Luftreibung zu überwinden hätten, wenn wir in der Lage wären, für eine gegebene Eigengeschwindigkeit v des Schiffes diejenige Form anzugeben, bei der die hydrostatischen und die Zentrifugalkräfte keine gegen die Fahrt wirkende Kraft mehr aufbringen können.

Zunächst kennen wir diese zweckmäßigste Form, wie gesagt, noch nicht.

Aus der zuletzt durchgeführten Rechnung geht hervor, daß der Wendepunkt B höher als der vordere Wendepunkt A liegen muß, womit sich von selbst der Schwanz des Körpers schlanker gestaltet als der Kopf, sofern man den größten Durchmesser vor der Mitte des Körpers wählt. (S. Punkt E in Fig. 29).

Kopf- und Schwanzbegrenzungslinie der Stromlinienform so anzupassen, wie dies in den Fig. 25, 27 und 29 geschehen ist, haben wir in der Praxis nicht nötig. Insbesondere den Kopf pflegt man nach Fig. 30 mehr oder weniger abzurunden, um den bei gegebener Länge des Schiffes zur Verfügung stehenden Raum möglichst für dessen Tragkraft auszunutzen.

Der Fahrwiderstand wird durch diese Maßnahme weiter nicht vergrößert, indem sich nach Fig. 30 vor dem Kopfe des Körpers ein Staukegel aus fast ruhender Luft bildet, den der Körper vor sich herschiebt, und der von selbst diejenige Form annimmt, bei der die Stromlinien möglichst bequem den störenden Körper umgehen können.

Die Kopfform ist daher mehr oder weniger gleichgiltig in ihrem Einfluß auf den Fahrwiderstand, da die Natur durch die Bildung des in Fig. 30 schraffiert angedeuteten Staukegels für einen günstigen Abfluß der Stromlinien sorgt.

Damit soll jedoch nicht gesagt sein, daß man den Kopf des Schiffes durch eine senkrechte Ebene abschneiden kann, um möglichst viel Volumen zu gewinnen. Sicher ist nur, daß durch eine schlanke Spitzenform der Fahrwiderstand bestimmt nicht vergrößert wird.

Wenn also die Möglichkeit gegeben ist, so wird man für eine elegante Spitzenform Sorge tragen.

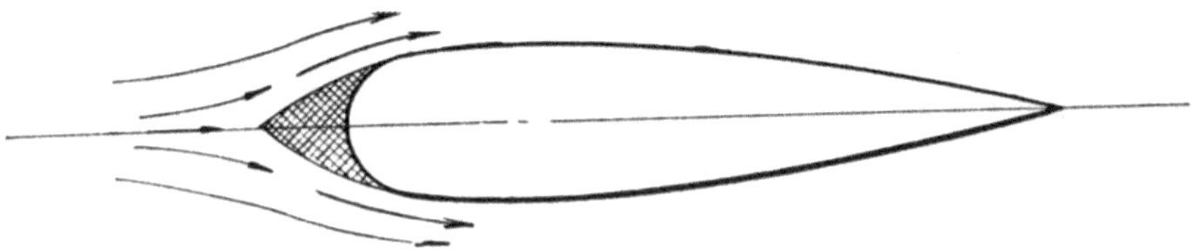

Fig. 30.

Anders ist es mit der Wahl der Schwanzform. Für diese wird ein schlanker und möglichst allmählicher Verlauf zur Notwendigkeit.

Würden wir nach Fig. 31 den Schwanz in der dort skizzierten Form abrunden, an Stelle der schraffierten, sich der Stromlinienform anpassenden Gestalt, so ginge zweifellos ein Teil der durch die Verdrängungsarbeit des Kopfes geleisteten Arbeit bei der Expansion des Mediums nach Überschreiten des größten Durchmessers verloren, indem sich die Luft hinter dem schnell abnehmenden Querschnitt ziemlich plötzlich und damit wirbelbildend entspannt, wodurch zu-

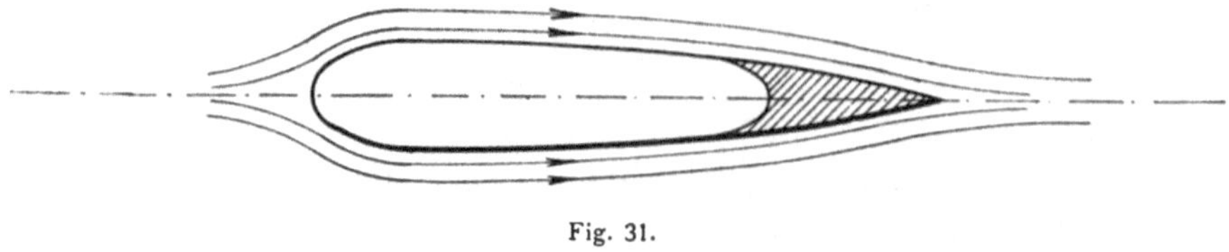

Fig. 31.

nächst ein Teil der sonst vorwärtsschiebenden Kräfte nutzlos verbraucht wird.

Die günstigste Form für einen Rotationskörper, der Luft oder Wasser mit möglichst wenig Widerstand durchschneiden soll, zeigt uns die Natur in der Linienführung eines von oben gesehenen Fischkörpers (s. Fig. 32), die sich ungefähr durch parabolisch abgerundeten Kopf und schlank verlaufendes Schwanzende charakterisiert. In der Schwanzlinie zeigt die Begrenzungskurve des Fischkörpers einen

Wendepunkt, um dann allmählich in eine gerade Linie auszulaufen. Die bei Fahrt eines so gestalteten Körpers auftretenden Widerstände werden durch solche Form auf ein Minimum herabgedrückt. Insbesondere die Wirbelbildung am hinteren Ende des Ballons, die bei ungünstiger Form einen zurücksaugenden Widerstand veranlassen kann, der dem Stirnwiderstand unter Umständen an Größe wenig nachgibt, wird bei sachgemäßer Gestaltung nach Fig. 32 bei einer bestimmten Geschwindigkeit nicht bloß zu Null, sondern es kann, wie wir gesehen haben, auch eine treibende Wirkung erreicht werden.

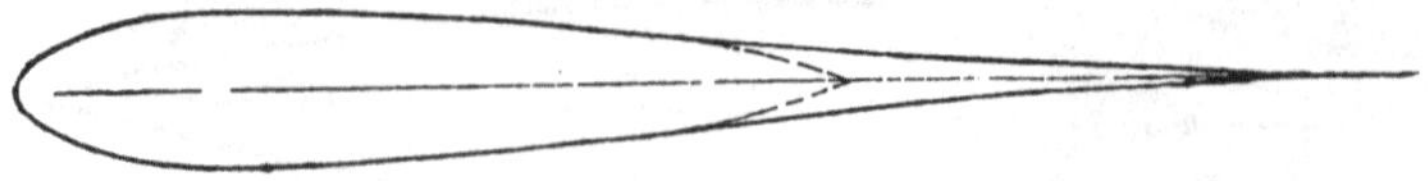

Fig. 32.

Bei zylindrischer Form wäre der saugende Widerstand der von dem fahrenden Körper nachgeschleiften Wirbelschleppe sehr beträchtlich (s. Fig. 33). So ideal wie den Fischkörper in Fig. 32 können wir die Ballonform freilich nicht gestalten, da das Gewicht der Hülle am Schwanzende in keinem Verhältnis mehr zu der Tragkraft der zugehörigen Gasmasse stehen würde, und man begnügt sich daher in der Praxis mit einer Form, wie sie in Fig. 32 in einer punktierten Linie angedeutet ist.

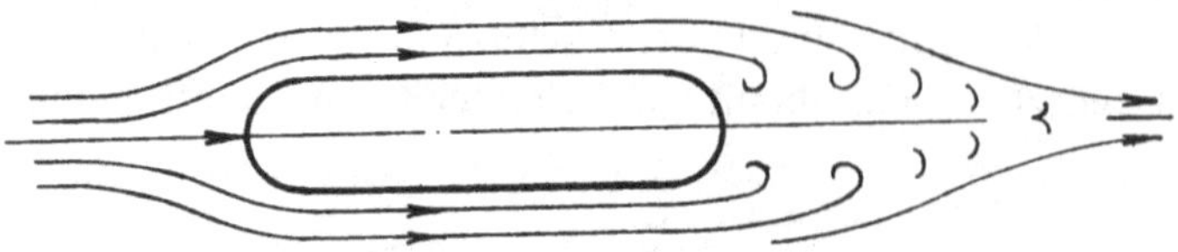

Fig. 33.

Jedenfalls aber muß man sich bemühen, so weit es irgend möglich ist, sich der mit Wendepunkt ausgestatteten Schwanzlinienform der Natur recht gut anzupassen.

Die elegant gebaute Forelle steht fast regungslos im strömenden Wasser an der Stelle, und die dabei zu beobachtenden, kaum merklichen Wellenbewegungen ihres Körpers dienen sicher nur der Aufrechterhaltung der Richtung ihrer Längsachse gegen den Strom und zur Überwindung der Reibung.

Auch die im scharfen Winde ohne jegliche Spur eines Flügelschlages mit der Längsachse gegen den Strom am Ort schwebende Möwe verdankt diese Möglichkeit nur dem Umstande, daß ihr Körper vom Winde im gleichen Maße geschoben wie zurückgedrängt wird, und die durch den Luftwiderstand ihrer gewölbten Flügelflächen gegen den Strom erzeugte kleine horizontale Komponente (s. Eberhardt, „Theorie und Berechnung der Luftschrauben“, Seite 70) hat in erster Linie den Zweck, dem Reibungswiderstande das Gleichgewicht zu halten.

Damit wäre nun ein Überblick gegeben über das Verhalten von Rotationskörpern im strömenden Medium, und wenn wir auch noch nicht in der Lage sind, für jeden besonderen Fall die günstigste Form anzugeben, so ist der durch die vorstehenden Überlegungen gewonnene Einblick in die Verhältnisse doch notwendig, um dem Konstrukteur die Möglichkeit zu bieten, wenigstens schätzungsweise zweckmäßige Schiffsformen entwerfen zu können.

In der Praxis ist nun noch bei der Bestimmung des Fahrwiderstandes der durch Gondeln, Takelage, Ruder- und Kielflächen verursachte Widerstand zu beachten, insbesondere die zahlreichen Seile der Takelage veranlassen einen nicht zu unterschätzenden Teil des Fahrwiderstandes.

In erster Linie ist derselbe aber bestimmt durch Form und Größe des Ballonkörpers.

Die Erfahrung hat nun gezeigt, daß sich der gesamte Fahrwiderstand für halb- und unstarre mit Takelage versehene Schiffe ziemlich genau bestimmt nach der Gleichung

$$W = \frac{1}{5} \frac{\gamma}{g} F v^2 \quad . \quad . \quad . \quad . \quad . \quad . \quad . \quad . \quad 33)$$

wobei $F = \frac{D^2 \pi}{4}$ den grössten Querschnitt des Ballons bedeutet, dessen größten Durchmesser wir mit D bezeichnen wollen.

In Gleich. 33 bedeutet ferner v die Eigengeschwindigkeit des Schiffes, γ das Gewicht von 1 cbm Luft $= 1{,}29$ kg und g die Beschleunigung der Erde $= 9{,}81$ m während die Konstante 1/5 einen Erfahrungsfaktor darstellt.

Der Faktor $\frac{\gamma}{g} F v^2$ entspricht nach dem Loessl'schen Luftwiderstandsgesetz dem Druck, den eine ebene Fläche von der Größe F qm erfährt, wenn sie mit einer Geschwindigkeit v senkrecht zu sich selbst durch die Luft gezogen wird.

Setzen wir für die Masse von 1 cbm Luft $\frac{\gamma}{g}$ die zugehörigen Zahlenwerte ein, so erhalten wir $\sim \frac{1}{8}$ womit Gl. 33 übergeht in die einfache Form:

$$W = \frac{1}{40} F v^2 \quad . \; . \; . \; . \; . \; . \; . \; . \quad 34)$$

Für besonders gut geformte Schiffe, wie z. B. das in Fig. 34 abgebildete preußische Militärluftschiff M. III., kann der Erfahrungsfaktor sogar 1/6 gewählt werden, so daß wir also den Fahrwiderstand je nach der Form des Schiffes zu suchen hätten innerhalb der Grenzen:

$$W = \frac{1}{40} F v^2$$

$$\text{und } W = \frac{1}{50} F v^2 \quad . \; . \; . \; . \; . \; . \; . \; . \quad 35)$$

Fig. 34.

Nach dieser Gleichung berechnet sich z. B. der Fahrwiderstand eines Schiffes von 12 m größtem Durchmesser für eine Geschwindigkeit von 17 per Sekunde zu:

$$W = \frac{1}{6} \cdot \frac{1}{8} \cdot \frac{12^2 \pi}{4} \cdot 17^2 \sim 700 \text{ kg}$$

welche Zugkraft von den Schrauben dieses Schiffes bei 17 m Fahrt entwickelt werden müßte.

Hiermit wäre die Frage des Fahrwiderstandes erledigt, und wir wenden uns nun zur Besprechung des Einflusses, den die Form des Ballons auf die Stabilität der Längsachse auszuüben vermag.

Denken wir uns den größten Querschnitt und damit auch den Systemschwerpunkt des Schiffes, vor dessen Mitte liegend, und denken wir uns ferner, daß die Längsachse plötzlich durch irgendeine äußere Ursache gezwungen wird, mit der bisherigen Fahrrichtung einen Winkel zu bilden, so erhält das Schiff den Luftwiderstand zunächst etwas von der Seite. (S. Fig. 35.) Da nun der Schwerpunkt *S* vor der Mitte liegen soll, so werden die Luftwiderstandskräfte hinter dem Schwerpunkte gegen die vor demselben wirkenden Widerstandskräfte überwiegen, und das Schiff sucht sich um seinen Schwerpunkt in die ursprüngliche Lage zurückzudrehen. Es setzt also einer Richtungsänderung der Längachse einen Widerstand entgegen. Dieser

Widerstand ist notwendig, um sichere Kurshaltung und ruhigen Lauf des Schiffes zu ermöglichen. Dabei ist es ganz gleichgültig, ob die Schwankung der Längsachse in der Horizontal- oder Vertikalebene erfolgt oder in beiden zugleich, in jedem Falle werden die Luftwiderstandskräfte eine stabilisierende Wirkung zeigen, so lange der Schwerpunkt vor der Mitte liegt. Diese stabilisierende Wirkung ver-

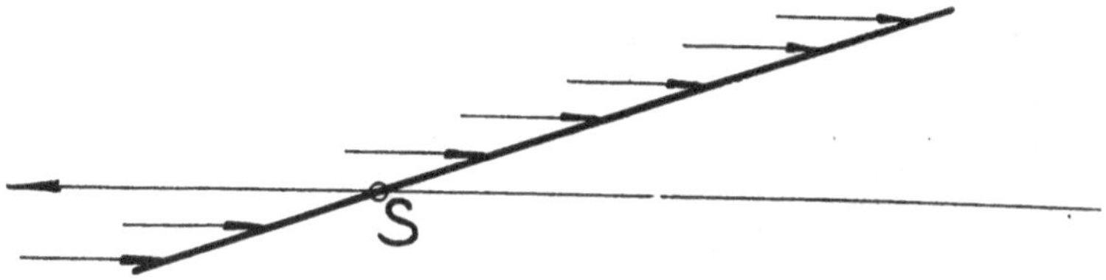

Fig. 35.

schwindet, wenn bei vollkommen symmetrisch gebautem Schiff der Schwerpunkt in der Mitte der Längsachse liegt, und sie wird negativ, wenn der Schwerpunkt hinter der Mitte liegen würde.

Beim Steuern des Schiffes in der horizontalen oder vertikalen Ebene muß der durch die stabile Form des Schiffes hervorgerufene Widerstand durch die Steuerwirkung überwunden werden.

Unterstützt wird die stabilisierende Tätigkeit des Ballonkörpers durch die Stabilisierungsflächen, die möglichst weit hinter dem Schwerpunkt angeordnet werden, damit die zurückdrehenden Luftwiderstandskräfte derselben einen möglichst großen Hebelarm in Bezug auf den Drehpunkt zur Verfügung haben. Der Drehpunkt ist bei einem freien Körper, den ein fahrendes Luftschiff darstellt, stets der Systemschwerpunkt.

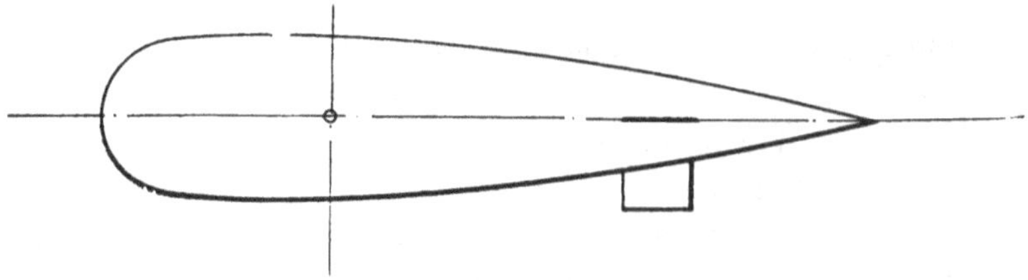

Fig. 36.

Fig. 36 zeigt ein Schiff von der Seite gesehen, und damit die vertikale Stabilisierungsfläche oder den Kiel. Sie dient zur sicheren Aufrechterhaltung des Kurses.

Fig. 37 zeigt ein von unten gesehenes Schiff, und damit die horizontalen Stabilisierungsflächen oder Flossen. Sie dienen zum Dämpfen der Stampfbewegungen.

Die Stabilisierungsflächen werden um so größer gewählt, je näher dieselben am Schwerpunkt angebracht werden müssen.

Diese Entfernung ist bedingt durch die Form des Schwanzes, denn die Lage der Flächen muß natürlich so angenommen werden, daß die darüber stehende Gasmasse ihr Gewicht mit Sicherheit gegen Deformation der Längsachse aufnimmt. Anderenfalls senkt sich die Längsachse am Schwanzende des Schiffes, was einerseits den Fahrwiderstand vermehrt und andererseits außerordentlich unschön aussieht.

Weiterhin müssen die Stabilisierungsflächen um so größer werden, je unstabiler die Form des Ballonkörpers ist, je weiter also der Schwerpunkt zurückliegt.

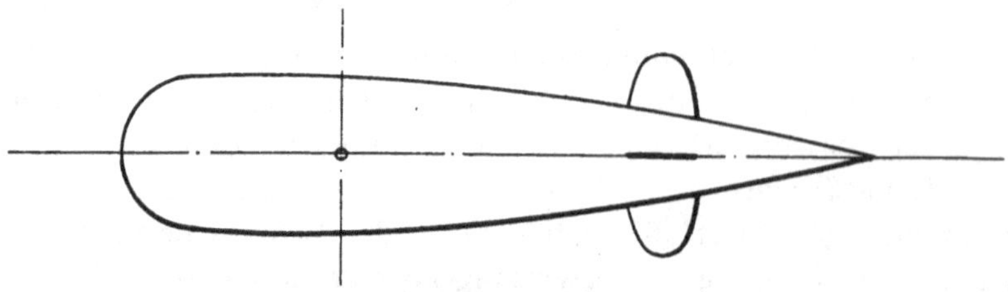

Fig. 37.

Die beiden für die Dimensionierung der Stabilisierungsflächen maßgebenden Gesichtspunkte kommen also auf das Gleiche hinaus: Je näher am Schwerpunkt desto größer.

Selbstverständlich wird das Schiff um so ruhiger und kurssicherer laufen, je größer die Flächen gewählt sind. Man darf aber damit auch nicht zu weit gehen, da sonst die Ruderflächen zu groß ausfallen würden.

30 qm für die Kielfläche und ca. 15 qm pro Flosse genügt für halb- und unstarre Schiffe bis zu 10 000 cbm Deplacement vollkommen.

Für ganz kleine unstarre Sportluftschiffe sind ca. 6 qm für die Kielfläche und 4 qm pro Flosse ausreichend.

Was die Form der Flächen betrifft, so muß zur Erzielung höchster Wirkung nach den elementaren Grundsätzen des Luftwiderstandes für geneigte Ebenen, die Flosse möglichst weitausladend und schmal, die Kielfläche möglichst hoch und schmal gebaut werden, soweit das erstere mit der Breite der Ballonhallen, und das letztere mit der Nähe der Erde verträglich ist.

8. Berechnung der Ballondimensionen und der Schwerpunktslagen. Bestimmung des Systemschwerpunktes.

In der Praxis wählt man für die Form des Ballons zweckmäßig einen aus zwei Rotationsellipsoiden gebildeten Körper nach Fig. 38, dessen größter Durchmesser D vor der Mitte liegt. Die große Halbachse des Kopfellipsoides sei mit a, die des Schwanzellipsoides mit b und deren Summe mit L bezeichnet.

Die gedrungene Rundung des kürzeren Ellipsoides gibt eine geeignete Kopfform. Die schlankere, das Schwanzende bildende Ellipse dagegen muß eine möglichst allmählich verlaufende Spitze erhalten, damit das fahrende Schiff keine Wirbelschleppe nach sich zieht.

Die Wahl der beiden Halbachsen, beziehungsweise die Lage des größten Durchmessers liegen nun ganz im Belieben des Konstrukteurs.

Eine elegante und damit gute, wenn auch etwas unstabile Form wird erhalten, wenn der größte Durchmesser die Länge des Ballons nach dem goldenen Schnitte teilt, also so, daß sich verhält:

$$\frac{L}{b} = \frac{b}{a}$$

Der Fahrwiderstand soll nach Prof. Schütte bei dieser Teilung besonders gering sein.

Ich möchte empfehlen, den größten Querschnitt n o c h v o r den durch den goldenen Schnitt gegebenen Teilungspunkt zu verlegen, wodurch die Form noch etwas feiner und auch stabiler wird.

Der Rauminhalt oder das Deplacement des Schiffes ergibt sich unter Vernachlässigung der aufgesetzten Schwanzspitze als die Summe der Volumina der beiden halben Rotationsellipsoide zu:

$$V = \frac{2}{3} \pi a \left(\frac{D}{2}\right)^2 + \frac{2}{3} \pi b \left(\frac{D}{2}\right)^2$$

oder $$V = \frac{1}{2} \cdot \frac{D^2 \pi}{3} (a + b)$$

oder $$V = \frac{1}{2} \cdot \frac{D^2 \pi}{3} L$$

Mit etwas Sicherheit rechnen wir, wenn wir $\frac{\pi}{3} \sim 1$ setzen, so dass wir die einfache Gleichung erhalten:

$$V \sim \frac{1}{2} D^2 L \quad . \quad . \quad . \quad . \quad . \quad . \quad . \quad . \quad 36)$$

Das Volumen ist also unabhängig von der Lage des größten Durchmessers, immer gleich demjenigen eines Rotationsellipsoides mit den Achsen D und L.

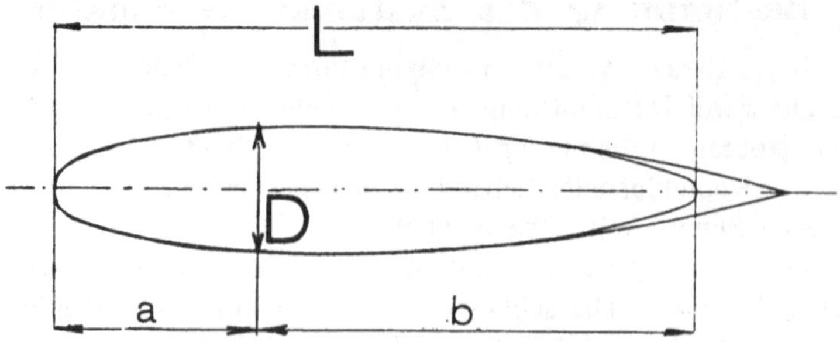

Fig. 38.

Das S t r e c k u n g s v e r h ä l t n i s des Ballonkörpers, worunter wir den Quotienten $\frac{D}{L}$ verstehen wollen, gibt für halb- und unstarre Schiffe harmonische Formen, wenn es innerhalb der Grenzen

$$\frac{D}{L} = \frac{1}{5} \div \frac{1}{8}$$

liegt, wobei $\frac{D}{L} = \frac{1}{5}$ für die kleinsten Schiffe von $V_{min} \sim 1200$ cbm und $\frac{D}{L} = \frac{1}{8}$ für grosse Schiffe von $V_{max} \sim 12000$ cbm gilt. Für innerhalb dieser Grenzen sich bewegende Volumina wählt man zweckmäßig die entsprechenden, zwischen den angegebenen Streckungsquotienten liegenden Werte.

Für starre Schiffe dagegen kann damit noch weiter gegangen werden, so zeigen die Schiffe des Grafen Zeppelin z. B. ein Streckungsverhältnis von $c \cdot \frac{1}{11}$.

Die bis jetzt besprochene, aus zwei halben Rotationsellipsoiden gebildete Form kann jedoch nicht immer zur Verwendung gelangen.

Es kann im Interesse der Tragkraft die Notwendigkeit vorliegen, den durch die Länge des Ballons und dessen größten Kreisquerschnitt gegebenen zylindrischen Raum etwas mehr auszunutzen, als es durch Ellipsoide möglich ist. In diesem Falle setzt man nach Fig. 39 zwischen die den Kopf und Schwanz bildenden Halbellipsoide noch ein zylindrisches Rumpfstück von der Länge c.

Für den Rauminhalt erhalten wir in diesem Falle:

$$V = \frac{D^2\pi}{6}(a + b) + \frac{D^2\pi}{4} \cdot c$$

$$\text{oder} \quad V = D^2\pi\left(\frac{a + b}{6} + \frac{c}{4}\right)$$

Setzen wir nach Figur für

$$a + b = L - c,$$

so wird schliesslich

$$V = \frac{D^2\pi}{12}(2L + c) \quad . \quad . \quad . \quad . \quad . \quad . \quad . \quad . \quad . \quad 37)$$

Die Wahl der Größen *a*, *b* und *c* liegt nun wieder im Ermessen des Konstrukteurs.

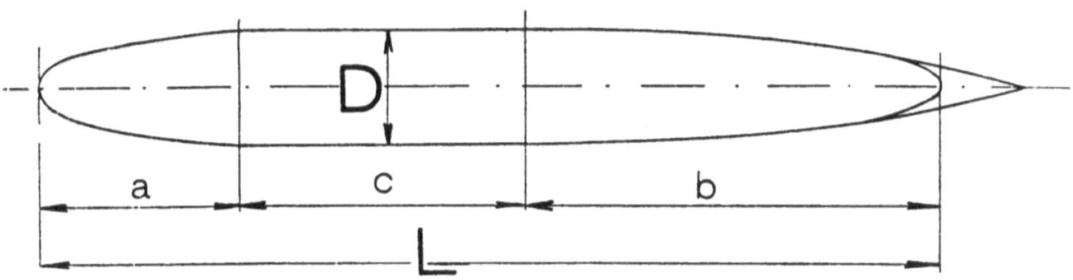

Fig. 39.

Die höchste noch zweckmäßige Ausnutzung des durch Länge und größten Durchmesser gegebenen Raumes dürfte gegeben sein durch die Wahl:

$$2a = b = \frac{c}{2} \quad . \quad . \quad . \quad . \quad . \quad . \quad . \quad . \quad 38)$$

so dass also wird

$$L - a + b + c = \frac{c}{4} + \frac{c}{2} + c = \frac{7c}{4}$$

$$\text{oder} \quad c = \frac{4}{7}L \quad . \quad . \quad . \quad . \quad . \quad . \quad . \quad . \quad . \quad 39)$$

Gleichung 37 geht dafür über in

$$V_{max} = \frac{3}{14}D^2\pi L \quad . \quad . \quad . \quad . \quad . \quad . \quad . \quad . \quad 40)$$

Durch die hier gegebenen Vorschläge für die Ballonform will ich jedoch nicht sagen, daß sie durchaus eingehalten werden müßten.

Die Wahl der Form wird lediglich bestimmt durch das Gefühl und die Erfahrung und schließlich durch die Rücksicht auf die Tragkraft des Ballons bei den gegebenen Hauptdimensionen D und L.

Wenn es irgendwie geht, soll man ein zylindrisches Rumpfstück vermeiden, da der Fahrwiderstand durch ein solches sicher nicht vermindert wird.

Stets ist ein allmählicher Übergang von Kopf- zur Schwanzbegrenzungslinie vorzuziehen, um einen möglichst vollkommenen Anschluß der Stromlinien an den Körper zu erzielen und damit den Fahrwiderstand herabzudrücken.

Die in den Figuren 38 und 39 vorgeschlagenen Formen geben jedoch in allen Fällen recht brauchbare Verhältnisse, und sie besitzen

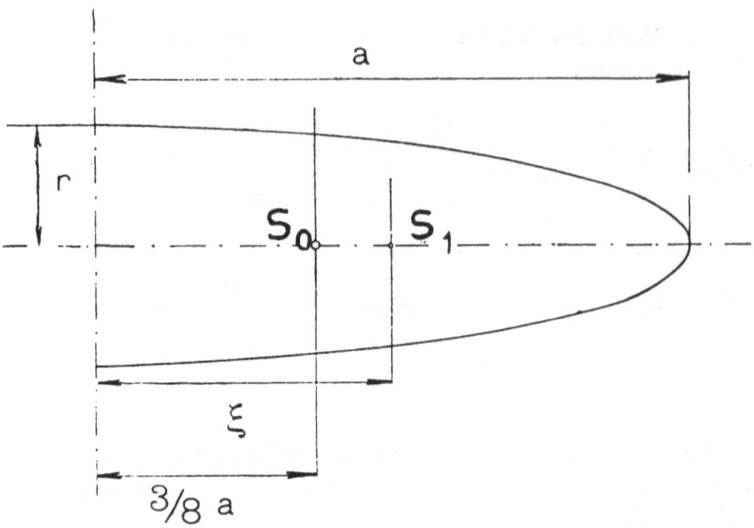

Fig. 40.

den Vorzug, daß die Berechnung des Rauminhaltes durch einfache Formeln ermöglicht wird, während bei gefühlsmäßig entworfenen Begrenzungslinien die Deplacementsbestimmung eine umständliche wird.

Wir wenden uns nun zur Bestimmung der Schwerpunktslagen.

In erster Linie wichtig ist die Lage des Raum- oder Deplacementsschwerpunktes. In diesem greift offenbar die Resultierende A aller Auftriebskräfte an, und seine Lage ist daher bestimmend für die Verteilung der Gewichte, die so vorgenommen werden muß, daß die Längsachse des ruhenden Schiffes möglichst genau horizontal steht (s. Fig. 41).

Um diesen Punkt für die in Fig. 39 gegebene Ballonform zu finden, ermitteln wir die Raumschwerpunkte der drei Teile, aus denen der Körper sich zusammensetzt, tragen in diesen Punkten die jedem Teil zukommenden Volumina in Gestalt paralleler Kräfte an, und setzen diese zu einer Resultierenden zusammen. Der Schnittpunkt der Resultierenden mit der Längsachse des Körpers liefert uns den gesuchten Deplacements-Schwerpunkt S_0 des Schiffes.

Der Schwerpunktsabstand eines halben Ellipsoides von der Grundfläche beträgt 3/8 der Halbachse (s. Fig. 40).

Für einen beliebig begrenzten Ballon wird der Raumschwerpunkt ermittelt, indem man den Körper durch senkrecht zur Längsachse gelegte Ebenen in einzelne Teile zerlegt, deren Oberfläche mit genügender Genauigkeit als diejenige eines abgestumpften Kegels angesehen werden kann.

Der Raumschwerpunkt eines abgestumpften Kegels ist bekannt, ebenso dessen Volumen, so daß durch Zusammensetzen der einzelnen in den Schwerpunkten angebrachten parallelen Volumenkräfte, ebenso wie vorher der Deplacementsschwerpunkt des Schiffes gefunden werden kann.

Weiterhin wichtig ist der Schwerpunkt der Oberfläche des Ballonkörpers, den wir als Hüllenschwerpunkt bezeichnen wollen. An ihm greift das Gewicht der Ballonhülle an. Er liegt im allgemeinen um so weiter hinter dem Deplacementsschwerpunkt, je mehr der größte Durchmesser des Körpers vor dessen Mitte liegt.

Wir finden ihn, indem wir wieder zunächst die Schwerpunkte der Mantelflächen der einzelnen Teile ermitteln, aus denen der Körper sich zusammensetzt, in diesen Schwerpunkten die Oberflächen der zugehörigen Hüllenteile in Form von parallelen Gewichtskräften antragen und zu einer Resultierenden zusammensetzen. Der Schnittpunkt derselben mit der Längsachse des Ballons liefert den Hüllenschwerpunkt S_1 (s. Fig. 41).

Der Abstand des Schwerpunktes der Mantelfläche eines halben Rotationsellipsoides von der Grundfläche berechnet sich aus der Gleichung:

$$\xi = \frac{2ae\,(a^2 + ar + r^2)}{3\,(a + r)\left(re + a^2 \cdot \arcsin \frac{e}{a}\right)} \quad . \; . \; . \quad 41)$$

Dabei bedeutet r die kleine Achse des Ellipsoides (s. Fig. 40) und

$$e = \sqrt{a^2 - r^2}\,.$$

Besitzt die Hülle eine beliebig gewählte Begrenzungslinie, so hilft man sich wieder durch Einteilung ihrer Oberfläche in Teile, die klein genug sind, um als abgestumpfte Kegelmantelflächen angesehen werden zu können.

Schließlich bleibt uns nur noch die Aufsuchung des **Systemschwerpunktes** des ganzen Fahrzeuges übrig.

Zunächst wissen wir, daß wir denselben auf der durch den Deplacementsschwerpunkt gehenden Senkrechten zu suchen haben, da andererseits die Längsachse des ruhenden Schiffes nicht horizontal liegen könnte.

Es wird gefunden, indem wir sämtliche Gewichtskräfte des Schiffes in den Massenschwerpunkten der zugehörigen Konstruktionsaggregate in **horizontaler Richtung** antragen und zu einer Resultierenden R zusammensetzen. Der Schnittpunkt dieser Resul-

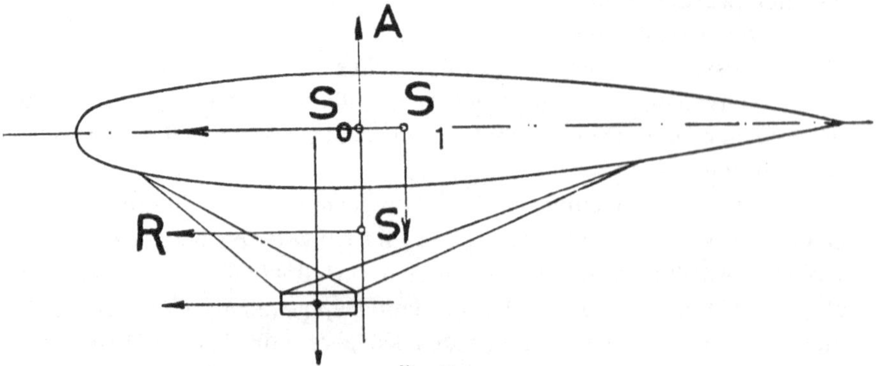

Fig. 41.

tierenden, mit der durch den Deplacementsschwerpunkt gehenden Senkrechten liefert die Lage des Systemschwerpunktes S (s. Fig. 41).

Die Resultierende R sämtlicher Gewichtskräfte des Schiffes stellt ihrer absoluten Größe nach das Gesamtgewicht des ganzen Fahrzeuges in betriebsfertigem Zustande vor.

Es sind also auch die Gewichte der Betriebsstoffe, sowie diejenigen der Besatzung und der Ballastvorräte zu berücksichtigen, und **insbesondere darf das im Deplacementsschwerpunkt angreifende Gewicht der Gasfüllung nicht vergessen werden.**

In Fig. 41 sind nur die wesentlichsten Gewichte angedeutet, da dieselbe nur veranschaulichen soll, auf welche Weise der Systemschwerpunkt gefunden wird.

9. Bestimmung des Aufhängeortes der Gondel und Korrektur desselben bei der Montage.

Die Kräfte, die an einem ruhenden Luftschiff zur Wirkung gelangen, bestehen in der Hauptsache aus dem Gewichte der Gondel, dem Gewichte der Ballonhülle und schließlich der Auftriebskraft. In Fig. 42 sind diese Kräfte entsprechend bezeichnet mit *G*, *H* und *A*.

Die Gewichtskräfte greifen an im Schwerpunkte der Gondel und im Schwerpunkte der Ballonhülle, welche letztere sich graphisch oder rechnerisch als Schwerpunkt der Oberfläche der gewählten Ballonform ermitteln läßt. Dabei ist allerdings zu beachten, daß das Hüllengewicht pro Quadratmeter Oberfläche nicht konstant angenommen werden darf, da die einzelnen Längsstreifen, aus denen der Ballonkörper konfektioniert wird, nach vorn und hinten immer schmäler verlaufen, so daß also die Nähte nach den Enden des Ballons zu immer dichter aneinanderrücken, wodurch das Gewicht der Hülle pro Flächeneinheit zunimmt.

Der Schwerpunkt der Gondel kann aus der Konstruktionszeichnung genauer bestimmt, beziehungsweise geschätzt werden.

Die Auftriebskraft *A*, die den Gewichtskräften das Gleichgewicht zu halten hat, greift offenbar an im Schwerpunkte des Gasraumes, dessen Feststellung ohne weiteres möglich ist, da der Auftrieb pro Raumeinheit überall als gleich groß angenommen werden kann.

Der Schwerpunkt des Gasraumes oder der Deplacementsschwerpunkt des Schiffes liegt im allgemeinen vor dem Hüllenschwerpunkt. Er fällt mit ihm zusammen, wenn die Ballonform eine symmetrische ist, also z. B. ein Rotationsellipsoid.

Es handelt sich nun beim Entwurf des Schiffes darum, den Aufhängepunkt der Gondel so zu wählen, daß die Achse des Ballonkörpers bei ruhendem Schiff möglichst genau horizontal steht. Dies ist der Fall, wenn in der genannten horizontalen Lage die Resultierende *R* aus Gondel- und Hüllengewicht mit der Auftriebskraft zusammenfällt, d. h. also, wenn sie durch den Deplacementsschwerpunkt des Schiffes hindurchgeht. Siehe Fig. 42.

Anderenfalls neigt sich der Ballon so lange nach vorn oder nach hinten, bis die eben erwähnte Bedingung erfüllt ist, denn das

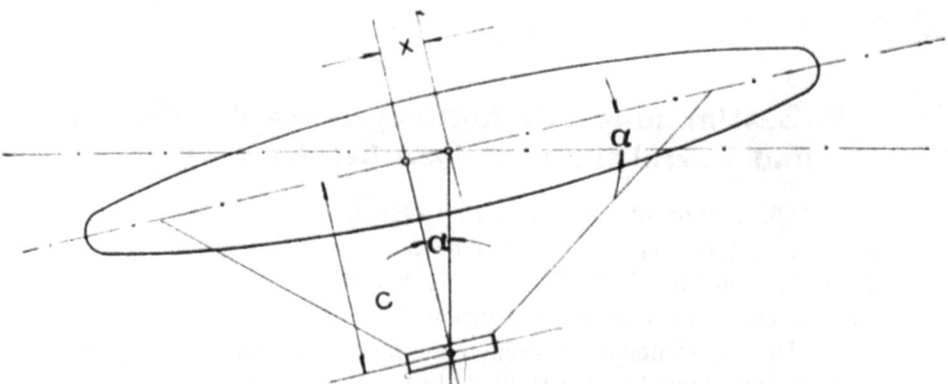

Fig. 42.

ganze Schiff kann offenbar als ein Wagebalken angesehen werden, dessen Drehpunkt durch den Deplacementsschwerpunkt repräsentiert wird.

Unter den einfachen Verhältnissen der Fig. 43, bei der Deplacementsschwerpunkt und Hüllenschwerpunkt infolge symmetrischer

Fig. 43.

Ballonform in S_0 zusammenfallen, sei zum Beispiel angenommen, daß die Gondel durch unrichtige Montage um die Strecke x vor dem Deplacementsschwerpunkt hängt.

Es neigt sich dann das Schiff, sich selbst überlassen, um einen Winkel nach vorne, bis der Gondelschwerpunkt senkrecht unter dem Deplacementsschwerpunkt liegt. Siehe Fig. 44. In dieser Stellung verharrt das Schiff.

Vorausgesetzt ist noch bei allen bisherigen und folgenden Betrachtungen, daß die Gondel so am Ballon aufgehängt ist, daß sie bei einer Neigung des Schiffes ihre Lage relativ zum Ballonkörper nicht verändern kann.

Beim Entwurf eines Schiffes muß man nun mit möglichster Sorgfalt die richtige Lage der Gondel zu bestimmen suchen, da von ihr zunächst die Konstruktion der Takelage abhängig ist.

Selbstverständlich müssen außer dem Gondel- und Hüllengewicht noch sämtliche übrigen Gewichtskräfte berücksichtigt werden, wie Höhen- und Seitensteuer, Stabilisierungsflächen, Ballonets usw.

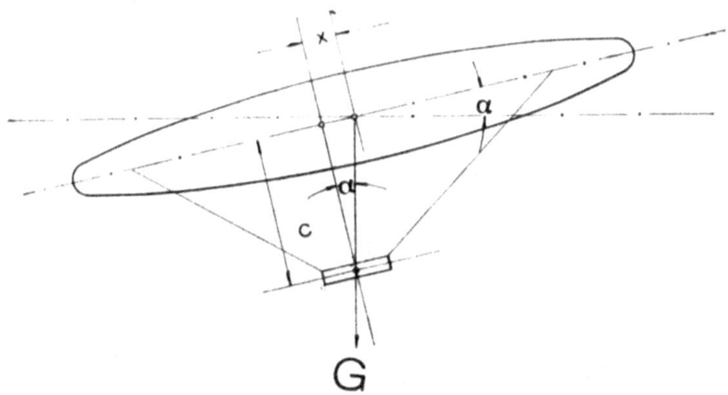

Fig. 44.

Da die zuletzt genannten Konstruktionsteile alle unmittelbar an der Hülle befestigt sind, so haben sie lediglich Einfluß auf die Lage des Hüllenschwerpunktes S_1 unter dem wir stets den Schwerpunkt der Hülle unter Berücksichtigung sämtlicher zu ihr gehörigen Teile verstehen wollen.

Die Erfahrung hat nun gezeigt, daß ein Luftschiff trotz sorgfältiger Arbeit am Konstruktionstisch nach der ersten Montage fast niemals horizontal liegt.

Die Gründe dafür sind naheliegend, denn 1. ist es schwer möglich, die im Ansatz zu bringenden Gewichte während der Konstruktion genau zu berechnen bzw. zu schätzen. 2. Wird man den Schwerpunkt der Hülle sowie den Deplacementsschwerpunkt nur annähernd ermitteln können, denn der Ballon ändert nach der Füllung unter dem Einflusse des inneren Überdruckes und der Belastung durch die Gondel seine Form gegenüber der Konstruktionsform nicht unwesentlich, indem der Ballondurchmesser sich vergrößert, die Länge des Ballons dagegen sich verkürzt, und zwar beträgt die Dehnung des Durchmessers ca. 8%, die Verminderung der Länge etwa 3%, schließlich bleibt der Querschnitt unter dem Zug der Kräfte nicht mehr kreisförmig, sondern er verzieht sich zu einer schwach eiförmigen Gestalt. Alle diese Momente müssen beim Entwurf eine Berücksichtigung finden, und es ist klar, daß dieselbe nur eine schätzungsweise sein kann.

Es ist demnach wenig Hoffnung vorhanden, das Schiff nach der ersten Montage fahrbereit zu erhalten, womit jedoch nicht gesagt sein soll, daß die Arbeiten zur Bestimmung der Schwerpunkte bzw. der Gewichte bei der Konstruktion etwas nachlässiger betrieben werden könnten, es muß im Gegenteil alles aufgewendet werden, um den sich bei der Montage herausstellenden Fehler möglichst klein zu gestalten, da anderenfalls unliebsame Veränderungen der Takelage bzw. anderer Konstruktionsteile die Folge sein können.

Bei der Berechnung der Gondellage und den damit verbundenen Abschätzungen möge noch als Richtschnur dienen, daß als unangenehmerer Fehler stets eine Vorderneigung des Schiffes anzusehen ist, da es in diesem Falle beim Anfahren nur schlecht von der Erde wegkommt.

Eine leichte Neigung nach rückwärts dagegen bedarf unter Umständen gar keiner Korrektur, da dieselbe sich während der Fahrt von selbst durch das Höhensteuer macht.

Meistens ist jedoch die Neigung des Schiffes zur Horizontalen so stark, daß eine Abänderung nötig ist, und diese kann nur geschehen durch Verschiebung des Aufhängepunktes der Godel, eine Arbeit, die an Mühe und Zeitaufwand nur wenig zu wünschen übrig läßt.

Es frägt sich nun, auf welche Weise man diese Arbeit auf ein Minimum reduzieren kann.

Der einzige Vorzug, der sich uns nun angesichts des fertigen Schiffes bietet, gegenüber den uns am Konstruktionstisch zur Verfügung stehenden Mitteln, besteht lediglich in der genauen Kenntnis der einzelnen in Betracht kommenden Gewichtsgrößen, die wir durch Abwiegen feststellen konnten.

Ueber die Lage des Deplacement- und Hüllenschwerpunktes hingegen schweben wir nach wie vorher zunächst völlig im Unklaren.

Ohne die genaue Kenntnis der Lage dieser Punkte jedoch können wir nicht angeben, um welche Strecke wir die Godel vor- oder zurückbringen müssen, um eine horizontale Lage der Ballonachse zu erzielen, wenngleich wir den durch die falsche Gondelaufhängung hervorgerufenen Neigungswinkel der Ballonachse gegen die Horizontale einigermaßen genau durch Messung feststellen können. Außerdem ist uns nur noch die Lage der Gondel relativ zum Ballonkörper bekannt.

Die Situation ist also etwa die in Fig. 45 angedeutete, wonach die Resultierende R aus Gondel- und Hüllengewicht nicht wie notwendig durch den Deplacementschwerpunkt S_0 geht, sondern um eine unbekannte Strecke vor demselben liegt.

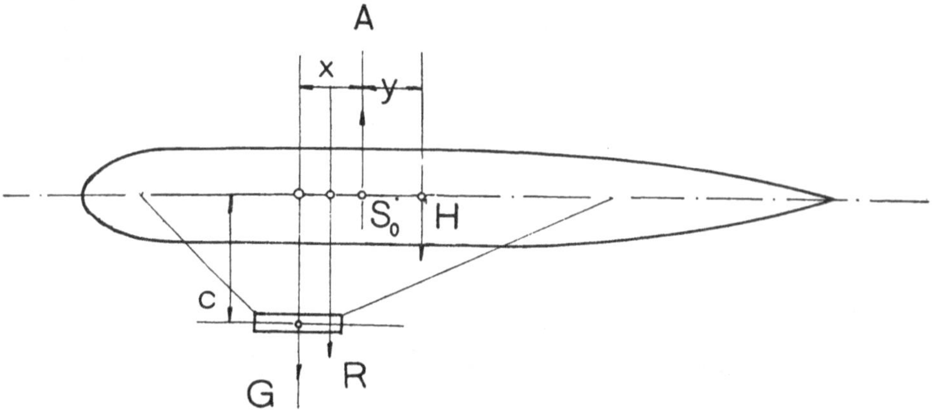

Fig. 45.

Der Ballon neigt daher seine Spitze so lange der Erde zu, bis die Resultierende aus G und H durch den unbekannten Deplacementschwerpunkt S_0 hindurchgeht, worauf er unter einem bekannten Neigungswinkel gegen die Horizontale in Ruhe bleibt. Siehe Fig. 46.

Bedeutet c den senkrechten Abstand des Gondelschwerpunktes von der Ballonachse, x und y die unbekannten Abstände der Gondel- und Hüllenschwerlinien vom Deplacementschwerpunkt S_0 bei horizontaler Ballonachse (siehe Fig. 45), so ergibt sich nach eingetretenem Gleichgewichtszustand aus Fig. 46 die Gleichgewichtsbedingung zu:

$$G\,(x \cos \alpha - c \sin \alpha) = Hy \cos \alpha$$

Diese Gleichung enthält zwei Unbekannte, so daß wir mit ihr zu keinem Resultat gelangen können.

Man ist also demnach darauf angewiesen durch Schätzung zu bestimmen, um welche Strecke die Gondel zurückgetakelt werden muß, um die Resultierende bei horizontaler Lage des Ballons durch den Deplacementschwerpunkt zu dirigieren, und sieht sich daher vor die Wahrscheinlichkeit gestellt, die zeitraubende Arbeit des Umtakelns zum zweiten, eventuell dritten Male vornehmen zu müssen, bevor man die richtige Gondellage erraten hat.

In dem Bestreben, diesen Zeit- und Arbeitsaufwand möglichst zu vermindern, kam ich auf folgenden Kunstgriff, durch den man in die Lage gesetzt wird, mit genügender Genauigkeit auf das erstemal die Strecke anzugeben, um welche die Gondel verschoben werden muß, um die Ballonachse horizontal zu legen.

Unter Zugrundelegung des Falles der Fig. 46, wonach der Ballon Vorderneigung zeigt, hängt man zunächst am Schwanzende des Schiffes, an einer beliebigen Stelle, aber möglichst weit nach rückwärts, so lange Gewichte an, in Gestalt von Sandsäcken, bis der Ballon horizontal steht.

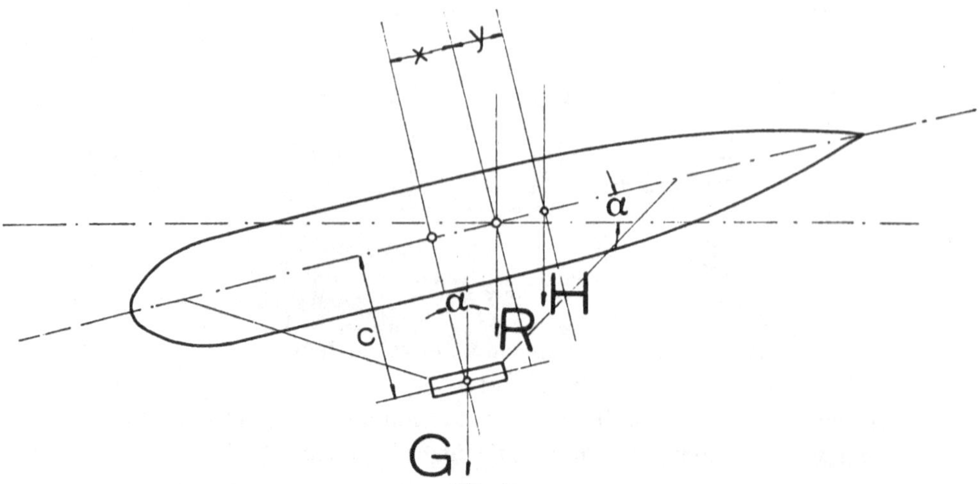

Fig. 46.

Nunmehr bringt man unter Belassung der hinten aufgehängten Gewichte, am Kopfende des Ballons, wiederum an beliebiger Stelle, aber möglichst weit vorn, ebenfalls Gewichte an, so lange, bis der Ballon die ursprüngliche Vorderneigung um den Winkel α wieder erreicht hat.

In diesem Augenblick ist uns bekannt, daß die Resultierende R zwischen Gondel und Hüllengewicht wieder genau durch den Deplacementschwerpunkt S_0 geht, das heißt also, daß die vorn und hinten aufgehängten künstlichen Belastungen sich in Bezug auf den Deplacementschwerpunkt gerade die Wage halten.

Bezeichnen wir nun nach Fig. 47 die künstlichen Belastungen vorn und hinten mit Q und P, den unmittelbar meßbaren Abstand der Seile, an denen diese Gewichte hängen, mit a und schließlich deren unbekannte Abstände vom Deplacementschwerpunkt S_0 mit v und u, so können wir zunächst folgende Gleichgewichtsbedingungen anschreiben:

$$Q \cdot v = P \cdot u \quad \ldots\ldots\ldots \quad 42$$

ferner ist $v + u = a \quad \ldots\ldots\ldots \quad 43$

nach welchen beiden Gleichungen sich die wahre Lage des Deplacementschwerpunktes sofort bestimmen läßt.

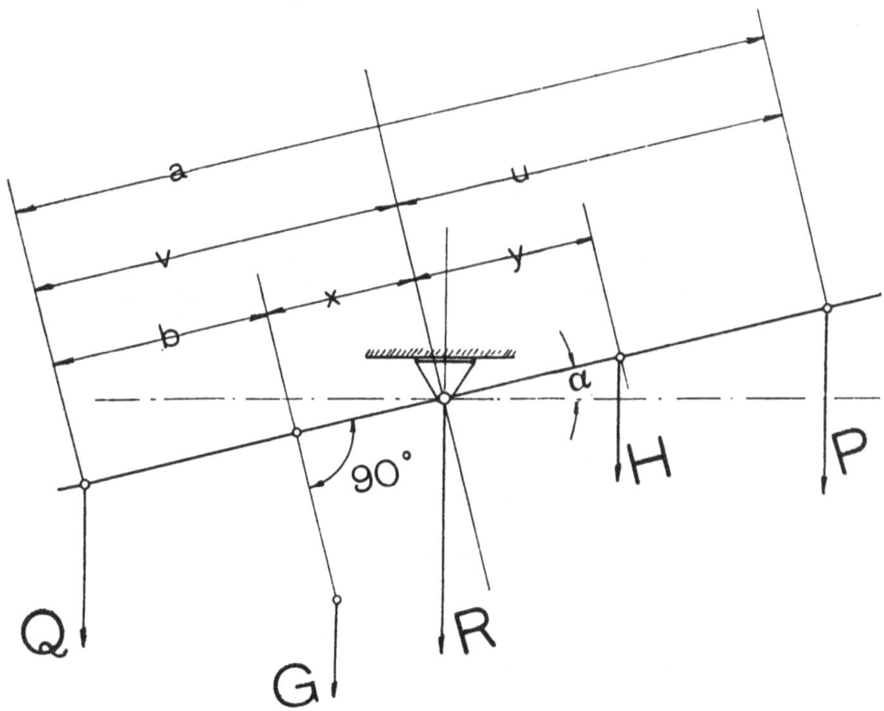

Fig. 47.

In Fig. 47 sind Gondel und Ballonkörper der Übersichtlichkeit halber weggelassen. Der Ballonkörper ist nur durch seine Achse dargestellt.

Eine weitere Momentengleichung liefert uns das zuerst gemachte Experiment, bei welchem wir durch Anbringung des hinteren Gewichtes P den Ballon künstlich horizontal gedrückt haben.

In Fig. 48 ist dieser Zustand veranschaulicht, und wir entnehmen daraus die Gleichgewichtsbedingung:

$$G \cdot x = H \cdot y + P \cdot u \quad \ldots\ldots \quad 44$$

Schließlich ergibt sich noch aus Fig. 47 durch Einführung der Strecke b die einfache Beziehung:

$$x = v - b \quad \ldots\ldots\ldots \quad 45$$

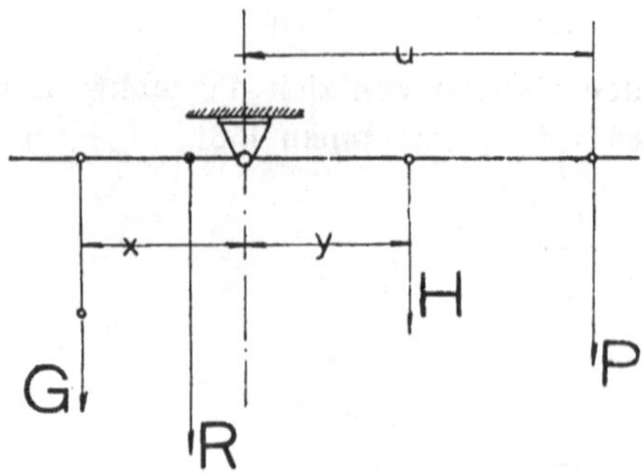

Fig. 48.

In den auf diese Weise gewonnenen Gleichungen 42 bis 45, deren vier Unbekannte u, v, x und y wir ohne weiteres bestimmen können, besitzen wir nun die Mittel, in einfachster Weise diejenige Strecke ξ anzugeben, um welche die Gondel verschoben werden muß, wenn die Ballonachse eine horizontale Lage einnehmen soll.

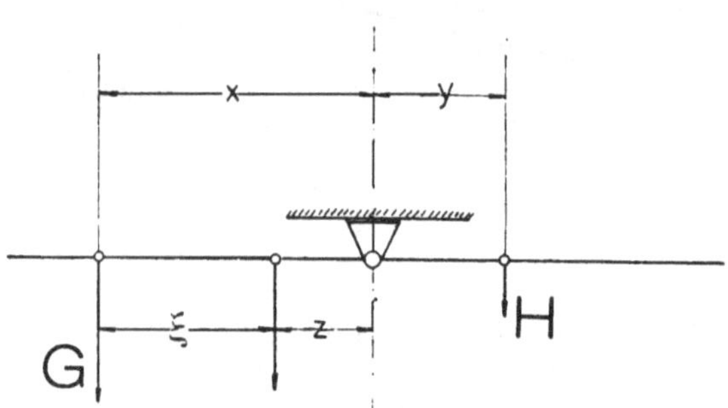

Fig. 49.

Bezeichnen wir den unbekannten Hebelarm, an dem das Gondelgewicht angreifen müßte, um eine horizontale Lage der Ballonachse zu gewährleisten, mit z (siehe Fig. 49), so wäre die erforderliche Gleichgewichtsbedingung:

$$G \cdot z = Hy$$

$$\text{oder } z = \frac{H}{G} \cdot y \quad \ldots\ldots\ldots \quad 46$$

Um unseren Zweck zu erreichen, müßten wir also nach Fig. 49 die Gondel zurückschieben um die Strecke:

$$\xi = x - z \quad . \quad . \quad . \quad . \quad . \quad . \quad . \quad . \quad 47$$

Wir haben nun im ganzen sechs lineare Gleichungen mit ebenso vielen Unbekannten und können nun daran gehen, die Verschiebungsstrecke zu errechnen.

Zunächst erhalten wir uns Gleichung 42 und 43

$$v = \frac{Pa}{Q + P}$$

und

$$u = \frac{Qa}{Q + P}$$

Durch Einsetzen des Wertes v in Gleichung 45 ergibt sich

$$x = \frac{Pa}{Q + P} - b$$

und durch Einsetzen der Werte von u und x in Gleichung 44

$$x = \frac{1}{H}\left[\frac{Pa}{Q + P}(G - Q) - Gb\right]$$

Aus Gleichung 46 erhalten wir dann sofort:

$$z = \frac{Pa}{Q + P}\left(1 - \frac{Q}{G}\right) - b$$

Ersetzen wir nun in Gleichung 47 die Größen x und z durch die eben dafür gefundenen Ausdrücke, so bietet sich uns die gesuchte Verschiebungsgröße in Gestalt der einfachen Formel:

$$\xi = \frac{P \cdot Q}{G\,(P + Q)} \cdot a \quad . \quad . \quad . \quad . \quad . \quad . \quad . \quad . \quad 48$$

womit die gestellte Aufgabe gelöst ist.

Gleichung 48 enthält lediglich genau bekannte Größen, nämlich die Gewichte P und Q, durch deren Benutzung wir die erforderlichen Unbekannten zu finden vermochten, den Abstand a dieser Gewichte und schließlich das Gewicht der Gondel.

Das Experiment ist schnell gemacht und das Ergebnis nach Gleichung 48 leicht ermittelt, wesentlich ist dabei nur, daß das Zurückführen der unter dem Drucke des Gewichtes P horizontal stehenden Ballonachse, auf den ursprünglichen Vorderneigungswinkel α mit Hilfe des Vordergewichtes Q möglichst genau erfolgt.

Zu diesem Zwecke mißt man vor und nach der Belastung des Schiffes durch die Gewichte P und Q die Abstände der Ballonspitzen vom Boden der Ballonhalle. Wenn die Differenz d dieser Abstände (siehe Fig. 50) jedesmal dieselbe bleibt, dann ist offenbar die Ballonachse durch das Vordergewicht Q auf die ursprüngliche Neigung unter dem Winkel α zurückgezwungen worden. Ist diese Differenz größer oder kleiner als vorher, so ist das Gewicht Q entsprechend zu vermindern bzw. zu verstärken, denn anderenfalls werden die Momente des Gondel- und Hüllengewichtes nicht eliminiert und die Gleichung 42 würde nicht zutreffen.

Für den Fall nun, daß der Ballon nach rückwärts geneigt ist, übernimmt die vordere Kraft Q die Aufgabe der horizontalen Einstellung, und die Gleichung 44 zeigt sich nunmehr in der Form:

$$Qv + Gx = H \cdot y$$

und, da es sich nun um eine Verschiebung der Gondel nach vorn handelt, wird ferner nach Fig. 49 z größer als x, so daß Gleichung 47 zu

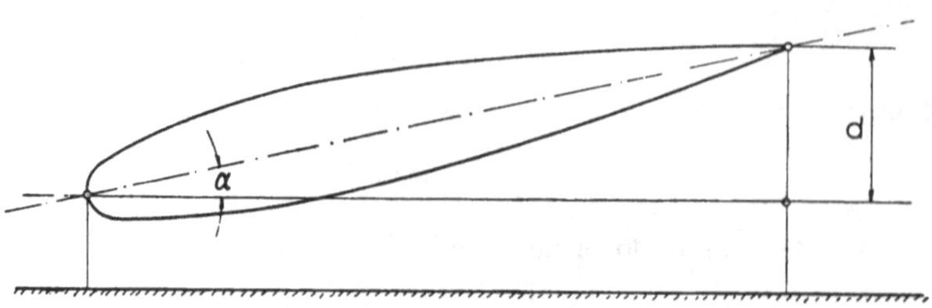

Fig. 50.

schreiben ist: $\xi = z - x$. Alle übrigen Gleichungen bleiben dieselben, wie leicht zu erkennen ist. Bestimmt man nun mit den abgeänderten Gleichungen 44 und 47 den Verschiebungswert, so ergibt sich wiederum das gleiche Resultat, wie bei nach vorn geneigter Achse des Ballons, nämlich nach wie vor:

$$\xi = \frac{P \cdot Q}{G\,(P + Q)} \cdot a$$

wovon man sich leicht überzeugen kann, wenn man sich der Mühe einer Nachrechnung unterzieht.

Dabei ist es ganz gleichgültig, ob x positiv oder negativ ist, welch letzterer Fall eventuell eintreten kann.

Zum Schlusse müssen wir noch den einfachen Fall der Figur 43 betrachten, bei dem Deplacement- und Hüllenschwerpunkt zusammenfallend angenommen sind, was bei symmetrischer Ballonform zutrifft.

Wir erhalten dafür die Gleichungen:

$$P \cdot u = G \cdot x$$
$$Q \cdot v = P \cdot u$$
$$v + u = a$$

Diese Gleichungen genügen, da in diesem Falle die Verschiebungsgröße ξ mit x identisch ist, wie aus Fig. 43 zu ersehen ist.

Wir erhalten aus den 3 Gleichungen:

$$\xi = x = \frac{P \cdot Q}{G\,(P + Q)} \cdot a$$

also wieder den gleichen Ausdruck wie früher, so daß die Formel 48 für alle Fälle verwendet werden kann.

Aus Gleichung 48 erkennen wir, daß zur Bestimmung der richtigen Gondellage weder die Feststellung der Lage des Deplacement- noch diejenige des Hüllenschwerpunktes erforderlich ist, sondern nur das Abwiegen der Belastungen P und Q und die Messung des Abstandes dieser beiden Kräfte.

Man soll es jedoch nicht versäumen, sich über die wahre Lage dieser beiden wichtigen Punkte Gewißheit zu verschaffen, indem man die Abstände x und y mit Hilfe der zur Ableitung der Formel 48 gegebenen Gleichungen feststellt.

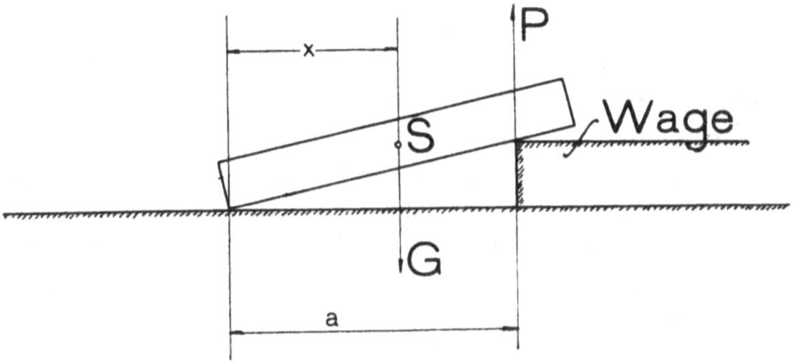

Fig. 51.

Dazu ist auch die Abmessung der Strecke b notwendig, zu welchem Zwecke der Gondelschwerpunkt bekannt sein muß. Diesen bestimmt man sehr genau und einfach dadurch, daß man die Gondel mit seinem Ende auf eine Wage legt (s. Fig. 51) und nach dem Hebelgesetz mit Hilfe des von der Wage angezeigten Auflagerdruckes A die unbekannte Schwerpunktslage berechnet.

Hat man auf diese Weise die wirkliche Lage des Deplacement- und Hüllenschwerpunktes herausgebracht, so trägt man beide Punkte in die Konstruktionszeichnung ein und studiert die Abweichungen derselben von den am Konstruktionstisch ermittelten Schwerpunktslagen. Man wird dann meistens sehr überrascht sein, und sich nur wenig mehr wundern über die bei der Montage beobachtete schiefe Lage des Ballons.

10. Die Berechnung unstarrer Ballonkörper auf Biegung und Knickung. Bestimmung des Betriebsüberdruckes.

Die erste Bedingung, die an einen betriebssicheren Lenkbaren gestellt werden muß, liegt in der Forderung, daß der Ballonkörper imstande ist, unter allen Umständen seine Form tadellos aufrecht zu erhalten. Diese Bedingungen erfüllt ein starres Schiff ohne weiteres, denn das starre Holz- oder Aluminiumgerüst, das den Ballonkörper bildet, hat, vorausgesetzt daß es den durch Auftriebskräfte und Gondelbelastung hervorgerufenen Biegungsbeanspruchungen gewachsen ist, keine Veranlassung, während der Fahrt seine Form zu ändern.

Die halbstarren und unstarren Schiffe erreichen die Sicherheit der Formhaltung dadurch, daß das Wasserstoffgas im Ballon unter Überdruck steht, und zwar genügt selbst bei großen Schiffen bereits ein Überdruck von 25 mm Wassersäule, also ungefähr 1/400 Atm., um eine Deformation des Ballonkörpers durch den während der Fahrt auftretenden Luftdruck mit Sicherheit zu verhindern. Die durch Antriebskräfte und Gondelbelastung unter Umständen hervorgerufenen Biegungsbeanspruchungen werden durch das für das halbstarre System charakteristische Gerüst aus Stahl- oder Aluminiumrohren aufgenommen.

Beim unstarren System dagegen liegen die Verhältnisse so, daß der Ballonkörper nicht nur dem von der Fahrt herrührenden Luftdruck gegenüber seine Form halten muß, sondern daß er auch mit Sicherheit imstande ist, sich unter dem Zug der Gondelbelastung und der gewaltigen Auftriebskräfte vollkommen gerade zu halten.

Es wird später noch gezeigt werden, daß durch zweckentsprechende Konstruktion, wesentliche Biegungsbeanspruchungen des Ballonkörpers vermieden werden können und müssen. Immerhin können sie gegeben sein, beziehungsweise plötzlich auftreten, z. B. durch Bruch eines Teiles der Takelage.

Der Konstrukteur eines unstarren Schiffes sieht sich also vor die Notwendigkeit gestellt, sich für die Widerstandsfähigkeit stoffförmiger, also unstarrer Körper, gegen Biegungsbeanspruchungen zu interessieren. Da bei Biegung eines Körpers sowohl Zug- als auch Druckspannungen im Querschnitte auftreten, ein stofförmiges Gebilde aber offenbar keine Druckspannungen zu übertragen vermag, so geht daraus hervor, daß der unstarre Stoffballon erst künstlich gegen Druck widerstandsfähig gemacht werden muß, wenn er in der Lage sein soll, einer Biegungsbelastung Stand zu halten. Dies geschieht, wie schon oben erwähnt, dadurch, daß man das Gas im Ballon unter Druck stellt. Es handelt sich also zunächst darum, eine Beziehung zwischen dem äußeren maximalen Biegungsmoment und demjenigen inneren Überdruck zu finden, welcher bei dem gegebenen Biegungsmoment gerade noch das Einknicken des Ballons verhindert.

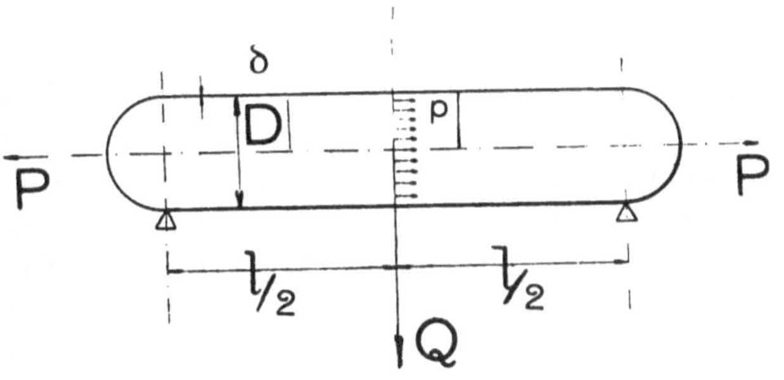

Fig. 52.

Untersuchen wir die Verhältnisse zunächst an einem möglichst einfachen Fall:

Ein unter innerem Überdruck von p kg/cm² stehender zylindrischer Ballonkörper von der Länge l und dem Durchmesser D sei an beiden Enden unterstützt und in der Mitte durch die Einzelkraft Q belastet (siehe Fig. 52).

Ist dieser Stoffbalken genügend stark aufgeblasen, so fühlt er sich beim Beklopfen mit dem Finger fest und hart wie Stahlblech an. Man hat das Gefühl, als ob man tatsächlich einen starren Blechzylinder statt eines unstarren Stoffkörpers vor sich hätte.

Betrachten wir zuerst in einem beliebigen Querschnitt die durch den inneren Überdruck p hervorgerufenen Längsspannungen des Stoffzylinders, so ist klar, daß sich dieselben gleichmäßig über den ganzen Kreisringquerschnitt verteilen. Der innere Überdruck hat eine

$$P = \frac{D^2\pi}{4} \cdot p$$

streckende Zugkraft zur Folge, und die dadurch hervorgerufene Längsspannung im Querschnitt ergibt sich daher zu

$$S_l = \frac{D^2 \frac{\pi}{4} \cdot p}{D\pi} = \frac{Dp}{4} \quad \ldots\ldots\ldots \quad 49)$$

Dabei bedeutet S_l die Spannung pro Längeneinheit. Man gibt bei Stoffen die Zugspannung einfacher pro Längeneinheit, statt pro Flächeneinheit an, da die Stoffdicke δ gegenüber der Länge des Stoffstreifens in diesem Falle $D\pi$ eine verschwindend kleine Grösse darstellt, mit der nur sehr ungenau gerechnet werden könnte. Ich möchte an dieser Stelle gleich bemerken, daß die Bruchfestigkeit der jetzt für Lenkbare gebräuchlichen Ballonstoffe 1100—1300 kg pro Meter Länge beträgt.

Betrachten wir nun die durch das maximale Biegungsmoment $\frac{Ql}{4}$ im mittleren gefährlichen Querschnitt hervorgerufenen Biegungsspannungen. Es ist kein Grund vorhanden, weshalb diese Biegungsspannungen im Stoffbalkenquerschnitte sich nicht ebenso über denselben verteilen sollen wie bei einem von Natur aus starren Körper. Ich gehe dabei von dem Gedanken aus, daß man beispielsweise eine Schnur oder ein Seil ohne weiteres mit Erfolg auf Druck beanspruchen kann, wenn man nur das unstarre Zugorgan vorher durch Anhängen einer Last gegen Druck künstlich widerstandsfähig gemacht hat. Das in Fig. 53 skizzierte, durch das Gewicht P belastete Seil kann offenbar solange auf Druck beansprucht werden, solange nur die Druckkraft kleiner als P bleibt. Diese einfache Tatsache spielt z. B., nebenbei bemerkt, eine Rolle bei den Drahtseilen für die Gondelaufhängung, um bei Stampfbewegungen des Schiffes eine Verschiebung der Gondel relativ zum Ballonkörper zu verhindern.

Ich setze also voraus, daß es für die Spannungsverteilung völlig gleichgültig ist, ob der Körper von Natur aus starr, oder ob er erst künstlich starr gemacht worden ist.

Wir haben dann nach den Regeln der Biegungsfestigkeit:

$$Q \frac{l}{4} = W \cdot S_f$$

wobei W das Widerstandsmoment des Ringquerschnittes, und S_f die Spannung pro Flächeneinheit bedeutet. Nun ist

$$W \sim 0{,}8\, D_m{}^2 \cdot \delta$$

und bei der geringen Stoffdicke δ kann für den mittleren Durchmesser D_m (siehe Fig. 54) der äussere Durchmesser D gesetzt werden, also

$$W \sim 0{,}8\, D^2\delta$$

Die Biegungsgleichung geht dann über in

$$Q\,\frac{l}{4} = 0.8\, D^2\delta \cdot S_f \quad . \quad . \quad . \quad . \quad . \quad . \quad 50)$$

Zwischen der Spannung pro Längeneinheit S_l und der Spannung pro Flächeneinheit S_f besteht für einen Stoffstreifen (siehe Fig. 55) von der Länge l und der Dicke δ die Beziehung:

$$P = l\delta S_f = lS_l \text{ oder: } S_l = \delta S_f \quad . \quad . \quad . \quad . \quad 51)$$

Für das Produkt δS_f in Gleichung 50 können wir also S_l setzen und erhalten dann

$$\frac{Ql}{4} = 0{,}8\, D^2 \cdot S_l \quad . \quad . \quad . \quad . \quad . \quad . \quad . \quad 52)$$

oder allgemein maximales Biegungsmoment

$$M_{\max} = 0{,}8\, D^2 S_l \quad . \quad . \quad . \quad . \quad . \quad . \quad . \quad 53)$$

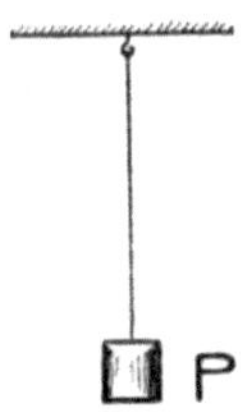

Fig. 53.

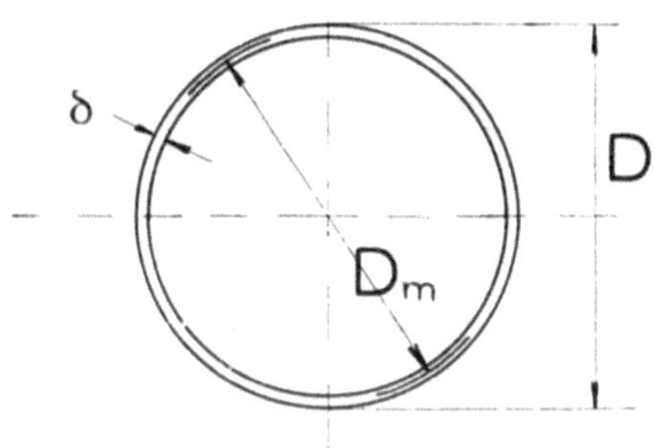

Fig. 54.

Wir haben also jetzt im gefährlichen Querschnitt

1. die durch den inneren Überdruck p hervorgebrachte gleichmäßige Spannungsverteilung und

2. die durch die Last Q verursachten Biegungsspannungen.

Bei gegebenem Überdruck p bleibt der Stoffbalken offenbar solange stramm und fest, solange die maximale Biegungsspannung kleiner bleibt, als die durch den inneren Überdruck erzeugte, gleichmäßig über den Ringquerschnitt verteilte Zugspannung. Die kritische Belastung Q_k wird dann erreicht, wenn die beiden genannten Spannungen gleich groß werden. Die oberste Rückenfaser des Ballons wird in diesem Augenblicke spannungslos, und diesen kritischen Moment veranschaulicht uns die Gleichung:

$$Ql = \frac{4}{5} D^3 \cdot p \quad . \quad . \quad . \quad . \quad . \quad . \quad . \quad . \quad 54)$$

die durch Einsetzen der Gleichung 49 in Gleichung 52 erhalten wird. Die kritische Belastung ergibt sich dann zu

$$Q_k = \frac{4}{5} \frac{D^3}{l} \cdot p \quad . \quad . \quad . \quad . \quad . \quad . \quad . \quad . \quad 55)$$

womit wir die gesuchte Beziehung zwischen einer gegebenen Belastung und dem mindest notwendigen inneren Überdruck gewonnen

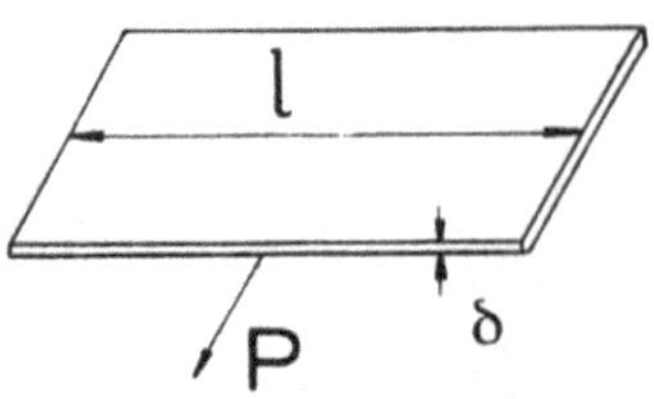

Fig. 55.

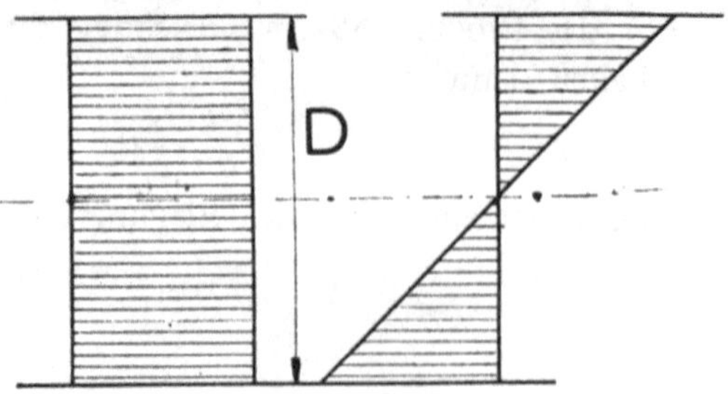

Fig. 56.

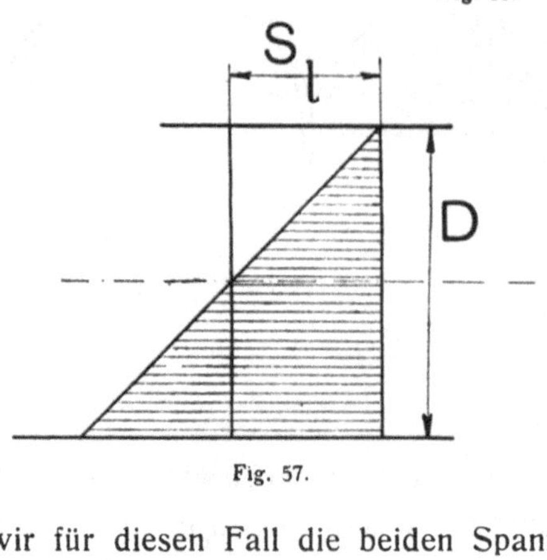

Fig. 57.

haben. Legen wir für diesen Fall die beiden Spannungsdiagramme Fig. 56 übereinander, so ergibt sich das Bild der Fig. 57.

Wird die Last Q erhöht, oder der Innendruck vermindert, so werden je nach der Größe der jeweiligen Änderungen eine bestimmte Zahl von Rückenfasern spannungslos. Der Ballon bekommt auf dem Rücken Querfalten und knickt schließlich immer mehr zusammen. Das Spannungsdiagramm sieht dann aus wie in Fig. 58 dargestellt. Die stark gezogene Linie im Querschnitt zeigt die geknickten Stofffasern.

Tritt dieser Fall in der Praxis bei einem Luftschiff ein, und tatsächlich ist dies schon wiederholt passiert, so hat dieser Umstand im allgemeinen noch keine unmittelbare Gefahr im Gefolge. Ein völliges Zusammenknicken kann nämlich, solange noch Druck im Ballon ist, niemals erfolgen. Denn die Knickfalte kann sich nie ganz bis zur neutralen Faser erstrecken. Der Grenzfall, daß die Knick-

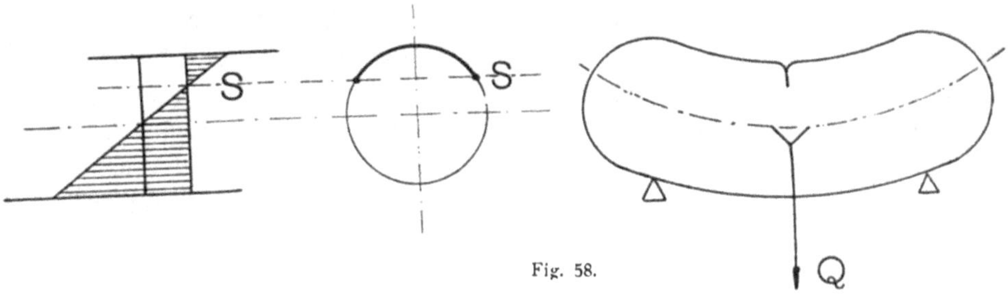

Fig. 58.

falte den ganzen Rücken des Ballons (s. Fig. 59), also bis zur neutralen Faser, umspannt, könnte nur bei unendlich großer Belastung eintreten. Denn der Schnittpunkt S, der in Fig. 58 die spannungslosen Fasern von den gespannten trennt, kann die neutrale Achse nur dann erreichen, wenn die maximale Biegungsspannung und somit die Belastung Q unendlich groß geworden ist.

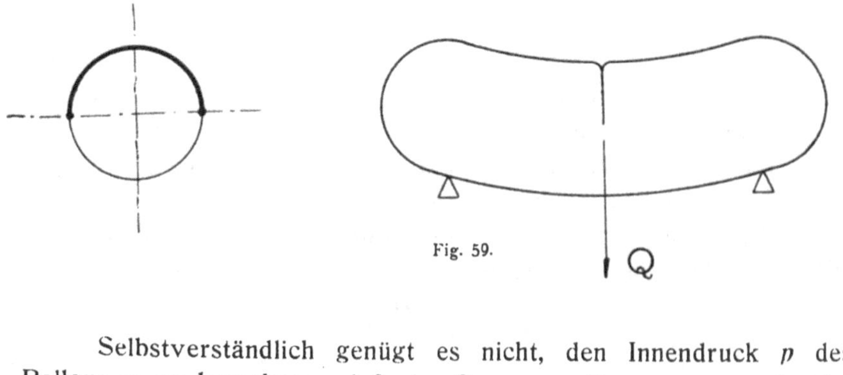

Fig. 59.

Selbstverständlich genügt es nicht, den Innendruck p des Ballons so zu berechnen, daß das Spannungsdiagramm gerade der Fig. 57 entspricht, sondern es muß eine bestimmte Sicherheit auch gegen Spannungslosigkeit der obersten Rückenfaser bestehen, welche Sicherheit in Fig. 60 durch die Spannungsstrecke S_s dargestellt ist, und nun handelt es sich darum, zu untersuchen, ob die Beanspruchung der am schärfsten gespannten tiefsten Faser noch genügend weit unter der Bruchspannung liegt. Darauf werde ich später zurückkommen, vorerst will ich zeigen, daß die nach den Regeln der elementaren Festigkeitslehre für starre Körper hergeleitete Gleichung 55 mit den praktischen Versuchergebnissen gut übereinstimmt.

Als Versuchskörper dient ein kleiner zylindrischer Ballon von 95 cm Länge und 21 cm Durchmesser. Untenstehende Skizze (Fig. 61) veranschaulicht die Versuchsanordnung.

Der Stoffbalken wurde aus der mit komprimiertem Wasserstoff gefüllten Flasche *A* mit Hilfe des Reduzierventiles *B* unter Überdruck gesetzt, und der Überdruck an dem auf der anderen Seite angeschlossenen Quecksilbermanometer *C* abgelesen. Es ist natürlich bei diesem Versuch ganz gleichgültig, ob dieser kleine Ballon mit Wasserstoffgas oder Luft aufgeblasen wird, da bei den geringen Dimensionen

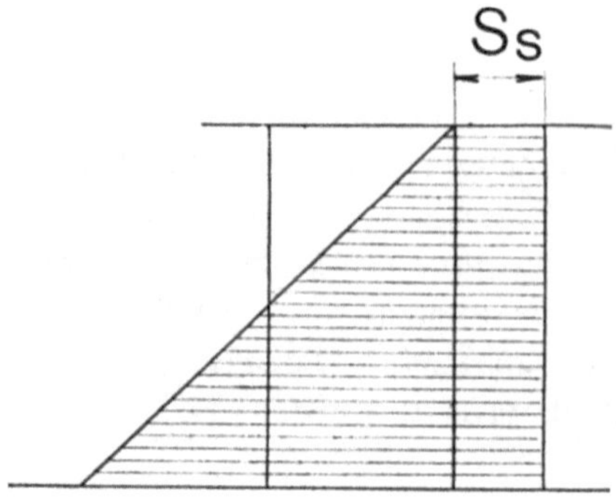

Fig. 60.

weder die Auftriebskräfte, noch das Eigengewicht der Hülle gegenüber der Belastung *Q* eine wesentliche Rolle spielen und daher vernachlässigt werden können. Ich benutzte nur Wasserstoff zum Aufblasen des Versuchskörpers, weil er mir augenblicklich zur Erzeugung von Überdruck am bequemsten zur Hand lag.

Die Spannweite des Ballons *l* wurde auf 74 cm festgelegt, aus Gleichung 55 ergibt sich dann

$$Q_k = \frac{4}{5} \cdot \frac{21^3}{74} \cdot p$$

oder

$$Q_k = 100\, p$$

Bei einem inneren Überdruck von 0,2 kg pro Quadratzentimeter müßte demnach die kritische Belastung 20 kg betragen. Es wurde nun zunächst der Ballonkörper auf einen höheren Überdruck $p = 0{,}3$ kg pro Quadratzentimeter gebracht und dann in der Mitte zwischen den Auflagern ein Gewicht von 20 kg angebracht. Das Gewicht wurde, wie es in Fig. 61 im Querschnitte zeigt, so befestigt, daß es in der neutralen Faser eingreift, da im anderen Falle die Faltenbildung gestört werden würde.

Der Ballon blieb unter dieser Belastung vollkommen stramm und gerade. Nun wurde durch Öffnen des Hahnes *D* der Druck ganz langsam zum Sinken gebracht. Bei dem aus der Gleichung 55 sich ergebenden kritischen Überdruck von 0,2 kg angelangt, wurde der Hahn *D* abgeschlossen. Der Ballon war nach wie vor vollkommen

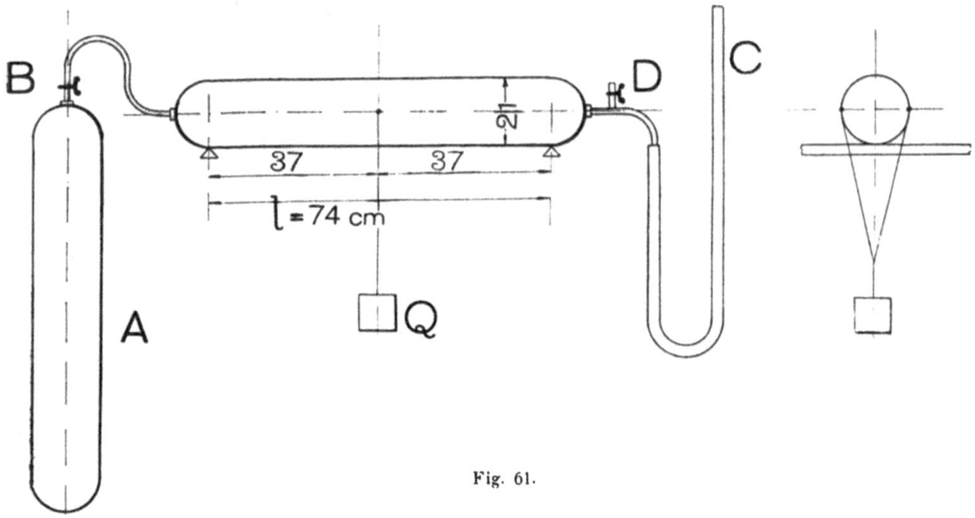

Fig. 61.

fest und glatt und zeigte nur eine leichte Durchbiegung. Auf dem Rücken war noch keine Spur von einer Falte zu bemerken. Nun wurde der Hahn *D* wieder leicht geöffnet, um ein weiteres Sinken des Druckes zu veranlassen. Sofort traten auf dem Rücken in der Mitte feine Falten auf, und bei 0,18 kg Druck war die Faltenbildung unverkennbar. Der Widerstand der obersten Fasern gegen den Druck war also bei einem Innendruck von 0,18 mit Sicherheit gebrochen, während die Gleichung 0,2 verlangte. Die folgenden Versuche lieferten die nachstehenden Ergebnisse:

	Q in kg	p beobachtet	p berechnet
1)	20	0,18	0,2
2)	30	0,28	0,3
3)	10	0,09	0,1
4)	5	0,04	0,05

Die Versuchswerte von p sind in dem Augenblick notiert, in dem die Faltenbildung deutlich sichtbar war, und der Umstand, daß sämtliche Werte etwas unter dem durch Gleichung 55 geforderten Drucke liegen, dürfte ein weiterer Beweis für die Richtigkeit der Formel sein, denn die Gleichung hält denjenigen Druck fest, bei dem gerade die oberste Faser spannunslos wird. In diesem Augenblicke ist daher die Falte noch unendlich schmal und darum noch nicht erkennbar, erst wenn bei weiterem Sinken des Druckes mehrere Fasern spannungslos werden, gewinnt die Falte an Ausdehnung und kann beobachtet werden. Bei weiterem Sinken des Druckes bilden sich zahlreiche Falten in der Mitte des Rückens auf beiden Seiten der Hauptfalte, die sich schließlich fast bis zur neutralen Faser erstrecken. Die Durchbiegung des Balkens wird erheblich.

Ich möchte nun auf Grund dieser Versuche ein Rechnungsbeispiel für einen großen unstarren Ballon durchführen, um zu zeigen,

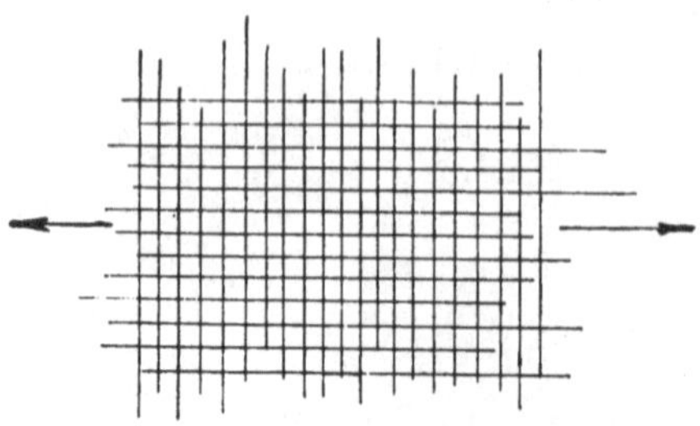

Fig. 62.

daß die maximalen Stoffbeanspruchungen noch weit unter der Gefahrgrenze liegen.

Vorher wollen wir aber noch untersuchen, ob nicht etwa die Querspannungen des Stoffes, mit denen wir bisher noch keine Veranlassung hatten, uns zu beschäftigen, in erster Linie ein Platzen des Ballons veranlassen könnten.

Denken wir uns den unbelasteten, unter Überdruck stehenden Versuchsballon, so wissen wir, daß bei zylindrischen Kesseln unter innerem Überdruck die Querspannungen die Längsbeanspruchungen um das Doppelte übersteigen, das Gleiche ist natürlich auch bei dem unstarren Stoffkessel der Fall, und zwar noch viel genauer, denn bei einem starren Material sind die Querkontraktionen zu berücksichtigen, während bei uns das Gewebe des Stoffes nach Fig. 62 beziehungsweise 63 beschaffen ist, so daß die in horizontaler Richtung gespannten Fäden in keiner Weise die andere senkrecht dazu liegende Schicht in Mitleidenschaft ziehen. Die Längsspannungen sind also völlig unabhängig von den Querspannungen, was bei homogenen starren Körpern nicht zutrifft.

Die Querspannungen in einem beliebigen Längsschnitt ergeben sich bei einem Überdruck p aus der Gleichung:

$$Dlp = 2lS_q$$

also $$S_q = \frac{Dp}{2} \quad . \quad . \quad . \quad . \quad . \quad . \quad . \quad . \quad 56)$$

Für die Längsspannung hatten wir pro Längeneinheit nach Gleich. 49 den Wert:

$$S_l = \frac{Dp}{4}$$

also gerade die Hälfte.

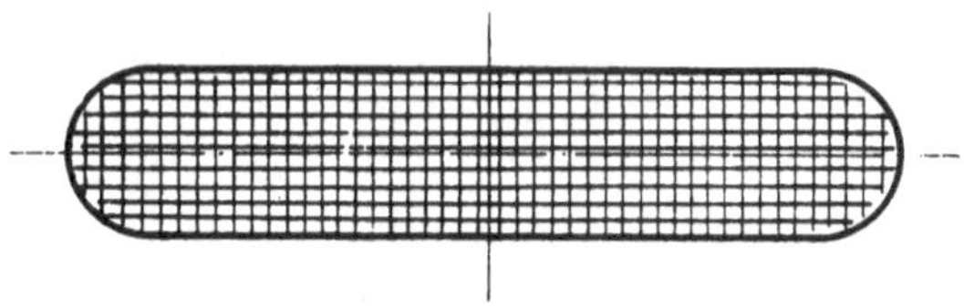

Fig. 63.

Der Index l diente früher zur Unterscheidung zwischen Spannung pro Längeneinheit gegenüber der Spannung pro Flächeneinheit, die mit Index f bezeichnet war, während von jetzt ab der Index l im Gegensatz zum Index q die Längs- und Querspannungen charakterisieren soll.

Ein unbelasteter Ballon wird also, falls der innere Überdruck die Zugfestigkeit des Materials überschreitet, der Länge nach platzen, da die Querspannung die Längsspannung um das Doppelte übertrifft. Steht jedoch der Ballon unter einer Biegungsbelastung Q, so erkennen wir aus der Fig. 57 sofort, daß in dem Augenblick, in dem die kritische Belastung erreicht wird, die maximale Längsspannung in der untersten Faser gerade doppelt so groß wird als die beim unbelasteten Ballon allein durch den inneren Überdruck hervorgerufene Längsspannung. Da die Querspannungen durch die Längsspannungen nicht beeinflußt werden können, ergibt sich daraus, daß im Augenblick der kritischen Belastung in dem am schärfsten beanspruchten Stoffteilchen, also in der Mitte der untersten Faser, die Längsspannung genau so groß wie die Querspannung wird. Fig. 64 zeigt den Versuchsballon von unten gesehen, und das am meisten beanspruchte Stoffteilchen. Im Augenblick der kritischen Belastung wird also

$$S_l = S_q$$

Da wir uns jedoch mit dem zur kritischen Belastung gehörigen Überdruck nicht begnügen können, sondern denselben nach Fig. 60 so bemessen müssen, daß die durch ihn erzeugte Längsspannung um die Sicherheitspannung S_s größer wird, als die durch die Last erzeugte maximale Biegungsspannung, so erkennen wir nach Gleichung 56, daß die Querspannung in jedem Punkte der Ballonoberfläche die maximale Längsspannung in der Mitte der untersten Faser stets um die Sicherheitspannung S_s übersteigt, daß also tatsächlich die bis jetzt nicht beachtete Querspannung die Hauptgefahr in sich birgt, und somit zum Mittelpunkte der Rechnung wird.

Ihre Größe bestimmt sich, immer noch unseren einfachen Belastungsfall vorausgesetzt, aus Gleichung 49, wenn wir in dieselbe den Wert für p aus Gleichung 54 einsetzen, dazu den willkürlich gewählten Sicherheitswert S_s hinzufügen und schließlich das ganze nach

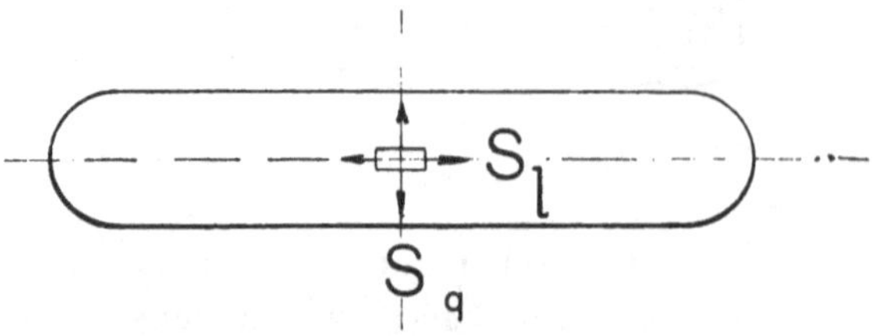

Fig. 64.

den Ergebnissen der Gleichung 56 mit 2 multiplizieren. Wir erhalten also zunächst aus Gleichung 54 für die gegebene Ballonbelastung Q

$$p = \frac{5}{4} Q \frac{l}{D^3}$$

Diesen Wert eingesetzt in Gleichung 49 liefert

$$S_l = \frac{5}{16} \cdot Q \frac{l}{D^2}$$

Die maximale Längsspannung, die nur in der Mitte der untersten Faser auftritt, wird dann nach Fig. 65:

$$S_{l\,\max} = \frac{5}{8} Q \frac{l}{D^2} + S_s \quad . \quad . \quad . \quad . \quad . \quad . \quad 57)$$

und die an allen Punkten der Ballonoberfläche gleichzeitig auftretende Quer- und absolut größte Spannung ergibt sich zu

$$S_q = 2\ (S_l + S_s) = \frac{5}{8} Q \frac{l}{D^2} + 2 S_s \quad . \quad . \quad . \quad 58)$$

und diese Größe repräsentiert den gefährlichsten Spannungswert.

Nun wollen wir ein Beispiel durchrechnen für einen Ballonkörper, wie er in der Praxis vorkommen kann, und zwar wähle ich der Einfachheit halber einen zylindrischen Körper von 60 Meter Länge und 10 Meter Durchmesser. Der Rauminhalt beträgt sonach ungefähr 4700 cbm.

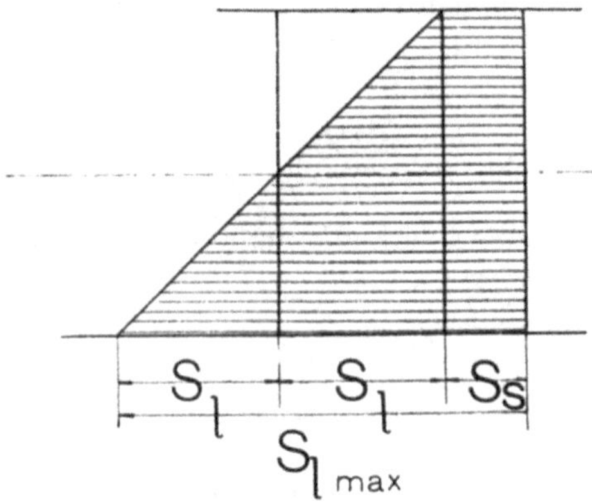

Fig. 65.

Der ganze Ballon sei mit Wasserstoff gefüllt und in der Mitte durch die Einzellast Q belastet, ein Fall, wie er in der Praxis natürlich nicht vorkommen wird, da diese Lastanordnung die denkbar ungünstigste darstellt. Es ist jedoch gut, wenn wir uns zunächst an dieser ein-

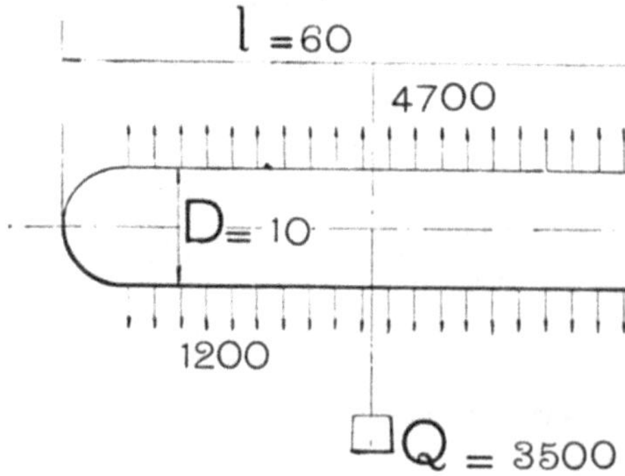

Fig. 66.

fachen Belastungsart die Verhältnisse am freischwebenden Ballon klarmachen, bevor wir an die Berechnung unter Zugrundelegung der tatsächlich in der Praxis auftretenden Lastverteilung herantreten. Im Gegensatz zu unserem kleinen Versuchsballon von früher, bei dem wir Eigengewicht und Auftrieb ohne weiteres vernachlässigen konnten, spielen die beiden genannten Kräfte hier mit die hauptsächlichsten

Rollen. Ich veranschlage das Gewicht der Hülle unseres nun vorliegenden 4700 cbm Ballons schätzungsweise auf 1200 kg.

1 cbm Wasserstoff besitzt ungefähr 1 kg Auftrieb, so daß also der Ballon eine Last Q gleich 4700—1200 = 3500 kg zu tragen vermag.

Aus Fig. 66 ist das Belastungsschema unseres Ballons erkennbar. Aus Symmetriegründen genügt es, wenn wir nur die eine Hälfte des Ballons betrachten, Fig. 67. Das maximale Moment ergibt sich hiernach zu

$$\left(\frac{4700-1200}{2}\right) \cdot \frac{l}{4} = \frac{3500}{2} \cdot \frac{6000}{4} = 2625000 \text{ cmkg.}$$

Setzen wir den Wert von S_l aus Gleichung 49 in Gleichung 53 ein, so erhalten wir

$$M_{\max} = \frac{1}{5} D^3 p$$

$$\text{oder } p_{\min} = \frac{5M}{D^3} \quad \ldots \ldots \ldots \quad 59)$$

womit wir ganz allgemein den Wert p Minimum für den mindestens notwendigen Überdruck besitzen, bei welchem der Ballon bei der

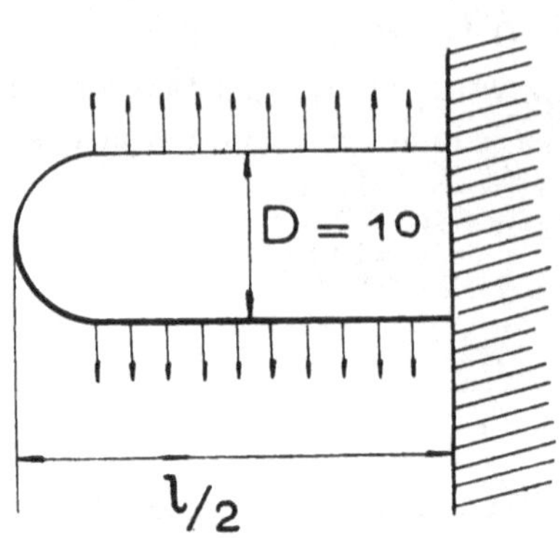

Fig. 67.

gegebenen Biegungsbelastung gerade noch stramm hält. Für unser Beispiel wird p Min.

$$= 5 \cdot \frac{2625000}{1000^3} = 0{,}013 \text{ kg/cm}^2 = 130 \text{ mm Wassersäule.}$$

Die dadurch hervorgerufene größte Zugspannung der untersten Längsfaser ist in diesem Falle nach Fig. 64 ebenso groß wie die Querspannung und beträgt dann nach Gleichung 56

$$\frac{Dp}{2} = \frac{1000 \cdot 0{,}013}{2} = 6{,}5 \text{ kg/cm}$$

oder 650 kg pro Meter Stofflänge, also gerade die Hälfte der Bruchbelastung, die, wie schon früher erwähnt, 1300 kg pro Meter beträgt.

Wir hätten also in diesem Falle nur doppelte Sicherheit gegen Bruch. Nun ist ja aber diese konzentrierte Lastverteilung in der Praxis ausgeschlossen.

Wir wollen nun noch für denselben Ballon den notwendigen Überdruck bestimmen für den Fall einer Lastverteilung, wie sie der Wirklichkeit etwas näher kommt. Fig. 68 zeigt die Aufhängung der Gondel. An den Aufhängepunkten *A* und *B* derselben denke ich mir Rollen. Sie haben nur den Zweck, die Aufhängung statisch bestimmt zu machen. Eine Verschiebung der Gondel relativ zum Ballonkörper bei Stampfbewegungen müßte bei einer solchen Aufhängung etwa

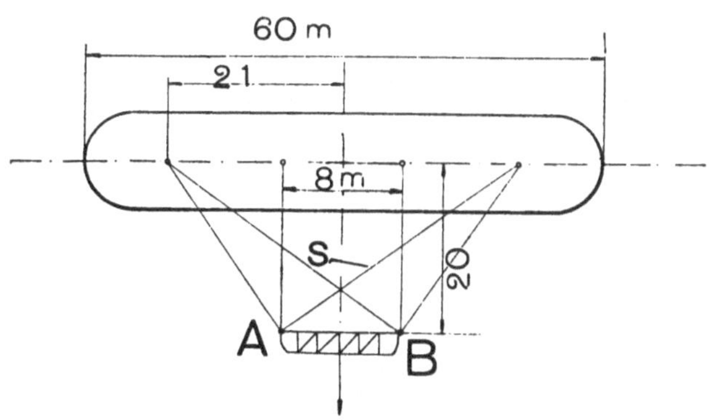

Fig. 68.

durch die Seile *s s* verhindert werden, die aber so montiert sind, daß sie bei horizontaler Lage des Schiffes spannungslos bleiben. Die auf den Ballonkörper wirkenden Seilzüge bestimmen sich dann nach Fig. 69 durch Zerlegung der Gondelgewichte in ihre Komponenten. Aus Symmetriegründen brauchen wir wieder nur die eine Hälfte des Ballonkörpers als einen am Ende eingespannten Balken zu betrachten. Das maximale Moment ergibt sich zu

$$M_{max} = 750 \cdot 21 - \frac{3500}{2} \cdot 15 + 1000 \cdot 4 = 6500 \text{ mkg};$$

Wir haben wieder nach Gleichung 59

$$p_{min} = \frac{5 \cdot 650\,000}{1000^3} = 0{,}00325 \text{ kg/cm}^2 \text{ oder } 32{,}5 \text{ mm Wassersäule.}$$

Dazu kommt nun noch der Überdruck, der nötig ist, um der durch die schiefen Seile hervorgerufenen Druckkraft von 650 kg nach Fig. 69 das Gleichgewicht zu halten. Er ergibt sich zu

$$\frac{650}{D^2 \frac{\pi}{4}} = \frac{4 \cdot 650}{1000^2 \pi} = 0{,}00083 \text{ kg/cm}^2 \text{ oder } 8{,}3 \text{ mm Wassersäule.}$$

Im ganzen also

$$32{,}5 + 8{,}3 = 40{,}8 \text{ mm.}$$

Dieser Druck von 40,8 mm Wassersäule wäre nötig, um den im Gleichgewicht schwebenden, ruhenden Ballon vor Deformationen zu schützen.

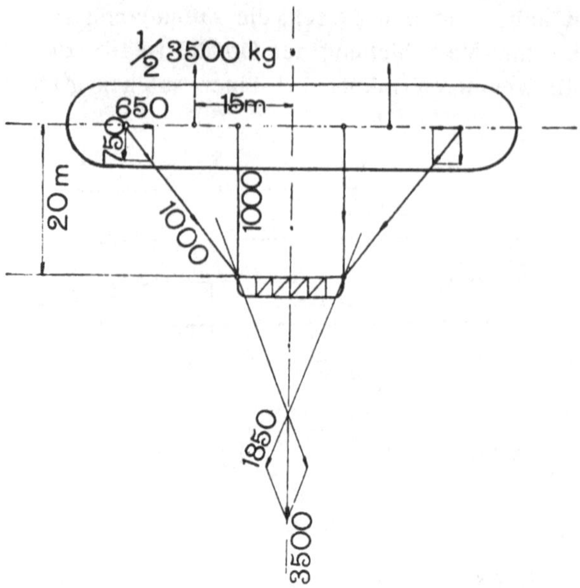

Fig. 69.

Die maximale Zugspannung wird dabei:

$$\frac{Dp}{2} = \frac{1000 \cdot 0{,}0041}{2} \sim 2{,}05 \text{ kg/cm}$$

oder 205 kg/m und somit erhalten wir eine Sicherheit gegen Bruch von $\frac{1300}{205} \sim 6{,}4$.

Für stärkere und damit allerdings schwerere Stoffe, deren Bruchfestigkeit bis 1600 kg pro m reicht, hätten wir einen Sicherheitsgrad von $\frac{1600}{205} \sim 8$.

Wir sehen also, daß die Beanspruchung des Stoffes noch durchaus innerhalb praktisch brauchbarer Grenzen liegen würde.

Es frägt sich nun, ob es nicht Mittel gibt, wenigstens die den Hauptanteil des inneren Überdruckes beanspruchenden Biegungsmomente zu vermeiden. Diese Mittel hat man nun tatsächlich durch geeignete Aufhängung der Gondel an der Hand. Wir brauchen nämlich nur dafür zu sorgen — immer nur die eine Hälfte des Ballons betrachtet —, daß die Resultierende der vertikalen Seilzugskomponenten zusammenfällt mit der Resultierenden der Auftriebskräfte der betrachteten Ballonhälfte. Das Biegungsmoment wird dann zu Null.

Wir wollen nun an unserem Beispiel untersuchen, wie hoch sich unter dieser Voraussetzung nunmehr der zur Prallhaltung der Hülle notwendige Innendruck herausstellt.

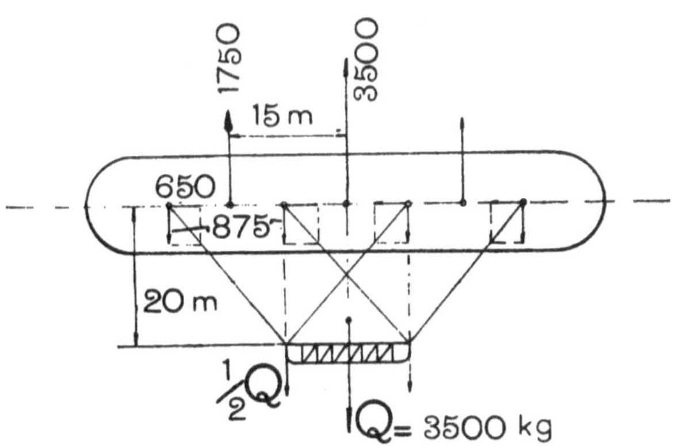

Fig. 70.

Die Aufhängung erfolge beispielsweise nach Fig. 70 durch symmetrisch angeordnete Seile und die Angriffspunkte je zweier parallelen Seile sollen gleich weit rechts und links vom Angriffspunkt der Resultierenden aller Auftriebskräfte der zugehörigen Ballonhälfte angreifen. Die Resultierende der Auftriebskräfte fällt dann mit der Richtung der Resultierenden der vertikalen Seilzugskomponenten zusammen, und beide heben sich daher vollkommen auf, während sie bei der früheren Aufhängung miteinander ein Drehpaar bildeten und somit ein Biegungsmoment veranlaßten. Durch Zerlegung der Seilzüge in ihre vertikalen und horizontalen Komponenten ermittelt sich auf graphischem Wege die gesamte achsiale Druckkraft zu 1300 kg. Der dazu nötige Innendruck berechnet sich aus der Gleichung

$$\frac{D^2\pi}{4} \cdot p = 1300 \text{ zu } p = \frac{4 \cdot 1300}{1000^2\pi} = 0{,}00166 \text{ kg/cm}^2$$

oder 16,6 mm Wassersäule.

Die größte Stoffspannung wird:

$$\frac{Dp}{2} = \frac{1000 \cdot 0{,}00166}{2} = 0{,}83 \text{ kg/cm} = 83 \text{ kg/m}$$

und somit der Sicherheitsgrad:

$$\frac{1300}{83} \sim 15{,}6$$

und bei 1600 kg Bruchfestigkeit: $\frac{1600}{83} \sim 19.$

Das sind Zahlen, die sich schon eher sehen lassen können. Der Sicherheitsgrad ist also ungefähr der doppelte als bei der früheren Aufhängung.

Für die Wahl der in Fig. 68 und 70 der Berechnung zugrunde liegenden Aufhängebeispiele war lediglich der Gesichtspunkt maß-

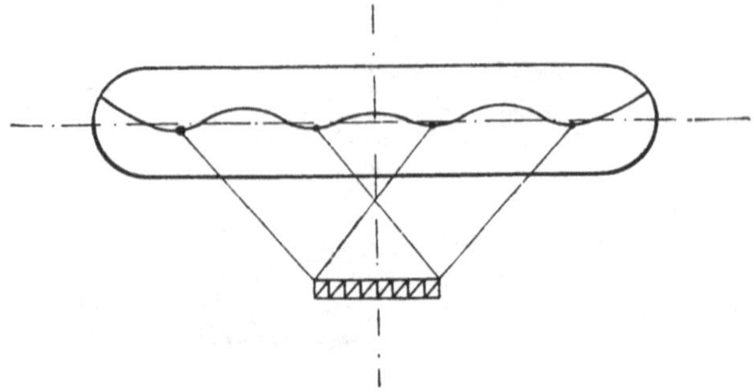

Fig. 71.

gebend, die prinzipiellen Unterschiede zwischen richtiger und falscher Aufhängung mit möglichst einfachen Mitteln darzutun. In der Praxis gestaltet sich die Aufhängung der Gondel noch erheblich günstiger. Erwähnen möchte ich noch, daß sich die Spannung der Seile unter dem Drucke des Schraubenschubes ändert. Bei halbstarren Schiffen, sofern sie die Schrauben oben an dem mit dem Ballonkörper fest verbundenen Gerüst führen, ist dies nicht der Fall. Die Seilspannungen sind dann in der Fahrt die gleichen wie bei ruhigem Schiff, wenn wir von dem unbeträchtlichen Fahrwiderstand der Gondel absehen.

Ferner ändern sich die Seilspannungen bei Stampfbewegungen des Schiffes. Bei schiefer Lage treten also Biegungsmomente auf, denn die Aufhängung verhindert nur bei horizontaler Lage des Schiffes biegende Kräfte. Diese Beanspruchungen sind aber nur vorübergehender Natur und von geringer Größe. Ihrem Einfluß wirkt die Sicherheitsspannung entgegen; letztere tritt auch in Tätigkeit beim

Wenden des Fahrzeuges. Während der Kurvenfahrt wird die Ballonhülle durch das Steuermoment in horizontaler Ebene auf Biegung beansprucht.

Es könnte nun eingewendet werden, daß bei der in Fig. 70 skizzierten Aufhängung wohl die durch die Gondelbelastung hervorgerufenen Kräfte keine Biegungsbeanspruchung zu veranlassen imstande sind, daß dagegen die nicht durch Gondelseile niedergehaltenen Teile des Ballons nach oben streben, und dadurch Biegungen hervorrufen. In der Tat würde die elastische Linie der Ballonachse der in Fig. 70 gegebenen Aufhängung etwa so aussehen, wie in Fig. 71 angedeutet.

Demgegenüber möchte ich darauf hinweisen, daß die Seile sich nach Fig. 72, je mehr sie sich dem Traggurte des Ballonkörpers nähern, um so weiter verzweigen, und dadurch die eben betrachteten, durch die Auftriebskräfte veranlaßten Biegungen um so mehr ver-

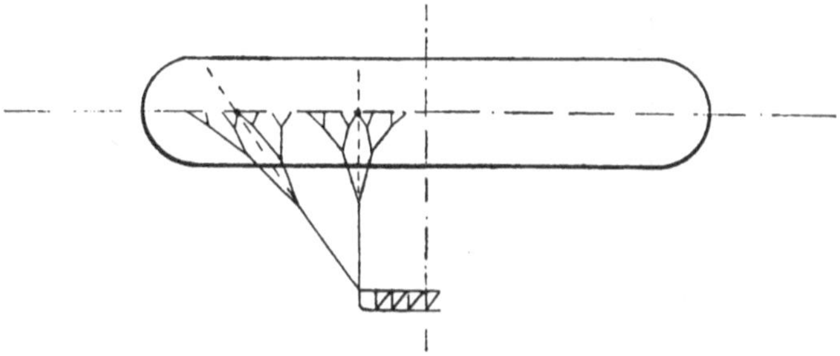

Fig. 72.

hindern, je größer die Zahl der Hauptseile ist, und, wie schon früher bemerkt, ist die tatsächliche Aufhängung der Gondel eine wesentlich andere, als sie in unseren Rechnungsbeispielen gewählt wurde, so daß in der Praxis die zur Rede stehenden Biegungskräfte nicht mehr imstande sind, eine Krümmung der Ballonachse herbeizuführen. Wie groß die Zahl der Aufhängeseile gewählt werden muß, hängt von den jeweiligen Verhältnissen ab, und als Ausgangspunkt dafür kann der Idealfall gelten, daß die Zahl der Aufhängeseile unendlich groß ist. Die Abweichung der Ballonachse von der geraden Linie ist dann absolut gleich Null.

Diese Möglichkeit kann praktisch auch tatsächlich erreicht werden, nämlich dann, wenn an Stelle der Seiltakelage geschlossene Stoffbahnen zur Gondelaufhängung verwendet werden, wie dies von Krell bei dem Siemens-Schuckert-Ballon zum erstenmal ausgeführt wurde.

Man kommt diesem Idealfalle aber auch schon nahe durch die übliche Seilaufhängung nach Fig. 72, deren zahlreiche Verästelungen den Ballon an allen Stellen niederhalten.

Jedenfalls hat aber die erstere Aufhängungsart den Vorzug, daß der erhebliche Takelagenwiderstand beseitigt ist.

Für unser Beispiel berechnet sich der für den Idealfall der unendlich vielen Aufhängeseile notwendige Überdruck in folgender Weise:

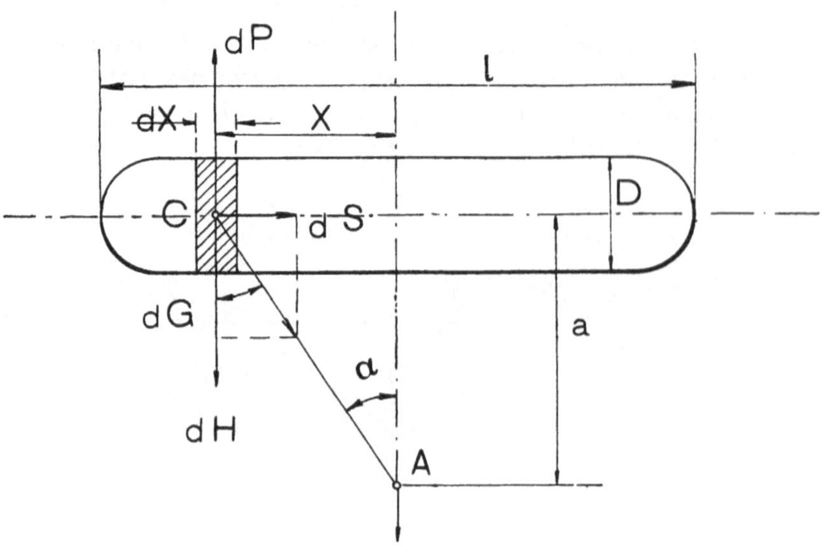

Fig. 73.

Denken wir uns in Fig. 73 das Gondelgewicht im Punkte *A* angreifend, und denken wir uns von *A* aus nach jedem Punkte des Traggurtes, der in der Höhe der Ballonachse liegen soll, ein Seil gezogen. Der Einfachheit halber zeichne ich nur eines davon, welches im Punkte *C* angreifen möge. Der in diesem Punkte von dem Tragseil gefaßte Gaszylinder mit der unendlich kleinen Höhe *dx* besitzt ein Volumen von

$$dV = \frac{D^2\pi}{4} \cdot dx$$

und dieser Wert repräsentiert, da ein Kubikmeter gerade 1 kg Auftrieb besitzt, gleichzeitig das in diesem Punkte angreifende Differential der nach oben gerichteten Auftriebskraft *dP* in Kilogrammen.

Wir haben also

$$dP = \frac{D^2\pi}{4} \cdot dx.$$

Dieser Kraft entgegen wirkt das Gewicht des Stoffzylindermantels, der das Gasvolumen dV umschließt. Wir wollen dasselbe mit dH bezeichnen. Das Gewicht der Hülle pro Quadratmeter betrage 0,63 kg. Es wird dann

$$dH = D\pi dx \cdot 0{,}63.$$

Die Differenz dieser beiden Kräfte $dP—dH$ muß somit ebenso groß sein als die vertikale Komponente des im Punkte C angreifenden Seilzuges, wenn der Ballon im Gleichgewichte schweben soll. Die Horizontalkomponente dS dieser Seilspannung repräsentiert dann für den willkürlich gewählten Punkt C das Differential der achsialen Schub- oder Druckkraft, deren knickende Wirkung durch den Innendruck des Ballons aufgehoben werden muß.

Bezeichnen wir die vom Gondelgewicht herrührende, senkrechte Seilzugskomponente mit dG, so erhalten wir:

$$dG = dP - dH = \frac{D^2\pi}{4} \cdot dx - 0{,}63\, D\pi dx.$$

Nach Figur ist:

$$\frac{dS}{dG} = \operatorname{tg} \alpha \, \frac{x}{\alpha}$$

$$\text{oder:} \quad dS = dG \cdot \frac{x}{\alpha}$$

und nach Einsetzen des oben stehenden Wertes von dG in diese Gleichung wird:

$$dS = \left(\frac{D^2\pi}{4}\, dx - 0{,}63\, D\pi dx\right) \frac{x}{\alpha}$$

Diese Differentialgleichung integriert zwischen den Grenzen

$$x = 0 \text{ und } x = \frac{l}{2}$$

liefert die gesamte und auf Ballon wirkende achsiale Druckkraft zu:

$$S = \left(\frac{D^2\pi}{4} - 0{,}63\, D\pi\right) \int\limits_{x=0}^{x=\frac{l}{2}} \frac{x}{\alpha} \cdot dx$$

oder:

$$S = \left[\left(\frac{D^2}{4} - 0{,}63\,D\right)\frac{\pi}{\alpha}\cdot\frac{x^2}{2}\right]_{x=0}^{x=\frac{l}{2}}$$

$$S = \frac{\pi l^2}{8\alpha}\left(\frac{D^2}{4} - 0{,}63\,D\right) \quad . \quad . \quad . \quad . \quad . \quad 60)$$

Für unser Beispiel ergibt sich dann:

$$S = \frac{\pi \cdot 60^2}{8 \cdot 20}\left(\frac{100}{4} - 0{,}63 \cdot 10\right) \sim 1321 \text{ kg}.$$

Diese Kraft erfordert einen Überdruck

$$\frac{D^2\pi}{4}\,p = 1321 \text{ kg}$$

$$p = \frac{1321 \cdot 4}{100\pi} \sim 16{,}9 \text{ kg/qm} = 16{,}9 \text{ mm Wassersäule.}$$

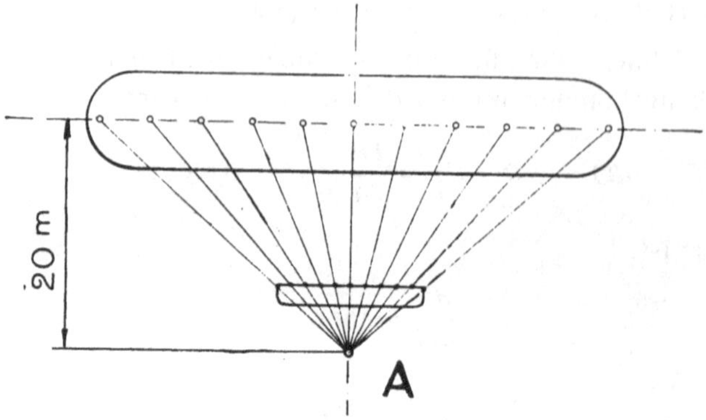

Fig. 74.

Zeichnen wir uns in Fig. 74 die Gondel und wählen die Aufhängepunkte am Bordrande der Gondel so, daß alle nach unten verlängerten Seile sich wieder im Punkte *A* schneiden, und wählen wir statt der unendlich kleinen Größe *dx* endliche Strecken, so treten in den Seilen, wenn sie nur die aus der Figur sich ergebende richtige Länge besitzen, ganz von selbst die Spannungen so auf, daß deren senkrechte Komponenten gerade dem Auftrieb des zugehörigen Gaszylinders das Gleichgewicht halten. Aus den sich daraus ergebenden Horizontalkomponenten berechnet sich dann wieder der zur Formhaltung nötige Innendruck.

Ich habe bis jetzt für alle Beispiele nur immer eine zylindrische Form des Ballonkörpers zugrunde gelegt, und zwar lediglich deshalb, weil dadurch die Rechnungen sich am bequemsten gestalten. An den

Ergebnissen unserer Untersuchungen wird nun durchaus nichts wesentliches geändert, wenn man für die Gashülle eine zweckmäßigere Gestalt wählt.

Es wäre also noch der Beweis für die eben aufgestellte Behauptung zu erbringen, daß die Form des Ballonkörpers keinen wesentlichen Einfluß auf die Ergebnisse unserer vorausgegangenen Berechnungen besitzt, daß also der zur Prallhaltung eines Unstarren oder Halbstarren nötige Überdruck sich nicht viel ändert, wenn man eine günstigere Form als die eines Zylinders wählt.

Ich führe nun dieselbe Rechnung wie die unmittelbar vorausgehende durch, unter Zugrundelegung eines Rotationsellipsoides für die Gestaltung des Ballonkörpers. Es ist dies eine Form, die einer günstigen Ballonform am nächsten kommt. Ein Ellipsoid wähle ich, weil die Funktion der Begrenzungskurve für die Rechnung zur Verfügung steht und sich der Rauminhalt ohne Mühe bestimmen läßt. Daß die Krümmungsradien nach vorn und hinten bei der eigentlich notwendigen Fischform nicht symmetrisch verlaufen wie bei der Ellipse, tut nicht viel zur Sache, so daß wir das Ergebnis der Berechnung ohne weiteres auch auf den Fischballon ausdehnen können.

Figur 75 zeigt den elliptischen Ballon, dessen größter Durchmesser gleich dem Durchmesser unseres früheren Zylinderballons sein soll. Die große Achse des Ellipsoids oder die Länge des Ballons L bestimmt sich aus der Bedingung, daß der Rauminhalt der gleiche bleiben soll wie beim Zylinderballon.

Setzen wir also den Rauminhalt des Ellipsoids dem des Zylinders gleich, so erhalten wir

$$^4/_3\pi\,\frac{L}{2}\cdot R^2 = R^2\pi l$$

und daraus $L = {}^3/_2\, l$. In unserem Fall also $L = {}^3/_2 \,.\, 60 = 90$ m. Das Schiff würde also um 30 Meter länger werden als früher. Der Abstand der Gondel von der Ballonachse und somit die Stabilität des Schiffes soll ebenfalls dieselbe bleiben wie vorher, so daß ein direkter Vergleich des zur Prallhaltung nötigen inneren Überdruckes zwischen beiden Ballonformen möglich wird.

Die Funktion der elliptischen Begrenzungskurve ergibt sich zu

$$\frac{x^2}{(L/2)^2} + \frac{y^2}{R^2} = 1.$$

Das Differential der Auftriebskraft für einen Punkt C im Abstande x vom Mittelpunkte des Ballons wird diesmal

$$dP = y^2\pi dx.$$

Das Differential des Hüllengewichtes wird

$$dH = 2y\pi dx \cdot 0{,}63$$

und damit die senkrechte Seilzugskomponente

$$dG = dP - dH = y^2\pi dx - 2y\pi dx \cdot 063$$

ebenso wie früher ist:

$$dS = dG \operatorname{tg} \alpha = \frac{x}{\alpha}\, dG$$

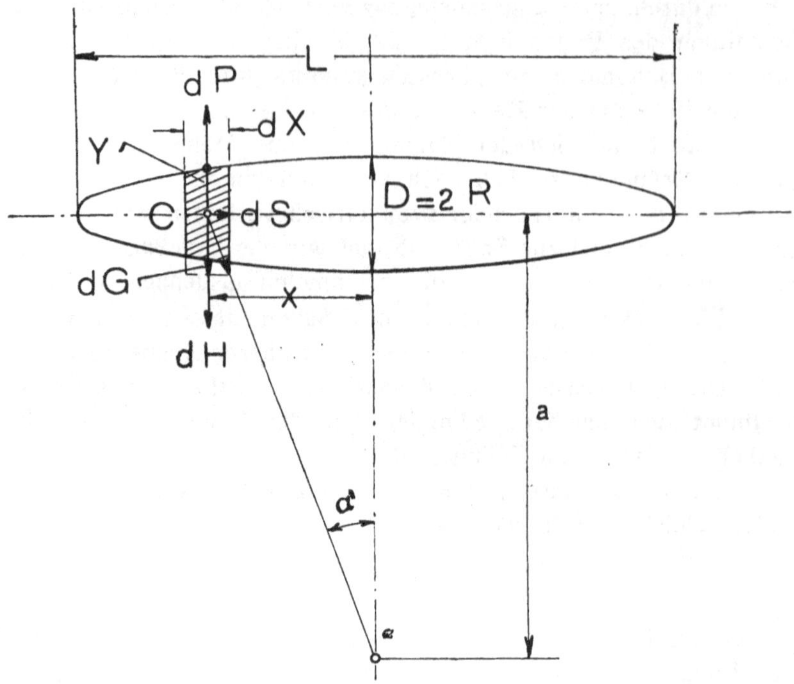

Fig. 75.

und nach Einsetzen des Wertes von $d\,G$ in diese Gleichung erhalten wir das Differential der achsialen Druckkraft zu:

$$dS = (y^2\pi - 2 \cdot 0{,}63\, y\pi)\, \frac{x}{\alpha}\, dx.$$

Aus der Gleichung für die Ellipse ermittelt sich

$$y^2 = \left(1 - \frac{x^2}{(L/2)^2}\right) R^2$$

und diese Funktion in die Differentialgleichung für die Druckkraft eingeführt, liefert:

$$dS = \left[\left(1 - \frac{x^2}{(L/2)^2}\right) R^2\pi - 2 \cdot 0{,}63\,\pi \sqrt{\left(1 - \frac{x^2}{(L/2)^2}\right)}\right] \frac{x}{\alpha} \cdot dx$$

$$\text{oder:}\quad dS = \left(1 - \frac{x^2}{(L/2)^2}\right) \frac{R^2\pi}{\alpha} \cdot x\,dx - 2 \cdot 0{,}63\,\pi \frac{x}{\alpha} R \sqrt{1 - \frac{x^2}{(L/2)^2}} \cdot dx$$

Die Integration dieser Gleichung zwischen den Grenzen

$$x = 0 \text{ und } \frac{L}{2}$$

ergibt die gesamte achsiale Druckkraft für die elliptische Ballonform:

$$S = \frac{R^2\pi}{\alpha} \int_{x=0}^{x=L/2} \left(1 - \frac{x^2}{(L/2)^2}\right) x\,dx - 2 \cdot 0{,}63\,\pi \cdot \frac{R}{\alpha} \int_{x=0}^{x=L/2} x \sqrt{1 - \frac{x^2}{(L/2)^2}} \cdot dx$$

Das erste Integral gibt:

$$\frac{R^2\pi}{\alpha} \left[\frac{x^2}{2} - \frac{x^4}{L^2}\right]_{x=0}^{x=L/2} = \frac{R^2\pi}{\alpha} \cdot \frac{L^2}{16}.$$

Das zweite Integral

$$\int x \sqrt{1 - \frac{x^2}{(L/2)^2}}$$

läßt sich lösen durch die Substitution:

$$1 - \frac{x^2}{(L/2)^2} = \mu$$

und man erhält dann dafür:

$$\int_{x=0}^{x=L/2} x \sqrt{1 - \frac{x^2}{(L/2)^2}}\, dx = \left[-\frac{(L/2)^2}{3} \sqrt{\left(1 - \frac{x^2}{(L/2)^2}\right)^3}\right]_{x=0}^{x=L/2} = \frac{L^2}{12}$$

Ich lasse die Zwischenrechnung weg, von der Richtigkeit der Integration kann man sich durch Differentierung des in der eckigen Klammer stehenden Ausdruckes überzeugen. Zwischen den Grenzen

$$x = 0 \text{ und } x = \frac{L}{2}$$

ergibt derselbe

$$\frac{L^2}{12}$$

Wir erhalten also für die achsiale Druckkraft:

$$S = \frac{R^2\pi}{\alpha} \cdot \frac{L^2}{16} - 2 \cdot 0{,}63\,\pi \frac{R}{a} \cdot \frac{L^2}{12} \quad . \quad . \quad . \quad 61)$$

und nach Einsetzen der Zahlenwerte für unseren Ballon, also für $R = 5$ m; für $L = 90$ m und für $a = 20$ m erhalten wir $S \sim 1319$ kg; also ca. 2 kg weniger als für den Zylinderballon unter den gleichen Voraussetzungen.

Es entspricht dies einem Überdruck

$$p = \frac{1319 \cdot 4}{100\,\pi} \sim 16{,}8 \text{ mm.}$$

Dieser auffallend unbedeutende Einfluß der Ballonform auf den inneren Überdruck ist etwas überraschend, und es drängt sich der Gedanke auf, daß etwa der Sonderfall unseres Beispieles die Ursache dieses geringen Unterschiedes zwischen den achsialen Kräften sein könnte.

Um uns vollkommene Klarheit über diesen Punkt zu verschaffen, wollen wir die Gleichungen 60 und 61 einmal etwas näher daraufhin untersuchen, wie sich der Unterschied zwischen beiden mit den Dimensionen des Ballonkörpers ändert.

Um einen direkten Vergleich zwischen beiden Gleichungen zu ermöglichen, setze ich in Gleichung 61 für die Länge L des elliptischen Ballons $^3/_2\, l$ ein, wobei l die Länge eines Zylinderballons von gleichem Volumen, und einem Durchmesser gleich dem des größten Durchmessers des Ellipsoides bedeutet. Wir haben diese Beziehung oben durch Gleichsetzung der Rauminhalte für beide Körper gefunden. Setzen wir nun noch das Stoffgewicht pro qm von 0,63 kg $= q$, so geht Gleichung 61 über in:

$$\frac{9}{256} \cdot \frac{D^2\pi l^2}{\alpha} - q \frac{D\pi l^2}{\alpha} \cdot \frac{3}{16} = S_{\text{ellips.}} \quad . \quad . \quad . \quad 61)$$

und für Gleichung 60 erhalten wir durch Ausmultiplizieren:

$$\frac{1}{32} \cdot \frac{D^2\pi l^2}{\alpha} - q \frac{D\pi l^2}{\alpha} \cdot \frac{1}{8} = S_{\text{zyl.}} \quad . \quad . \quad . \quad 60)$$

Die uns nun interessierende Differenz beider Druckkräfte ergibt sich dann zu:

$$S_{\text{zyl.}} - S_{\text{ellips.}} = \frac{D^2\pi l^2}{\alpha}\left(\frac{1}{32} - \frac{9}{256}\right) + q \frac{D\pi l^2}{\alpha}\left(\frac{3}{16} - \frac{1}{8}\right) =$$

$$= \frac{D\pi l^2}{16\alpha}\left(q - \frac{D}{16}\right) \quad . \quad . \quad . \quad . \quad . \quad . \quad . \quad . \quad 62)$$

Betrachten wir diese Gleichung, so erkennen wir, daß die Differenz

$$S_{zyl.} - S_{ellips.}$$

verschwindet, wenn

$$q = \frac{D}{16}$$

oder wenn der Durchmesser des Ballons

$$D = 16 q \qquad \qquad 63)$$

wird.

Für unser Stoffgewicht pro qm $q = 0{,}63$ kg erhalten wir demnach

$$D = 0{,}63 \cdot 16 \sim 10{,}1 \text{ m}.$$

Besitzt also der Ballon einen Durchmesser von 10,1 m, so ist es für den inneren Überdruck ganz gleichgültig, ob wir einen Zylinder oder ein Ellipsoid für die Ballonform wählen. Da nun in unseren Beispielen stets 10 m Ballondurchmesser vorausgesetzt waren, so ist hiermit der merkwürdig geringe Unterschied zwischen den beiden Druckkräften in unserem Rechnungsbeispiel, als notwendige Folge der Wahl des Durchmessers zu 10 m, erkannt.

Wird $D > 10{,}1$ m, so wird die Differenz $S_{zyl.} - S_{ellips.}$ negativ, d. h. die elliptische Ballonform erfordert in diesem Falle einen höheren Überdruck zur Prallhaltung als der Zylinder. Wird umgekehrt $< 10{,}1$ m, so ist der Zylinderballon im Nachteil.

Da man nun aber selbst für größere Schiffe 10 m Durchmesser, wegen des größeren Fahrwiderstandes, nicht weit überschreitet, so dürfte hiermit gezeigt sein, daß in der Praxis die Druckverhältnisse nur unwesentlich von der Form des Ballonkörpers beeinflußt werden, und daß somit unsere, der Einfachheit halber, für Zylinderballons durchgeführten Beispiele ohne weiteres auch für zweckmäßigere Ballonformen Geltung besitzen.

Wir benutzen die Gleichungen 60 und 61 zweckmäßig in der Form:

$$S_{zyl.} = \frac{\pi l^2 D}{8a}\left(\frac{D}{4} - q\right) \qquad \qquad 60)$$

und

$$S_{ellips.} = \frac{\pi L^2 D}{8a}\left(\frac{D}{8} - \frac{2q}{3}\right) \qquad \qquad 61)$$

Mit Hilfe dieser beiden Gleichungen können wir in der Praxis ohne weiteres die achsiale Kraft ermitteln, die den Ballon zu knicken sucht.

Aus der Gleichung

$$\frac{D^2\pi}{4} \cdot p = S$$

erhalten wir dann sofort den inneren Überdruck p, der ein Zusammenknicken der Hülle unter der Gondellast verhindert,

$$\text{zu } p = \frac{4S}{D^2\pi} \quad \ldots\ldots\ldots \quad 64)$$

Der Umstand, daß wir bei Ableitung der Gleichungen 60 und 61 eine unendliche Zahl von Aufhängeseilen vorausgesetzt haben, tut nichts zur Sache, da es in der Praxis durch die Verästelung der Seile fast auf dasselbe hinauskommt.

Es ist noch zu beachten, daß für das Gewicht q der Hülle pro Flächeneinheit, nicht etwa das Gewicht des unverarbeiteten Stoffes, das nur 0,38 kg beträgt, in die Gleichungen eingeführt wird, sondern das Stoffgewicht pro Quadratmeter der fertig konfektionierten Hülle, das die Gewichte der Nähte, Klebestreifen, Gurte und des zum Kleben verwendeten Gummis enthält.

Für Ballons von der in unserem Beispiel gewählten Größe wäre es 0,63 kg, wie vorher bereits angegeben.

Außer dieser knickenden Kraft S wirkt bei Fahrt auf den Kopf des Ballons noch der durch die Eigengeschwindigkeit erzeugte Luftdruck, der die Spitze einzudrücken sucht. Wir müssen daher den bisher berechneten Überdruck noch um die Größe dieses Luftdruckes erhöhen.

Derselbe bestimmt sich pro Flächeneinheit zu:

$$p' = \frac{\gamma}{2g} \cdot v^2 \text{ kg/qm oder mm Wassersäule.}$$

Setzen wir für die Konstanten γ und g die zugehörigen Zahlenwerte ein, nämlich $\gamma = 1{,}29$ und $g = 9{,}81$, so wird

$$p' \sim \frac{1}{16} v^2 \quad \ldots\ldots\ldots \quad 65)$$

wobei v die Eigengeschwindigkeit des Schiffes in m per sek darstellt.

Nehmen wir für das in unseren Zahlenbeispielen gewählte Schiff eine Eigengeschwindigkeit von 14 m per sek an, so wird dafür

$$p' \sim \frac{1}{16} \cdot 14^2 \sim 12 \text{ mm Wassersäule.}$$

Die Aufnahme der Gondellast erforderte 16 mm Wassersäule, so daß in Fahrt das Schiff dauernd unter einem Druck

$$p + p' = 16 + 12 = 28 \text{ mm Wassersäule}$$

zu halten wäre.

Diesen Druck wollen wir den Betriebsdruck nennen.

Es ist nun etwa durchaus nicht notwendig, daß das in seiner Halle ruhende Schiff stets unter dem Drucke *p* gehalten wird, damit es nicht zusammenknickt. In der Halle setzt man im Gegenteil den Druck bis auf 1 bis 2 mm Wassersäule, ja bis auf Null herunter, um den Stoff zu entlasten. Der Ballon bleibt deshalb ganz in Ordnung und zeigt höchstens einige Falten.

Die Stoffbeanspruchung bei 28 mm Überdruck ergibt sich schließlich für unser Beispiel wieder zu

$$\frac{Dp}{2} = \frac{1000 \cdot 0{,}0028}{2} = 1{,}4 \text{ kg cm}$$

oder 104 kg/m

und somit wird die Sicherheit gegen Bruch

$$\frac{1300}{104} \sim 12{,}5 \text{fach.}$$

11. Die Aufhängungsarten der Gondel. Einfluss derselben auf Stabilität und Ueberdruck. Netzaufhängung.

Die Gondel ist gewöhnlich mit Hilfe von Hanf- oder Drahtseilen unmittelbar am Ballonkörper aufgehängt, der zu diesem Zwecke mit einem kräftigen Gurt versehen ist, an dem die nach oben mehr und mehr sich verzweigenden Seile lösbar befestigt sind.

Zunächst liegt nun die Frage nahe, wie groß man den Abstand der Gondel vom Ballonkörper zu wählen hat.

Abgesehen davon, daß die Bauhöhe eines Schiffes durch die Dimensionen vorhandener Ballonhallen beeinflußt werden kann, sind für die vorliegende Frage verschiedene Gesichtspunkte maßgebend, die wir alle einer genaueren Besprechung unterziehen müssen.

Die Gondel muß so aufgehängt sein, daß sie bei Stampfbewegungen des Schiffes ihre Lage relativ zum Ballonkörper nicht ändern kann, soweit diese Schwankungen der Längsachse über ein bestimmtes Maß nicht hinausgehen.

In Fig. 76 bedeutet a den senkrechten Abstand eines Gewichtes G von einem in der Mitte drehbar gelagerten Wagebalken, der die Längsachse des Schiffes darstellen soll.

Das Gewicht G ist mit Hilfe zweier gleichlanger Seile so an dem Wagebalken befestigt, daß dieser unter dem Einflusse des Gewichtes eine horizontale Lage einnimmt, wenn man den ganzen Apparat sich selbst überläßt.

Wird nun durch eine äußere Kraft die horizontale Lage des Wagebalkens verhindert, so bleibt die Lage des Gewichtes relativ zum Wagebalken, offenbar so lange unverändert dieselbe, solange die Richtungslinie des Gewichtes G die in Fig. 76 schraffiert gezeichnete Dreiecksfläche schneidet.

Der Grenzfall tritt ein, wenn die Neigung des Wagebalkens so weit vorgeschritten ist, bis das eine Aufhängeseil senkrecht steht. In diesem Falle fällt die Richtungslinie des Gewichtes G mit diesem Seile zusammen, während gleichzeitig das zweite Aufhängeseil spannungslos wird. Siehe Fig. 77. Bei noch weitergehender Neigung des Wagebalkens wird das zuletzt genannte Seil locker, das Gewicht G pendelt um den Aufhängepunkt des gespannten Seiles, womit die Lage des Gewichtes relativ zum Wagebalken mit wachsender Neigung andauernd eine andere wird.

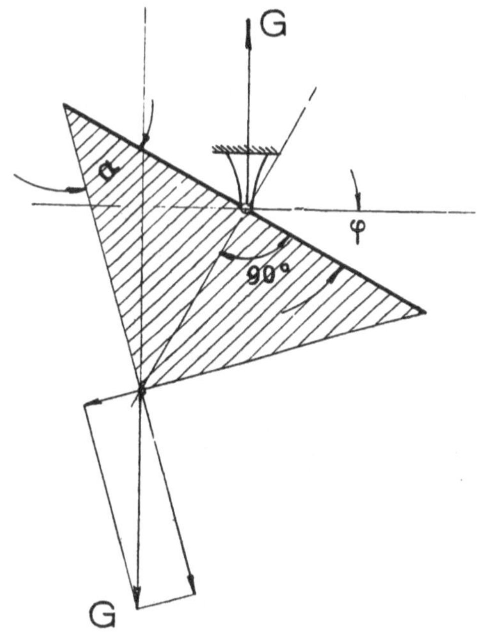

Fig. 76.

Dieser Grenzfall tritt nach Fig. 77 ein, bei einer Neigung des Balkens um den Grenzwinkel φ, der sich bestimmt aus:

$$\operatorname{tg} \varphi = \operatorname{ctg} \alpha \quad . \quad . \quad . \quad . \quad . \quad . \quad . \quad 66)$$

Solange sich die Schwankungen der Längsachse des Schiffes innerhalb dieses Grenzwinkels halten, wirkt demnach die Aufhängung des Gondelgewichtes G an Seilen genau so, also ob die Gondel starr am Ballonkörper befestigt wäre, und sie besitzt ferner den Vorzug, daß die Landungsfähigkeit des Schiffes bedeutend erhöht wird, gegenüber einem solchen mit starr befestigter Gondel, bei welchem der Landungsstoß der gesamten mächtigen Masse des Schiffes entspricht, während er bei Seilaufhängung nur von der Gondelmasse abhängig wird.

Die nachwuchtende Masse des Ballonskörpers wird in diesem Falle sofort durch die nachgebenden Seile vom Gewichte der Gondel entlastet und dadurch energisch gebremst.

Das Gondelgewicht wirkt also als Ballast.

Es ist kein Grund einzusehen, warum bei den starren Schiffen die Gondeln nicht an Seilen aufgehängt werden, wodurch die Landungsfähigkeit derselben sicher eine bessere werden müßte.

In Fig. 76 dachten wir uns nur einen schweren Punkt an Stelle der Gondel aufgehängt, während wir in Wirklichkeit einen mehr oder weniger langen Körper zu befestigen haben, von dem also mindestens 2 Punkte im Sinne der Fig. 76 verspannt werden müssen, damit der Gondelkörper innerhalb gewisser Schwankungen des Schiffes relativ zum Ballon in Ruhe bleibt.

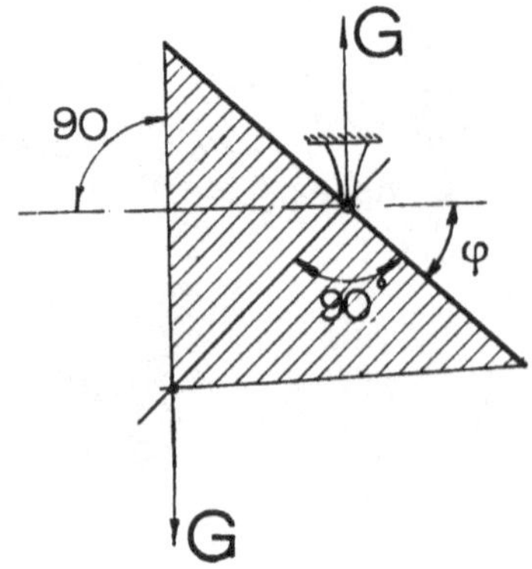

Fig. 77.

Es wäre daher jetzt zu untersuchen, wie groß unter diesen Verhältnissen der Grenzwinkel φ bei gegebener Aufhängung wird.

In Fig. 78 bedeute l die Länge der Gondel und L den Abstand der beiden äußersten Aufhängepunkte am Ballonkörper, die der Einfachheit halber in der Höhe seiner Längsachse angenommen sind. Schließlich sei a der Abstand der Gondel von der Längsachse und α und β die Winkel der symmetrisch angelegten Seile mit der Richtungslinie dieser Längsachse.

Das Gondelgewicht G verteilt sich dann auf die beiden Aufhängungspunkte der Gondel je zur Hälfte.

Die kritische Neigung der Ballonachse, und damit der Grenzwinkel φ wird erhalten, wenn in einem der beiden Gondelaufhängungspunkte (in Fig. 78 der Punkt B) die Resultierende aus dem dort angreifenden halben Gondelgewichte und aus der Komponente K gerade mit der Richtung des längeren Aufhängeseiles zusammenfällt.

Die Kraft K entsteht dabei im anderen Aufhängepunkte A der Gondel, als die in Richtung der Geraden AB liegende Komponente des im Punkte A angreifenden halben Gondelgewichtes. Nach dem Punkte B verschoben, liefert sie durch Zusammensetzung mit der dortigen Gewichtskomponente die Resultierende R, von deren Richtung die kritische Neigung der Längsachse abhängig ist. Solange die

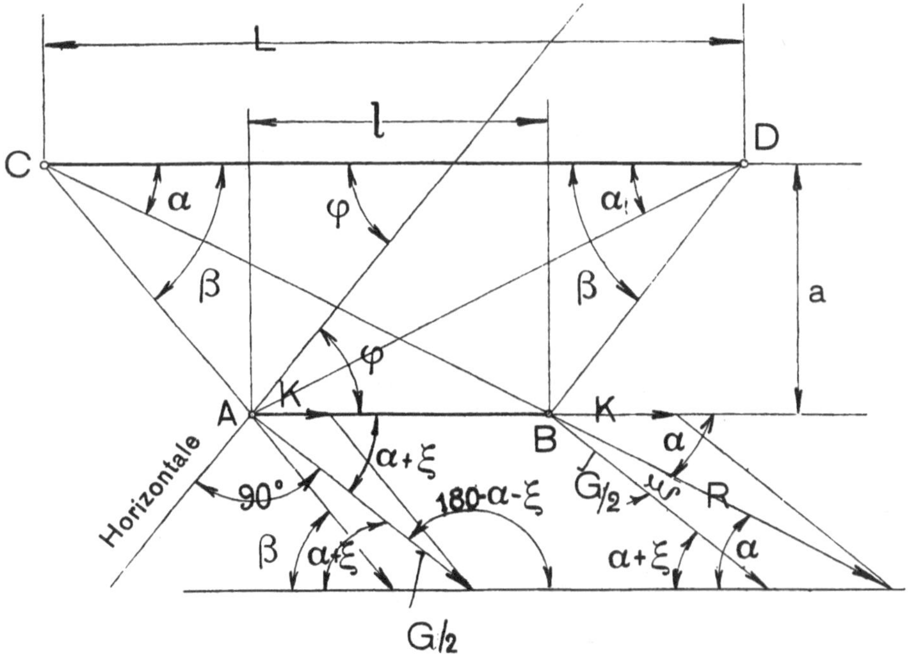

Fig. 78.

Richtungslinie dieser Resultierenden die Fläche des zugehörigen Aufhängedreieckes durchschneidet (in Fig. 78 das Dreieck $B\,C\,D$), ist die Unveränderlichkeit der relativen Lage zwischen Gondel und Ballonkörper gesichert.

Aus den Kräfteparallelogrammen der Fig. 78 erhalten wir durch Anwendung des Sinussatzes die beiden Gleichungen:

$$\frac{G/2}{K} = \frac{\sin\,(180 - \beta)}{\sin\,(\beta - \alpha - \xi)}$$

$$\text{und} \quad \frac{G/2}{K} = \frac{\sin\alpha}{\sin\xi}$$

Setzen wir diese beiden Gleichungen einander gleich, so erhalten wir die Beziehung:

$$\frac{\sin\alpha}{\sin\xi} = \frac{\sin\beta}{\sin(\beta - \alpha - \xi)}$$

und daraus berechnet sich zunächst der unbekannte Winkel ξ zu

$$\operatorname{tg}\xi = \frac{1 - \frac{\operatorname{tg}\alpha}{\operatorname{tg}\beta}}{2\operatorname{tg}\alpha + \frac{1}{\operatorname{tg}\alpha} + \frac{1}{\operatorname{tg}\beta}}$$

Nun ist nach Figur:

$$\varphi = 90^0 - (\alpha + \xi)$$

$$\text{also auch } \operatorname{tg}\varphi = \operatorname{tg}[90^0 - (\alpha + \xi)]$$

und dafür kann man auch schreiben:

$$\operatorname{tg}\varphi = \frac{1}{\operatorname{tg}(\alpha + \xi)}$$

$$\text{oder } \operatorname{tg}\varphi = \frac{1 - \operatorname{tg}\alpha \operatorname{tg}\xi}{\operatorname{tg}\alpha + \operatorname{tg}\xi}$$

Setzen wir nun den zuerst berechneten Wert von $\operatorname{tg}\xi$ in diese Gleichung ein, so erhalten wir:

$$\operatorname{tg}\varphi = \frac{1 - \dfrac{\operatorname{tg}\alpha - \dfrac{\operatorname{tg}^2\alpha}{\operatorname{tg}\beta}}{2\operatorname{tg}\alpha + \dfrac{1}{\operatorname{tg}\alpha} + \dfrac{1}{\operatorname{tg}\beta}}}{\operatorname{tg}\alpha + \dfrac{1 - \dfrac{\operatorname{tg}\alpha}{\operatorname{tg}\beta}}{2\operatorname{tg}\alpha + \dfrac{1}{\operatorname{tg}\alpha} + \dfrac{1}{\operatorname{tg}\beta}}}$$

und daraus wird nach einigen Umformungen:

$$\operatorname{tg}\varphi = \frac{1}{2}(\operatorname{ctg}\alpha + \operatorname{ctg}\beta) \quad \ldots\ldots \quad 67)$$

in welcher einfachen Gleichung wir den Grenzwinkel φ als Funktion der Seilwinkel gewonnen haben.

Für $\alpha = \beta$ geht Gleichung 67 über in Gleichung 66, nämlich

$$\operatorname{tg}\varphi = \operatorname{ctg}\alpha.$$

Es ist nun ferner nach Fig. 78

$$\operatorname{tg}\alpha = \frac{2a}{L + l} \text{ und } \operatorname{tg}\beta = \frac{2a}{L - l}$$

Setzen wir diese Werte in Gleichung 67 ein, so erhalten wir den Grenzwinkel als Funktion des Gondelabstandes a von der Längsachse des Ballons zu:

$$\operatorname{tg} \varphi = \frac{1}{2}\left(\frac{L+l}{2a} + \frac{L-l}{2a}\right)$$

$$\text{oder } \operatorname{tg} \varphi = \frac{L}{2a} \quad . \quad . \quad . \quad . \quad . \quad . \quad . \quad 68)$$

Je größer also der Abstand der Aufhängepunkte C und D gewählt wird, und je dichter die Gondel am Ballon hängt, desto größer wird der Grenzwinkel φ, um so stärker können also die Schwankungen der Längsachse eines Schiffes werden, ohne daß die Gefahr einer Gondelverschiebung zu befürchten wäre. Die Länge der Gondel ist dabei ganz gleichgültig.

Für eine Entfernung der Punkte C und $D = 60$ m und einem Gondelabstand $a = 20$ m wird nach Gleichung 68:

$$\operatorname{tg} \varphi = \frac{1}{2} \cdot \frac{60}{20} = 1{,}5$$

und damit

$$\varphi \sim 56^0$$

Da wir früher schon zur Vermeidung gefährlicher Stoffspannungen an den Spitzen des Ballons, (s. Kap. 6) 30° als den höchsten zulässigen Neigungswinkel der Ballonachse angenommen haben, so ersehen wir aus dem Ergebnis des vorstehenden Rechnungsbeispieles, daß innerhalb der zu erwartenden Stampfbewegungen eines Schiffes eine Verschiebung der Gondel ausgeschlossen erscheint. Dabei ist noch zu beachten, daß der Gondelabstand mit 20 m ausnahmsweise hoch gewählt wurde, damit die Verhältnisse möglichst ungünstig ausfallen sollen.

Ein weiterer Gesichtspunkt, der den Gondelabstand beeinflussen kann, wäre in der Stabilität der Aufhängung zu erblicken.

Einer Schwankung des Schiffes wirkt sofort entgegen, das damit aus der Resultierenden aller Gewichtskräfte und der Resultierenden aller Auftriebskräfte entstehende Drehpaar, dessen Hebelarm um so größer wird, je weiter der Systemschwerpunkt des Schiffes von dessen Deplacementschwerpunkt entfernt liegt, je tiefer also die Gondel hängt.

Die durch großen Gondelabstand bedingte größere Stabilität des Schiffes geht jedoch Hand in Hand mit einer Erschwerung der Steuerfähigkeit des Fahrzeuges in der Vertikalen, denn die Höhensteuerung wird, wie wir später sehen werden, durch mechanische Neigung der Längsachse des Schiffes ermöglicht, und das zu diesem Zwecke erforderliche Drehmoment muß dem Stabilitätsmoment der Gondel die Wage halten.

Bei gegebener Steuerungsanlage folgt also das Schiff um so williger dem Drucke der Höhensteuerung, je dichter die Gondel am Ballon hängt.

Die Rücksicht auf leichte Höhensteuerung ist maßgebender, als diejenige auf hohe Stabilität, zumal dieselbe nicht allein durch tiefliegende Gondel erreicht wird, sondern auch durch stabile Schiffsform und die horizontalen Stabilisierungsflächen.

Man wird also bemüht sein müssen, die Gondel möglichst dicht an den Ballon heranzubringen, wenngleich damit noch der Nachteil in Kauf genommen werden muß, daß der Überdruck der Gasfüllung bei unstarren Schiffen größer wird, als bei tiefer liegender Gondel, da die äußersten Aufhängeseile um so kleinere Winkel mit der Längsachse des Schiffes einschließen, je höher die Gondel hängt.

Je kleiner aber diese Winkel, desto größer die achsialen Komponenten der Seilzüge, die durch den Innendruck aufgenommen werden müssen.

Wir hätten nun die für den Gondelabstand maßgebenden Gesichtspunkte in erschöpfender Weise besprochen, wenn noch hinzugefügt wird, daß für eine Verminderung des Gondelabstandes noch der Umstand spricht, daß damit eine Verminderung des Fahrwiderstandes der Takelage verbunden ist.

Die zuletzt gestreifte Frage über den inneren Überdruck in Verbindung mit dem Gondelabstand, legt es nahe, eine nähere Untersuchung darüber anzustellen, ob nicht die Möglichkeit gegeben ist, durch geeignete Gondelaufhängung bzw. Gondelbauart den Überdruck und damit die Stoffspannung herabzudrücken.

Diese Mittel sind in der Tat vorhanden.

Das naheliegendste und wirksamste wäre dadurch gegeben, daß man die Länge der Gondel fast ebenso groß wählt, wie diejenige des Ballons (s. Fig. 79).

Die Aufhängeseile können dann senkrecht liegen und die horizontalen Komponenten ihrer Spannungen werden damit zu Null. Die schieflaufenden Verspannungsseile treten nur in Tätigkeit beim Stampfen des Schiffes, und können daher spannungslos montiert werden. Der Überdruck beschränkt sich daher nur noch auf die Aufnahme des durch die Eigengeschwindigkeit des Schiffes hervorgerufenen Luftdruckes.

Für eine Eigengeschwindigkeit von 15 m per Sekunde berechnet sich derselbe nach Kap. 10 zu ca. 14 mm Wassersäule, was für unser dort gewähltes Rechnungsbeispiel eine Stoffspannung von ca. 70 kg/m entspricht, womit eine 18,6 fache Sicherheit gegen Hüllenbruch verbunden ist.

Es ist dies ein außerordentlicher Vorzug dieser Gondelkonstruktion, und es ist kein Wunder, wenn diese Bauart besonders bevorzugt wird, wie das hauptsächlich in Frankreich der Fall ist.

Es ist aber nun leicht einleuchtend, daß eine derartig lange Stahlrohrgondel beim Landen des Schiffes unter Wind kaum ohne schwere Havarien davonkommen dürfte, denn die Beanspruchungen der Gondel bei einer eventl. Schleiffahrt, die bei selbständigem Landen des Schiffes bei stärkerem Wind im allgemeinen nicht vermieden

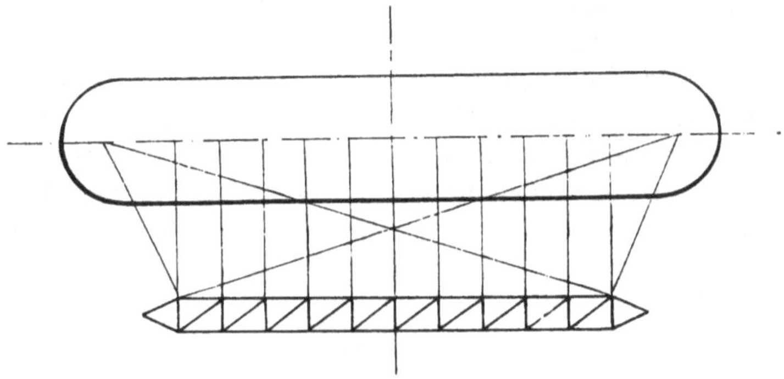

Fig. 79.

werden kann, sind unter Umständen von solcher Gewalt, daß bei nur einigermaßen ungünstigem Terrain auf eine erfolgreiche Landung nicht gerechnet werden kann.

Da nun ein Luftschiff im Notfalle stets damit rechnen muß, zu einer selbständigen Landung zu schreiten, so muß das Schiff auch so konstruiert sein, daß es selbst eine schwierige Landung wenigstens ohne erheblichen Schaden auszuhalten vermag, denn mehr oder weniger leichte Beschädigungen sind bei selbständigem Landen im Winde fast nie zu vermeiden. Unter selbständiger Landung verstehe ich eine solche, die ohne geschultes Hilfspersonal vor sich geht. Sie wird immer dann notwendig, wenn durch dauerndes Versagen der Motoren oder durch sonstigen, durch Bordmittel nicht zu behebenden Maschinendefekt das Schiff nicht mehr in der Lage ist, sein Ziel zu erreichen. Im allgemeinen führt man das Schiff dann solange als

Freiballon weiter, bis das Terrain für die Landung günstig erscheint. Es kann aber auch der Maschinendefekt mit dem weiteren Umstand verknüpft sein, daß das Schiff infolge Ballastmangels nicht mehr hochgehalten werden kann. Solange die Maschinen laufen, ist das Nichtvorhandensein von Ballast noch kein Grund zur Landung, da ein Lenkbarer sich durch mechanische Mittel auf Kosten einer nur geringen Verminderung der Fahrgeschwindigkeit dauernd in einer Höhe zu halten vermag, in der er schwerer ist, als die von ihm verdrängte Luft, abgesehen davon, daß durch den mit der Fahrt verbundenen Benzinverbrauch eine ununterbrochene Entlastung des Schiffes erfolgt. Tritt nun das oben erwähnte Unglück des Mangels an Ballast zu der Maschinenhavarie hinzu, so liegt die Wahl des Landungsplatzes nicht mehr in der Hand des Führers. Das Schiff geht mehr oder weniger schnell zur Erde und wird dann vom Winde mit großer Kraft geschleift. Die Landung erfordert dann größte Umsicht und Ruhe des Führers. Diese Eigenschaften nützen aber nicht mehr viel bei einer 30 bis 40 Meter langen Gondelkonstruktion, die mit unwiderstehlicher Wucht über die Hindernisse der Erde gerissen wird. Die Bewerkstelligung der Landung erfolgt dann durch Aufreißen der Hülle und damit einer schnellen Entleerung des Wasserstoffinhaltes. Das Aufreißen geschieht durch Abziehen eines 5 bis 8 Meter langen, zirka 10 cm breiten Stoffstreifens, der am höchsten Punkte oder an der Seite des Ballonkörpers aufgeklebt und genäht ist, und dessen eines Ende durch ein Seil, die Reißleine, mit dem Führerstand der Gondel verbunden ist. Durch das Abreißen dieses Stoffstreifens, Reißbahn genannt, das so schnell wie möglich erfolgen muß, wird die Hülle weiter nicht beschädigt, sie wird verpackt und erhält für die nächste Fahrt eine neue Reißbahn aufgeklebt. Sitzt die Reißbahn auf dem Rücken des Ballons, was an sich am günstigsten ist, weil oben das Gas am schnellsten abfließt, so muß die Reißleine durch das Innere des Gasraumes und dann durch die Bauchfläche des Ballons mittels Gummistopfbüchse hindurchgeführt werden. Große Schiffe besitzen zwei oder mehr Reißbahnen.

Ich halte eine an der Seite des Ballons angeordnete Reißbahn für empfehlenswerter, da man einerseits die Reißbahn vor der Fahrt ohne weiteres im Auge hat und eine eventuelle Unklarheit sofort bemerkt, und andererseits das unangenehme Durchführen der Reißleine durch den Gasraum umgehen kann.

Bei dieser Gelegenheit möchte ich bemerken, daß man alles Leinenwerk im Innern des Ballons so weit wie irgend möglich vermeiden soll, da es andernfalls bei gefülltem Schiff nicht mehr zugänglich ist und sich trotz der in der Hülle anzubringenden, mit Glas verschlossenen Gucklöcher einer dauernden Kontrolle entzieht.

Es ist auch durchaus nicht nötig, z. B. das Manövrierventil auf den Rücken des Ballons zu setzen, wie dies überall gebräuchlich ist, und damit die Ventilleine durch den Gasraum leiten zu müssen.

Ich möchte vorschlagen, dieses Ventil seitlich, in Höhe der Ballonachse anzuordnen, um damit die Möglichkeit zu gewinnen, die Ventilleine außerhalb des Gasraumes verlegen zu können.

Sieht sich nun der Führer vor die Notwendigkeit des Reißens gestellt, so wird er bemüht sein, das Aufreißen vor dem Aufsetzen auf die Erde beendigt zu haben, da nachdem die Insassen im allgemeinen ihre ganze Aufmerksamkeit darauf zu richten haben, sich möglichst festzuhalten. Außerdem kann der Aufschlag der Gondel derartig sein, daß nach demselben die Handhabung der Reißbahn durch körperliche Verletzungen der Insassen erschwert, bzw. unmöglich gemacht wird. Der Aufschlag auf die Erde wird durch das vorausgegangene Reißen natürlich verstärkt, dagegen wird die gefährliche Schleiffahrt verhindert, denn sie ist ja nur die Folge der Windkräfte auf die vom Ballon gebotene Fläche. Die schwere Hülle sinkt dann sofort unter dem Drucke des Windes seitwärts zur Erde. Ein starres Schiff kann natürlich nicht gerissen werden, und wird in dem betreffenden Falle verloren gehen.

Ist ein Schiff bei leichtem Wind oder bei Windstille zur selbstständigen Landung gezwungen, so ist ein Aufreißen und damit Opfern des teuren Gasinhaltes nicht nötig. Die Reparatur der Maschinenanlage kann eventuell auf der Erde bewerkstelligt werden und das Schiff kann die Fahrt fortsetzen.

Bei kurz gebauten Gondeln ist die Landungsfähigkeit auch bei scharfem Wind eine gute.

Es ist jedoch trotz der eben besprochenen Nachteile einer langen Gondelkonstruktion beim selbständigen Landen noch sehr die Frage, ob der von ihr gebotene Vorzug der bedeutend herabgesetzten Stoffbelastung nicht höher einzuschätzen ist. Ich möchte der langen Bauart den Vorzug geben, zumal mit der noch dauernd zunehmenden Erfahrung und Sicherheit unserer Schiffsführer glatte Landungen auch unter schwierigen Verhältnissen immer mehr zu erwarten sind, abgesehen davon, daß die Betriebssicherheit der Motoren und diejenige der übrigen Maschinenanlage, mit dem Fortschreiten der Technik und der wachsenden Erfahrung unserer Konstrukteure schließlich dieselbe

Vollkommenheit erreichen muß, wie diejenige unserer technisch durchgebildeten Verkehrsmittel.

Eine weitere Möglichkeit der Verminderung des Betriebsdruckes bei unstarren Schiffen ist gegeben durch die Wahl mehrerer Gondeln.

Die Last wird gleichmäßiger unter dem Gasraum verteilt, und der günstigste Fall läuft eben schließlich auf die eben besprochene durchlaufende Gondel hinaus.

Bei mehreren Gondeln ist darauf zu achten, daß zur Vermeidung von Biegungsmomenten der Gondelschwerpunkt nach wie vor senkrecht unter dem Deplacementschwerpunkt des zur Aufnahme ihres Gewichtes bestimmten Gasraumes liegt.

Bei den halbstarren Schiffen wird der innere Überdruck herabgesetzt durch das für dieses System charakteristische Gerüst, das unmittelbar unter dem Ballon angebracht ist, und das den Zweck hat, an Stelle des Ballonkörpers die horizontalen Komponenten der schiefen Seilzüge aufzunehmen.

Die lange Gondelkonstruktion entspricht der halbstarren Bauart insofern, als bei ihr Gondel und Gerüst in e i n e m Konstruktionsaggregat vereinigt sind, wodurch eben die Landungsfähigkeit des mit langer Gondel versehenen Schiffes gegenüber dem halbstarren System eine weniger gute wird.

Schließlich gibt es noch ein Mittel, die Stoffbeanspruchung zu vermindern, und zwar dadurch, daß man statt der üblichen Aufhängung der Gondel an einem unmittelbar an der Hülle befestigten Traggurt eine Netzaufhängung wählt, wie dies von jeher beim Freiballon und auch bei den ältesten Luftschiffen mit Maschinenkraft der Fall war.

D u r c h e i n e N e t z a u f h ä n g u n g w i r d i n e r s t e r L i n i e d e r B a l l o n s t o f f v o m G e w i c h t e d e r G o n d e l e n t l a s t e t.

Es handelt sich bei der Konstruktion eines Netzes besonders darum, ein Verziehen der Netzmaschen unter den schief liegenden Aufhängeseilen zu verhindern, und zwar ganz gleichgültig, ob das Schiff horizontal liegt oder mit Stampfbewegungen fährt. Das Netz muß also die relative Lage der Gondel zum Ballon, bei jeder praktisch möglichen Neigung der Längsachse des Schiffes, unveränderlich aufrecht erhalten. Diesen Anforderungen entspricht eine von mir vorgeschlagene Netzkonstruktion (D. R. P.), die in Fig. 80 skizziert ist.

Dieses Netz besteht aus drei Teilen, dem über dem Rücken des Ballons liegenden Haupt- oder Tragnetz, das zur Aufnahme der Gondellast dient, und aus den beiden Spitzennetzen, die durch Längsseile untereinander verbunden sind. Diese in Richtung der Meridianlinien des Ballons verlaufenden Längsseile werden an dem vom Tragnetz bedeckten Teil der Ballonoberfläche unterbrochen und sind dort an diesem befestigt.

Jeder der schiefliegenden Gondelseilzüge zerlegt sich nun in zwei Komponenten (siehe Fig. 80), von denen die senkrechte allein vom Tragnetz aufgenommen wird, während die horizontale Komponente durch die Längsseite nur von den Spitzennetzen aufgenommen werden kann.

Keines der drei Netzteile kann sich daher, auch bei geneigter Ballonlängsachse, irgendwie verziehen, und sämtliche Netzmaschen behalten unter allen Umständen ihre ursprüngliche Form.

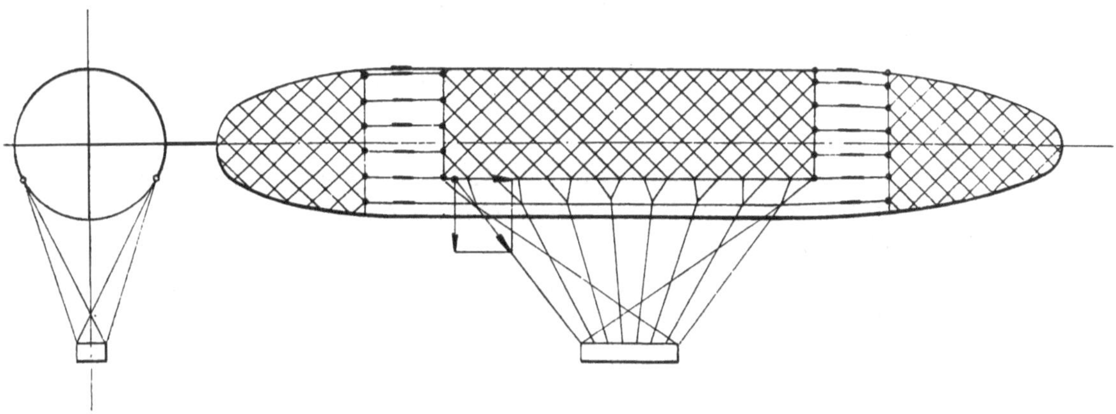

Fig. 80.

Es ist nun weiterhin die Einrichtung getroffen, daß die Längsseile, die die achsiale Knickbelastung auf die Spitzennetze übertragen, mit Hilfe von Flaschenzügen oder Spannschlössern verstellbar eingerichtet sind.

Durch diese Verstellbarkeit ist zunächst die Möglichkeit gegeben, die Spitzennetze so scharf zusammenzuziehen, daß die Gesamtlänge des betriebsfertigen Fahrzeuges etwas kleiner wird als die Länge der ohne Netz gefüllten Ballonhülle.

Auf diese Weise werden die Spitzennetze gezwungen, den inneren Überdruck der Gasfüllung aufzunehmen, der die achsiale Knickbelastung im Gleichgewicht zu halten hat, womit der Hülle eine weitere beträchtliche Entlastung zuteil wird.

Ferner bietet die Verstellbarkeit der Meridianseile den Vorzug, ohne Änderung der Takelage sofort eine Verschiebung der Gondel vornehmen zu können, falls das Schiff nach der ersten Montage nicht horizontal liegen sollte.

Die zur Längsänderung der Meridianseile vorgesehene Einrichtung ist in Fig. 80 durch stärkeres Ausziehen markiert.

Das Tragnetz muß den Rücken des Ballons so weit umspannen, daß die tangential verlaufenden Aufhängeseile der Gondel das Netz gerade im Berührungspunkt der Tangente erreichen. Siehe Querschnitt der Fig. 80.

Das gleiche gilt auch für Gurtaufhängung, da andererseits die Aufhängeseile in die Hülle einschneiden und dadurch Deformationen bzw. Beschädigungen veranlassen können.

Außerdem muß die Gondel auch gegen seitliche Schwankungen durch Verspannungsseile geschützt sein. Dieselben sind ebenfalls im Querschnitte der Fig. 80 angedeutet.

Ein weiterer Vorzug des Netzes besteht darin, daß bei einem Bruch der Hülle dieselbe bei dem nun erfolgenden Absturz vom Netz aufgefangen wird.

Die Hülle wirkt dann wie ein Fallschirm, und bei nicht zu großer Höhe ist zu erwarten, daß die Folgen des Absturzes nicht die schwersten sind.

Bei einem Freiballon schneidet man in diesem Falle die Füllansatzleinen durch, um die Fallschirmwirkung der Hülle zu ermöglichen, wodurch schon mancher tödliche Unglücksfall vermieden wurde.

Ein Nachteil des Netzes liegt in der Vergrößerung der Luftreibung an der Hüllenoberfläche. Es hat aber alles zwei Seiten, und es frägt sich nur, ob man den Vorzügen oder den Nachteilen einer Sache mehr Gewicht beilegen will.

12. Berechnung der Schrauben. Zahl und Lage der Schrauben. Die Parseval'sche Gondelverschiebung.

Die zur Erzielung einer gewünschten Eigengeschwindigkeit des Schiffes von den Schrauben zu entwickelnde Zugkraft ist gegeben durch die Gleichungen 34 bzw. 35 des Kapitels 7.

Die Bestimmung der dazu erforderlichen Schraubendimensionen kann erfolgen, nach der von mir entwickelten Luftschraubentheorie, die in „Theorie und Berechnung der Luftschrauben" im gleichen Verlage erschienen ist.

Ich kann daher die wesentlichste Frage dieses Kapitels übergehen und möchte nur noch hervorheben, daß der Nutzeffekt der Schraube mit wachsendem Durchmesser und damit abnehmender Tourenzahl steigt.

Man wird also bemüht sein müssen, den Schraubendurchmesser möglichst groß zu wählen.

Die obere Grenze für den Durchmesser ist gezogen durch die Raumverhältnisse des Fahrzeuges. Die Rücksicht auf das Gewicht würde nur eine unbedeutende Rolle spielen. Mehr als 5 m Durchmesser ist kaum zu erreichen, und auch nicht nötig, da bei dieser Größe über 70 % Nutzeffekt erzielt werden können.

Fig. 81 zeigt eine Schraube von diesem Durchmesser, und man sieht an dem Vergleich mit der Größe des davorstehenden Mannes, daß dabei schon recht unhandliche Dimensionen in Frage kommen, so daß eine weitere Vergrößerung nicht mehr empfehlenswert erscheint.

Ferner möchte ich noch betonen, daß durch die Anzahl der Schrauben der Nutzeffekt der Schraubenanlage wesentlich gehoben werden kann, und zwar wächst er gegenüber dem Betrieb mit einer Schraube, annähernd mit der Quadratwurzel aus der Schraubenzahl, so daß man also durch Vierschraubenantrieb den Nutzeffekt zu verdoppeln vermag.

Man wird also weiterhin bemüht sein müssen, möglichst viele Schrauben anzuordnen. Mehr als zwei Schrauben sind bei kurz gebauten Gondeln nicht gut möglich, dagegen hindert nichts, bei langen

Fig. 81.

Gondeln deren vier und bei den starren Z.-Schiffen sogar sechs unterbringen zu können.

Wir kommen nun zu der Besprechung der zweckmäßigsten Schraubenlage.

Nach einem elementaren Grundsatz der Mechanik kann man eine Kraft unbeschadet ihrer Wirkung in ihrer Richtungslinie verschieben, wohin man will.

Da nun die Richtungslinie des Schraubenzuges stets parallel zur Längsachse des Schiffes liegt und liegen bleibt, auch wenn diese ihre Richtung ändert, so ist es in Bezug auf die mechanische Wirkung gleichgültig, ob die Schraube vorn oder hinten oder in der Mitte des Schiffes angreift.

Da es nun einerlei ist, an welcher Stelle des Schiffes die Schrauben in Bezug auf dessen Längsrichtung wirken, so setzt man sie dahin, wo es konstruktiv am bequemsten ist, nämlich über die Gondeln.

Außer diesem konstruktiven Grund kommt jedoch noch ein anderer in Betracht. Es streicht nämlich der von den Schrauben nach rückwärts geworfene Schraubenstrom am Ballonkörper entlang und vergrößert auf diese Weise die Reibung und damit den Fahrwiderstand. Die Schrauben blasen sozusagen das Schiff zurück.

Man wird deshalb die Schrauben möglichst weit vom Schiffskörper auslegen, und eventuell die Achsenrichtungen der paarweise angeordneten Schrauben nach rückwärts um einige Grade divergieren lassen.

Mit mehreren Gondeln ausgerüstete Schiffe werden aus dem gleichen Grunde den größeren Teil ihrer Maschinenkraft in die hintere Gondel verlegen.

Etwas anders ist nun die Sache mit der Höhenlage der Schraube.

Sehen wir der Anschaulichkeit halber wieder von dem unwesentlichen Fahrwiderstand der Gondel ab, so fällt die Richtungslinie des Fahrwiderstandes mit der Längsachse des Ballonkörpers zusammen. In dieser Höhe müßte also am zweckmäßigsten der Schraubenzug wirken.

Da die Schraube aus naheliegenden konstruktiven Gründen jedoch etwas tiefer liegen muß, so bilden Schraubenzug und Fahrwiderstand ein Drehpaar, unter dessen Einfluß das Schiff bei der Abfahrt den Kopf so lange nach oben nimmt, bis das dadurch aus Auftrieb und Gewicht des Fahrzeuges erzeugte, entgegengesetzt drehende Kräftepaar dem ersteren die Wage zu halten vermag.

Das Schiff kommt also im Beharrungszustand immer etwas schief daher, indem die Längsachse um einen kleinen Winkel gegen die Horizontale geneigt ist.

Diese Aufrichtung des Kopfes ist nun für die Abfahrt sehr günstig, da das Schiff leicht von der Erde abkommt, dagegen wird während der Fahrt der Fahrwiderstand vergrößert, da das Schiff in der Fahrtrichtung nicht seinen kleinsten Querschnitt bietet.

Durch tiefhängende Gondeln und hochliegende Schrauben könnte diese Schiefstellung der Längsachse reduziert werden.

Die Erfahrung hat aber gelehrt, daß es durchaus unnötig ist, zur Verminderung des Schraubenkippmomentes die Schrauben in eine konstruktiv unangenehme Höhe setzen zu müssen, bzw. die Gondeln sehr tief zu hängen, wodurch die Steuerfähigkeit in der Höhe beeinträchtigt wird.

Es ist dies auch leicht einleuchtend, wenn man beachtet, daß der Fahrwiderstand einige Hunderte, der Auftrieb dagegen einige Tausende von Kilogrammen beträgt, so daß die durch diese paarweise auftretende Kräfte entwickelten Drehpaare sehr bald in der Lage sind, sich gegenseitig das Gleichgewicht zu halten, so daß der durch das Kippmoment des Schraubenzuges veranlaßte Neigungswinkel der Längsachse in Fahrt kaum bemerklich wird.

Außerdem ist zu beachten, daß ein Luftschiff während der Reise fast nie horizontal liegt, da, abgesehen von Stampfbewegungen, das Höhensteuer fast dauernd in Tätigkeit tritt, so daß ein mit dem Auge kaum wahrnehmbarer, durch das Kippmoment erzeugter Neigungswinkel keine praktische Rolle spielen kann.

Es ist also nicht nur in Bezug auf die Längsrichtung des Schiffes, sondern auch in Bezug auf die Höhe, die Lage der Schrauben mehr oder weniger gleichgültig.

Selbstverständlich wird man Sorge tragen, dieselben möglichst hoch zu nehmen, was bei den starren Schiffen konstruktiv am einfachsten ist, jedoch auch nicht bis zur Vollkommenheit gebracht werden kann, wenigstens nicht, ohne dabei konstruktive Unannehmlichkeiten in Kauf nehmen zu müssen, die zu dem damit gewonnenen Vorzug in keinem Verhältnis mehr stehen.

Bei halbstarren Schiffen bietet es ebenfalls keine Schwierigkeiten, die Schrauben dicht an den Ballon heranzubringen, indem man von den Gondeln zu den am Gerüst sitzenden Schrauben einen Seilantrieb verwendet, durch dessen Nachgiebigkeit die Landungsfähigkeit des Schiffes keine Einbuße erleidet.

Diese zum ersten Mal bei den preußischen Militärluftschiffen angewandte Antriebsform hat sich so gut bewährt, daß man dort auch daran festhielt, nachdem in Erkenntnis der praktischen Bedeutungslosigkeit des Kippmomentes, die Schrauben bei den neueren Schiffen stets an der Gondel montiert werden.

Am vollkommensten löst die Frage des Kippmomentes von allen Systemen das Unstarre.

Major v. Parseval erreicht durch eine ebenso einfache wie sinnreiche Aufhängungsart seiner Gondel, trotz der fest an derselben montierten Schraube eine Wirkung, ganz genau so, als ob die Schraube direkt in der Längsachse des Ballons angreifen würde.

Die folgende Erklärung dieser Aufhängung rührt von Major v. Parseval selbst her:

„Von den Punkten *E* und *F* (siehe Fig. 14) gehen vertikale Leinen an die beiden Enden der Gondel *A* und *B*, welche die parallele Lage der Gondel zum Ballon herstellen. Von den Punkten *C* und *D* läuft über die Rollen *A* und *B* an der Gondel ein Tau. Die Abmessungen sind nun so gehalten, daß die Gondel um die Punkte *E*—*F* in paralleler Lage zum Ballon vor- und rückwärtsschwingen kann, wobei sie mit ihren Rollen bei *A* und *B* auf dem Gleittau *C*—*D* hin- und hergleitet. Hiernach müßte die Gondel wegen ihrer Bewegungen an den parallelen Tauen *E*—*A* und *F*—*B* einen Kreis beschreiben, ihrer Bewegungen auf dem Gleittau wegen eine Ellipse. Man kann aber die Dimensionen so einrichten, daß beide Kurven innerhalb des in Betracht kommenden, etwa 2½ m langen Bogens so nahe zusammenfallen, daß ein praktischer Mißstand nicht eintritt. Die Wirkung der Aufhängung ist ungefähr dieselbe, wie wenn die Gondel an parallelen Seilen in den Punkten *E* und *F* allein aufgehängt wurde, das heißt alle Kräfte sind in *E* und *F* angreifend zu denken, das Gewicht der Gondel sowohl als auch der Zug der Schraube. Dabei vertritt gewissermaßen die Linie *E*—*F* die Oberkante der Gondel *A*—*B*. Die Wirkung der Schraube auf den Ballon ist also eine solche, als ob die Schraube um die Bockhöhe höher als die Linie *E*—*F* ihren Angriffspunkt hätte. In der Praxis bewegt sich durch den Druck der Schraube die Gondel mit ihrem Gehänge nach vorn, und der Ballon bleibt zurück. Dadurch verlegt sich der Schwerpunkt der Gondel derart, daß ein Kippen des Kopfes nach oben infolge des tiefliegenden Schraubenzuges nicht eintreten kann. Die bewegliche Aufhängung der Gondel vermindert die Stabilität des Ballons, und man kann ihn infolgedessen mit geringer Kraft um seine Querachse drehen. Da nun die Höhersteuerung in der Weise geschieht, daß durch Mehr- oder Minderfüllung einer der Luftsäcke der Ballon schräg gestellt wird, so folgt daraus, daß die bewegliche Aufhängung mit einer viel geringeren Umleitung der Luft die Schrägstellung bewirkt und eine raschere Steuerung ermöglicht."

Dazu möchte ich noch einige Erläuterungen geben.

Denken wir uns das über die Rollen der Gondel laufende Gleittau entfernt, und die Gondel nur an den beiden Parallelseilen aufgehängt, wodurch das Kräftespiel in keiner prinzipiellen Weise beeinflußt wird, und denken wir uns ferner wieder den Fahrwiderstand der Gondel der Einfachheit halber vernachlässigt, so daß der Fahrwiderstand *P* in Richtung der Längsachse des Ballons wirkend anzunehmen wäre (s. Fig. 82), so wird beim Anfahren der im Abstande *b* über der Oberkante *A—B* der Gondel montierten Schraube, der Ballonkörper gegenüber der vorausfahrenden Gondel etwas zurückbleiben, da die an den Parallelseiten *A—E* und *B—F* verschiebbar aufgehängte Gondel ohne weiteres unter dem Drucke des Schraubenschubes nach vorwärts ausschwingen kann. Diese Änderung der

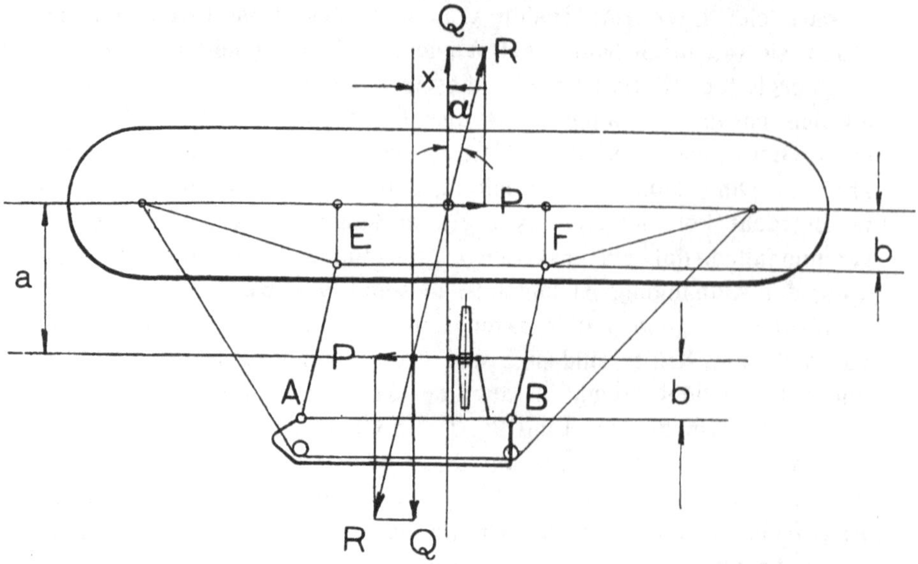

Fig. 82.

relativen Lage der Gondel zum Ballon beim Anfahren dauert so lange an, bis der Beharrungszustand erreicht ist.

Die in der Ruhelage des Schiffes senkrecht hängenden Parallelseile AE und BF bilden nun in Fahrt mit der Vertikalen einen Winkel α den sie dauernd beibehalten.

Wenn nun, wie in Fig. 82 gezeichnet, die senkrechten Abstände der Parallelogrammseiten EF und AB von der Längsachse des Ballons bzw. von der Schraubenachse gleich groß, nämlich gleich b sind, so hat das in Fahrt befindliche Schiff keine Veranlassung, die ursprüngliche horizontale Lage seiner Längsachse zu ändern, indem das durch die Verschiebung der Gondel hervorgerufene Drehmoment $Qx = Qa \operatorname{tg} \alpha$ dem entgegengesetzt drehenden Kippmoment des

Schraubenzuges $Pa = Qa \operatorname{tg} \alpha$ gerade das Gleichgewicht hält, oder mit anderen Worten, die gleich großen Resultierenden R aus Gondelgewicht und Schraubenschub bzw. aus dem entsprechenden Auftrieb und Fahrwiderstand, fallen in ein und derselben Geraden zusammen.

Ein Gleichgewichtszustand kann offenbar nur dann eingetreten sein, wenn die Richtung der beiden Resultierenden R parallel zu den Aufhängeseilen AE und BF liegt.

Wäre nun die senkrechte Entfernung der Parallelogrammseite EF von der Ballonachse größer oder kleiner als der senkrechte Abstand der Parallelogrammseite AB von der Schraubenachse, so würden die Resultierenden R nicht mehr in einer Geraden zusammenfallen und sich somit gegenseitig aufheben, sondern sie müßten zusammen ein Drehpaar bilden, das im ersteren Falle das Schiff zwingt, in Fahrt den Kopf nach oben, im letzteren Falle dagegen zur Erde zu richten.

Sind jedoch diese Abstände, wie in Fig. 82, beide gleich groß, so muß dieses Drehpaar der Resultierenden R aus recht einfachen, rein geometrischen Gründen verschwinden, d. h. dieselben fallen in einer geraden Linie zusammen, die natürlich parallel zu den Aufhängeseiten AE und BF liegen muß, oder mit anderen Worten, der Ballon kommt trotz der beliebig tiefliegenden, an der Gondel montierten Schraube, mit absolut horizontaler Längsachse daher, also so, als ob die Schraube unmittelbar in dieser Längsachse sitzen würde, ein Vorzug, den nur das unstarre System von Parseval besitzt, allerdings nur so lange, als andere Systeme diese patentierte Aufhängungsart nicht ebenfalls wählen, denn es handelt sich dabei natürlich um keinen Vorzug des Systems, sondern um einen Vorzug der Aufhängungsart der Gondeln.

So einfach diese Aufhängung ist, so überraschend ist auch ihre praktisch und theoretisch vollkommene Wirkung.

Merkwürdigerweise ist sie selbst in Fachkreisen nur ebenso unvollkommen bekannt.

13. Maschinenkraft und Nutzeffekt. Das Deplacement pro PS.

Der Fahrwiderstand und damit der gesamte Schraubenzug bestimmte sich nach den Gleichungen 34 bzw. 35 des Kapitels 7, welche lauteten:

$$W = \frac{1}{40} Fv^2 \text{ bezw. } W = \frac{1}{50} Fv^2$$

je nach der Form des Schiffes.

Die zur Entwickelung dieser gesamten Schraubenkräfte erforderliche Maschinenstärke in Pferdekräften ergibt sich bei gegebenen Schrauben aus der in meiner „Theorie und Berechnung der Luftschrauben" Seite 34 abgeleiteten Gleichung 36, die sich schreibt:

$$N_i = \frac{W}{75} \cdot \frac{sn}{60} \quad . \quad . \quad . \quad . \quad . \quad . \quad . \quad . \quad 69)$$

wobei s die Steigung der Schrauben in Metern und n deren Tourenzahl bedeutet.

Diese von mir als die Fundamentalgleichung der Luftschrauben bezeichnete Formel liefert die zum Betrieb des Schiffes erforderliche Motorenstärke mit großer Genauigkeit.

Sie hat sich an den zahlreichen Luftschrauben, mit denen ich in meiner Praxis im Motorluftschiffbau zu tun hatte, stets bewährt.

Zum Beweise dafür folgen anbei die Versuchsresultate einer Schraube zum Vergleiche der Fundamentalgleichung

$$N_i = \frac{W}{75} \cdot \frac{sn}{60}$$

mit der Wirklichkeit.

Die nachfolgende Tabelle zeigt nun die Versuchsergebnisse einer sowohl am Ort als auch bei verschiedenen Marschgeschwindigkeiten und bei den verschiedensten Tourenzahlen erprobten Schraube mit gewölbten Flächen zum Vergleiche der Gleichung 69 mit der Wirklichkeit.

Nr.	Marschgeschwindigkeit c in m/sek	Tourenzahl n der Schraube	Zugkraft W gemessen in kg	Arbeitsaufnahme N_i gemessen in PS.	Arbeitsaufnahme N_i berechnet nach Gl. 36)
1	0	268	171	40,7	43,5
2	0	300	204	53,4	58,5
3	0	356	269	90,9	91,4
4	0	366	277	95,3	96,9
5	10	253	134	32,8	32,5
6	9,9	300	175	48,3	50,1
7	11,8	262	106	26,6	26,5
8	12,4	310	174	49,3	51,5
9	12,5	375	268	90,3	96
10	13,2	350	209	66,6	70
11	13,4	371	250	87,2	88,5
12	13,3	394	290	103	109
13	13,5	353	207	71,9	70

Die Steigung der Schraube betrug 4,3 m, die übrigen Dimensionen muß ich aus militärischen Gründen für mich behalten, sie tun auch für die Kontrolle der Gleichung 69 nichts zur Sache.

Die Versuche wurden auf der großen Kreislaufbahn der Siemens-Schuckert-Werke mit elektrischer Lokomotive ausgeführt. Der Antrieb der Schraube erfolgte ebenfalls elektrisch, die Messung der Zugkraft hydraulisch.

Wie aus dem Vergleich der Zahlenwerte der beiden letzten Rubriken hervorgeht, läßt die Übereinstimmung der Gleichung mit der Wirklichkeit nicht viel zu wünschen übrig. Die Gleichung gilt für Schrauben, die am Ort arbeiten ebenso, wie für Schrauben im Marsch, ferner sowohl für Schrauben mit gewölbten als auch für solche mit regulären Schraubenflächen.

Es ist nicht ausgeschlossen, durch besonders zweckmäßige Querschnittsformen der Schraubenflügel für eine gewünschte Schraubenzugkraft den durch die Fundamentalgleichung gegebenen Wert zu unterbieten, jedenfalls aber liefert sie diejenige Motorenstärke, die bei einigermaßen anständig konstruierter Schraube höchstens erforderlich ist, und darauf kommt es beim Entwurf des Schiffes in erster Linie an.

In Kapitel 7 haben wir den Fahrwiderstand eines Schiffes von 12 m größtem Durchmesser für eine Eigengeschwindigkeit von 17 m per Sekunde berechnet zu 700 kg.

Denken wir uns nun zwei Schrauben von je ca. 5 m Durchmesser, deren Flügelbreite und Flügelzahl so gewählt sind, daß die verlangte Schubkraft von 350 kg pro Schraube bei einer Steigung von 6 m und einer Tourenzahl von 320 herauskommt, so erhalten wir nach der Fundamentalgleichung eine gesamte Motorenstärke von

$$N_i = \frac{700}{75} \cdot \frac{6 \cdot 320}{60} \sim 300 \text{ PS}.$$

Man wird also zweckmäßig zwei Motoren à 150 PS wählen, wobei noch derjenige Zuschlag zu geben ist, der zum Betrieb der Nebenmaschinen, wie Kühlerventilator, Ballonettventilator, Pumpen, Funkentelegraphie etc. erforderlich wird.

Die zur Erzielung der gewünschten Eigengeschwindigkeit notwendige effektive Arbeit bestimmt sich sehr einfach aus der Gleichung:

$$N_e = \frac{Wv}{75} \quad \ldots\ldots\ldots \quad 70)$$

so daß wir für den Nutzeffekt der Maschinenanlage erhalten:

$$\eta = \frac{N_e}{N_i} = \frac{60v}{sn} \quad \ldots\ldots\ldots \quad 71)$$

wenn wir für *Ne* und *Ni* die durch die Gleichungen 69 und 70 gegebenen Beziehungen einsetzen.

Wir ersehen aus Gleichung 71, daß der Nutzeffekt zunimmt, je kleiner das Produkt aus Tourenzahl und Steigung der Schraube wird.

Je kleiner man aber dieses Produkt wählt, desto größer muß der Durchmesser der Schraube werden, damit die geforderte Zugkraft entwickelt wird.

Wie bereits im vorausgehenden Kapitel 12 bemerkt, verbieten die Raumverhältnisse der Schiffe, den Schraubendurchmesser über 5 m hinaus zu steigern, womit dem praktisch erreichbaren Nutzeffekt zunächst eine Grenze gezogen ist.

Für unser Rechnungsbeispiel bestimmt sich der Nutzeffekt nach Gleichung 71 zu:

$$\eta = \frac{60 \cdot 17}{6 \cdot 320} \sim 0{,}53$$

also nur 53 %.

Hiermit wäre der hauptsächlichste Teil dieses Kapitels erledigt.

Eine für den ersten Entwurf des Schiffes wichtige Zahl haben wir noch in dem Quotienten $\frac{V}{N_i}$ zu beachten, wobei V das Volumen des Gasraumes und N_i die in dem Fahrzeug untergebrachte Motorenstärke bedeutet.

Der Quotient $\frac{V}{N_i}$ wäre also das Deplacement des Schiffes pro Pferdekraft.

Denken wir uns verschiedene Schiffe, die jedoch alle mit der gleichen Maschinenkraft ausgerüstet sein sollen, so wird von diesen Schiffen offenbar dasjenige am schnellsten fahren, bei dem dieser Quotient ein Minimum wird, denn es wird den kleinsten Fahrwiderstand aufweisen.

Diesen Quotienten möglichst klein zu gestalten, oder mit anderen Worten, das Gesamtgewicht des Fahrzeuges so viel als möglich zu reduzieren, muß also der Konstrukteur in erster Linie bemüht sein. In diesem Bestreben darf er aber nicht so weit gehen, daß durch übermäßige Beanspruchung des Materials die Betriebssicherheit gefährdet wird. Besonders der Anfänger ist leicht geneigt, in diesen Fehler zu verfallen, indem er im Interesse der Gewichtsersparnis die heutzutage zur Verfügung stehenden hochwertigen Konstruktionsmaterialien bis an die Grenze des Möglichen beansprucht.

Ich möchte raten, bei der Wahl der Materialspannungen auf keinen Fall höher zu gehen, als die im modernen Automobilbau üblichen Beanspruchungen vorschreiben, denn es ist zu beachten, daß es sich bei Luftschiffen um einen 24- oder mehrstündigen Dauerbetrieb handeln kann, während dessen die einzelnen Maschinenteile keinen Augenblick Zeit zum Ausruhen finden können. Mit Ausnahme der seefahrenden Dampfer gibt es kein Verkehrsmittel, dessen Maschinen auf so lange Zeit in ununterbrochener Tätigkeit, und unter Umständen mit voller Beanspruchung laufen müssen.

Das Stillsetzen der Motoren zum Zwecke einer Reparatur bei einem Bruch oder Defekt der Maschinerie, ist in der Luft wohl möglich bei ruhiger Wetterlage und genügenden Ballastvorräten, aber mit größter Gefahr verbunden bei scharfem Wind und zur Neige gehendem Ballast.

Im ersteren Falle kann die Reparatur ohne weiteres auf der Erde vorgenommen werden, wenngleich man eine Landung ohne

Maschinenkraft nur im Notfalle vornimmt, also etwa dann, wenn der Maschinendefekt durch Bordmittel nicht mehr zu beheben ist.

Bei starkem Wind dagegen kann eine Landung des Schiffes ohne Unterstützung der Motoren nicht vorgenommen werden, wenigstens nicht ohne das Schiff zu reißen, und damit die Weiterfahrt aufzugeben, bzw. falls es sich um ein starres Fahrzeug handelt, dasselbe aufs Spiel zu setzen.

Das für den Entwurf eines Schiffes pro Pferdestärke zur Verfügung stehende Deplacement wird im allgemeinen um so größer sein, je größer das Volumen des Schiffes gewählt wird, da mit wachsenden Dimensionen die Oberfläche der Ballonhülle und damit ihr Gewicht langsamer zunimmt, als der Rauminhalt.

Es wird also ein größerer Teil der Tragkraft des Schiffes für die Maschinenanlage herangezogen werden können, als dies bei kleineren Schiffen möglich ist. Große Schiffe haben damit mehr Aussicht, eine hohe Eigengeschwindigkeit zu erreichen als kleinere Fahrzeuge.

Vermindern wir das Volumen mehr und mehr, so tritt schließlich der Fall ein, das der Auftrieb gerade hinreicht, um dem Gewichte der Hülle das Gleichgewicht zu halten. In diesem Falle ist die Möglichkeit verschwunden, dem Ballon eine Eigengeschwindigkeit erteilen zu können.

Das Minimum des Deplacements pro PS, das zunächst praktisch erreichbar ist, dürfte bei 20 cbm zu suchen sein.

Dies wäre aber das äußerste Minimum und nur durch unstarre Schiffe erreichbar.

Es ist klar, dass die unstarren Schiffe den Vorzug besitzen, den Quotienten $\frac{V}{N_i}$ am kleinsten halten zu können, womit ihnen die Gelegenheit geboten ist, von allen Systemen eine vorgeschiebene Geschwindigkeit mit dem kleinsten Volumen und der kleinsten PS-Zahl zu erreichen.

Am ungünstigsten ist in dieser Beziehung das starre System gestellt, da es einen respektablen Teil seines Volumens zum Tragen seines Gerüstes hergeben muß.

Nachfolgend für einige moderne Schiffe die Werte für das Deplacement pro PS:

1. Halbstarres preussisches Militärluftschiff M_{III}: $\frac{V}{N_i} = 26$ cbm
2. Halbstarres preussisches Militärluftschiff M_{IV}: $\frac{V}{N_i} = 26{,}2$ cbm

3. Halbstarres österreichisches Militärluftschiff: $\frac{V}{N_i} = 26$ cbm

4. Unstarres Siemens-Schuckert-Luftschiff: $\frac{V}{N_i} = 28$ cbm

5. Unstarres Parseval-Schiff P_{VI}: $\frac{V}{N_i} = 33$ cbm

6. Starres Z.-Schiff „Schwaben“: $\frac{V}{N_i} = 44{,}5$ cbm

Auffallend ist der große Wert des P-Schiffes, während derjenige des Z.-Schiffes im Verhältnis recht günstig erscheinen muß.

14. Die Seitensteuerung.

Die Seitensteuerung bei Luftschiffen erfolgt am einfachsten, ebenso wie bei den Seeschiffen, mit Hilfe einer vertikalen Ruderfläche, die um eine senkrechte Achse drehbar gelagert und möglichst weit vom Schwerpunkt des Schiffes angeordnet ist. Man unterscheidet Bug- und Hecksteuer, je nach der Lage der Ruderfläche.

Zur Anwendung gelangt fast ausschließlich das letztere, da es den Vorzug der Stabilität besitzt, indem das umgelegte Ruder von selbst in die Mittelschiffslage zurückkehrt, sobald der Druck am Steuerrad aufhört, im Gegensatz zum Bugsteuer, bei welchem der Winddruck den Ruderausschlag immer mehr zu vergrößern sucht. Ein Bugsteuer ist also stets labil, und wird daher nur verwendet, wenn besondere Gründe dazu zwingen.

Für die Berechnung der Ruderfläche dagegen ist es gleichgültig, ob es sich um Bug- oder Hecksteuerung handelt.

Die Kombination von beiden Steuerungsarten schließlich wird man zur Anwendung bringen müssen, wenn die erforderliche Ruderfläche so groß ausfällt, daß die Konzentrierung derselben an einem Ende des Schiffes, trotz einer Unterteilung der Gesamtfläche in zwei oder mehrere Einzelruder, Dimensionen derselben bedingt, deren konstruktive Ausführung unangenehm wäre.

In diesem Falle würde man eine Verteilung der gesamten Ruderfläche auf beide Enden des Schiffes vornehmen.

Der Berechnung der Steuerungsanlage liegt die von dem Luftschiffe verlangte Wendefähigkeit zugrunde. Das Maß der Wendefähigkeit oder Wendigkeit des Schiffes ist offenbar gegeben durch den Radius des kleinsten Kreises, den das Fahrzeug mit Hilfe seiner Seitensteuerung gerade noch zu beschreiben vermag. Dieser Radius heißt im Seeschiffsbau der Drehkreisradius, eine Bezeichnung, die wir ebenfalls dafür wählen wollen.

Zunächst wollen wir nun untersuchen, welche Kraftwirkungen wir mit Hilfe eines Ruders entfalten können, und welche Faktoren für die Größe derselben maßgebend sind.

Fig. 83 zeigt das Schiff von oben gesehen. Die Ruderfläche, deren Breite mit *b* bezeichnet ist, soll um den Winkel α **nach Steuerbord** gelegt sein. Der Abstand der Drehachse des Ruders vom Schwerpunkte *S* des Schiffes sei *a*. Bezeichnen wir die Eigengeschwindigkeit des Schiffes mit *v*, die Fläche des Ruders in qm mit *f*, so erhalten wir nach dem Loesslschen Luftwiderstandsgesetz für den Ruderdruck die Größe

$$P = \frac{\gamma}{g} \cdot f v^2 \sin \alpha \qquad \ldots \ldots \quad 72)$$

wobei γ das Gewicht von 1 cbm atmosphärischer Luft und *g* die Erdbeschleunigung bedeutet.

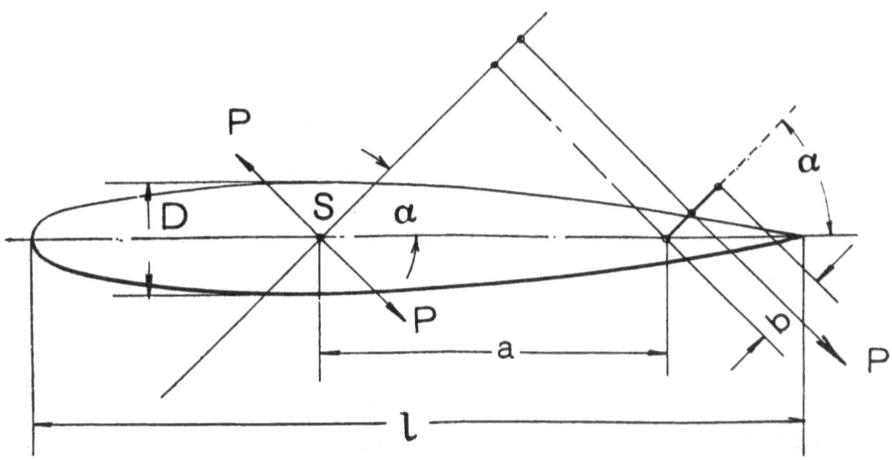

Fig. 83.

Verlegen wir diese Kraft nach dem Schwerpunkt des Schiffes, so erkennen wir ein auf das Schiff wirkendes Drehpaar von der Größe

$$M = P \cdot \left(a \cos \alpha + \frac{b}{2}\right)$$

Nun ist die halbe Ruderbreite $\frac{b}{2}$ im Verhältnis zu dem großen Ruderabstande *a* so verschwindend klein, daß wir sie ohne Schaden vernachlässigen können, und dann für das Drehpaar erhalten:

$$M = Pa \cos \alpha \qquad \ldots \ldots \ldots \quad 73)$$

Diese Größe nennen wir das Steuermoment des Schiffes und bezeichnen sie mit M. Von ihr hängt die Intensität ab, mit der das Schiff um seine senkrechte Schwerpunktsachse gedreht wird, und damit auch die Intensität der Richtungsänderung.

Außer diesem Drehpaar wirkt im Schwerpunkte des Schiffes nach Fig. 83 noch die freie Kraft P, deren Komponente in Richtung der Schiffsachse etwas hemmend auf die Fahrgeschwindigkeit wirkt, während ihre andere Komponente senkrecht zur Schiffsachse nach der Außenseite der befahrenen Kurve wirkt, also die Zentrifugalkraft unterstützt. Bei Bugsteuerung würde die letztere Komponente ihre Richtung umkehren. Da die Zentrifugalkraft in der Kurve durch den Widerstand der Luft gegen die Breitseite des Schiffes aufgenommen werden muß, so wäre in der Verminderung derselben durch die eben besprochene Komponente ein Vorzug der Bugsteuerung zu erblicken, der, wenn auch sehr unwesentlich, doch wenigstens erwähnt sein soll. Die senkrecht zur Schiffsachse stehende Komponente der freien Kraft verschwindet, bei Bug- und Hecksteuerung, sofern die Ruderflächen vorn und hinten gleichmäßig verteilt sind.

Wir werden den Einfluß dieser freien Kraft in unseren Rechnungen vernachlässigen, da derselbe nur sehr unbedeutend ist.

Ersetzen wir nun in Gleichung 73 den Ruderdruck P durch den in Gleichung 72 gegebenen Wert, so erhalten wir für das Steuermoment eines Schiffes bei einem Ruderausschlag α die Beziehung:

$$M = \frac{\gamma}{g} \cdot fav^2 \sin\alpha \cdot \cos\alpha \quad . \quad . \quad . \quad . \quad . \quad 74)$$

Die Größe des Steuermomentes ist also bei gegebenem Ausschlagwinkel und gegebener Geschwindigkeit lediglich abhängig von dem Produkte aus Ruderfläche und Abstand derselben vom Schwerpunkte des Schiffes. Wir nennen dasselbe das Flächenmoment des Ruders oder die Steuerintensität des Schiffes und bezeichnen es mit I.

Es ist also

$$I = f \cdot a \quad . \quad . \quad . \quad . \quad . \quad . \quad . \quad . \quad . \quad 75)$$

und von dieser Größe allein ist die Wirkung der Steuerungsanlage abhängig.

Ist diese Größe bekannt, so können Ruderfläche und ihr Schwerpunktsabstand a beliebig gewählt werden. Die Beziehungen zwischen den Größen f und a sind dann gegeben durch den Verlauf einer gleichseitigen Hyperbel.

Selbstverständlich wird man nun bemüht sein, a möglichst groß zu wählen, um die Ruderfläche so klein als möglich zu bekommen, womit ein Minimum des Rudergewichtes sowie des Ruderdruckes erzielt wird.

Es wird nun zunächst die Frage interessieren, für welchen Ausschlagwinkel α das Steuermoment der Gleichung 74 ein Maximum wird. Wir differieren daher Gleich. 74 nach α und erhalten für den Differentialquotienten, nachdem wir das Flächenmoment $f \cdot a$ durch I ersetzt haben:

$$\frac{dM}{d\alpha} = \frac{\gamma}{g} \cdot Iv^2 (\cos^2\alpha - \sin^2\alpha)$$

Dieser Differentialquotient verschwindet, wenn $\sin\alpha = \cos\alpha$ wird. Dies ist der Fall für

$$\alpha = 45^0$$

Für diesen Ausschlagwinkel wird also das Steuermoment M ein Maximum, und damit auch die Wendefähigkeit des Fahrzeuges.

Für größere Ruderwinkel als 45° nimmt das Steuermoment wieder ab. Es muß also dafür gesorgt sein, daß das Ruder diesen günstigsten Ausschlagwinkel nicht überschreiten kann, indem es durch zweckmäßige Vorrichtungen an der weiteren Bewegung gehindert wird.

Das maximale Steuermoment erhalten wir nunmehr, indem wir in Gleichung 74 den das Maximum bedingenden Winkel $\alpha_{max} = 45^0$ einsetzen. Es wird dann das Produkt

$$\sin\alpha \cdot \cos\alpha = \sin 45^0 \cdot \cos 45^0 = \frac{1}{2};$$

Ersetzen wir ferner in Gl. 74 das Produkt $f \cdot a$ durch I und die Constante $\frac{\gamma}{g}$ durch $\frac{1{,}293}{9{,}81} \sim \frac{1}{8}$ so wird:

$$M_{max} = \frac{1}{16} Iv^2 \quad . \quad . \quad . \quad . \quad . \quad . \quad . \quad . \quad . \quad 76)$$

Dieses Maximalmoment ist nun selbstverständlich der Berechnung des Flächenmomentes I zur Erzielung eines geforderten Drehkreishalbmessers zu Grunde zu legen.

Bezeichnen wir nach Fig. 84 den Drehkreisradius mit ρ, also den Radius des kleinsten Kreises, den das Schiff bei maximaler Ruderwirkung gerade noch laufen kann, bezeichnen wir ferner die Winkelgeschwindigkeit mit der das Schiff diesen Kreis beschreibt mit w, so ist:

$$\rho w = v$$

$$\text{oder } \rho = \frac{v}{w} \quad . \quad . \quad . \quad . \quad . \quad . \quad . \quad . \quad . \quad 77)$$

denn das Schiff bewegt sich auf dem Umfange des Kreises mit seiner Eigengeschwindigkeit v, sofern wir von deren unwesentlicher Verminderung durch die früher erwähnte freie Kraft des Ruderdruckes P absehen.

Es handelt sich also nur noch darum, eine Beziehung zwischen der Winkelgeschwindigkeit w und dem maximalen Steuermoment zu finden, um die Abhängigkeit desselben von dem gewünschten Drehkreisradius ρ herauszubringen.

Zu diesem Zwecke wollen wir nun untersuchen, welchen Luftwiderstand das Schiff erfährt, wenn es mit der Winkelgeschwindigkeit

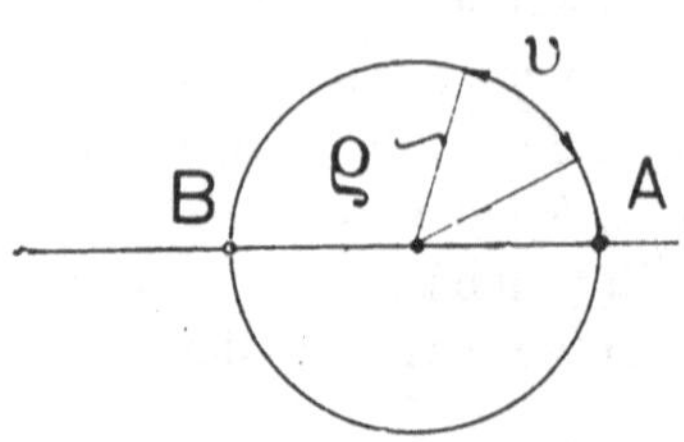

Fig. 84.

keit w um seine Schwerpunktsachse gedreht wird. Das sich aus dieser Untersuchung ergebende Luftwiderstandsmoment, das wir mit W bezeichnen wollen, ist offenbar ebenso groß, als das maximale Steuermoment M_{max}, welches die Drehung des Schiffes auf der Peripherie des Drehkreises mit der Winkelgeschwindigkeit w erzwingen soll.

In der Zeit, in der das Schiff nach Fig. 84 den halben Drehkreis von A nach B durchläuft, hat es sich gerade um 180° um seine senkrechte Schwerpunktsachse gedreht. Dieselbe Zeit würde das Schiff nun natürlich auch brauchen, wenn es sich mit der gleichen Winkelgeschwindigkeit w um 180° drehen sollte, unter der Voraussetzung, daß die Schwerpunktsachse am Platze stillstehend gedacht ist. Das zu dieser Drehung erforderliche Moment ist also auch das gleiche, als es während der Fahrt des Schiffes auf der Peripherie eines Kreises mit der gleichen Winkelgeschwindigkeit benötigt wird.

Wir wollen also versuchen, das Luftwiderstandsmoment W zu berechnen, für den Fall, daß das Schiff mit der Winkelgeschwindigkeit w um seine Schwerpunktsachse gedreht wird.

Zu diesem Zwecke betrachten wir in Fig. 85 an einem, der Einfachheit halber, symmetrisch gedachten und in der Hauptsache zylindrisch geformten Schiffe, ein im beliebigen Abstande x von der Drehachse S herausgeschnittenes Zylinderelement von der Höhe dx. Der Durchmesser des Schiffes sei D, die Länge desselben l.

Unter der Voraussetzung, daß die Länge des Schiffes sehr groß ist, gegenüber seinem Durchmesser, können wir zunächst annehmen, daß bei der Drehung um den Schwerpunkt jedes Zylinderelement senkrecht zu seiner Mantellinie durch die Luft gezogen wird.

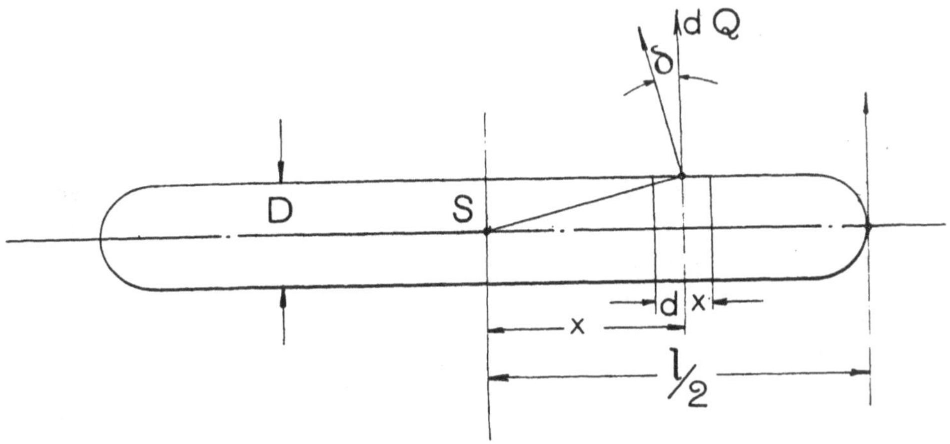

Fig. 85.

Der dabei erzeugte Luftwiderstand wäre dann nach Loessl gleich ⅔ des Luftwiderstandes einer ebenen, senkrecht zu sich selbst bewegten Fläche, die gleich ist der senkrechten Projektion des Zylindermantels auf eine senkrecht zu seiner Bewegungsrichtung stehenden Ebene.

Diese Projektion wäre für unser Zylinderelement gleich $D \cdot dx$ und dessen Luftwiderstand, bei der zu ihm gehörigen Geschwindigkeit $x \cdot w$, nach Loessl gleich

$$dQ = \tfrac{2}{3}\, Ddx \cdot x^2 w^2 \frac{\gamma}{g}$$

Nun hat jedoch Loessl bei der Bestimmung des Koeffizienten ⅔ nur mit Halbzylindern gearbeitet, deren gekrümmte Seite in der Bewegungsrichtung vorausging (siehe Fig. 86). Ein voller Zylinder wird allenfalls die Hälfte dieses Luftwiderstandes auszuhalten haben, da die saugenden Wirbel auf der Rückseite beträchtlich vermindert werden, zumal es sich nur um sehr kleine Winkelgeschwindigkeiten handelt. Beachten wir ferner den Umstand, daß, wie in Fig. 85 angedeutet, die Zylinderelemente unter einem um so kleineren Winkel δ durch die Luft gedreht werden, je mehr sie in der Nähe der Drehachse liegen, ihr Luftwiderstand sonach nach innen zu stets kleiner wird, als bei der näherungsweise vorausgesetzten Bewegung aller Zylinderelemente senkrecht zu ihrer Mantellinie.

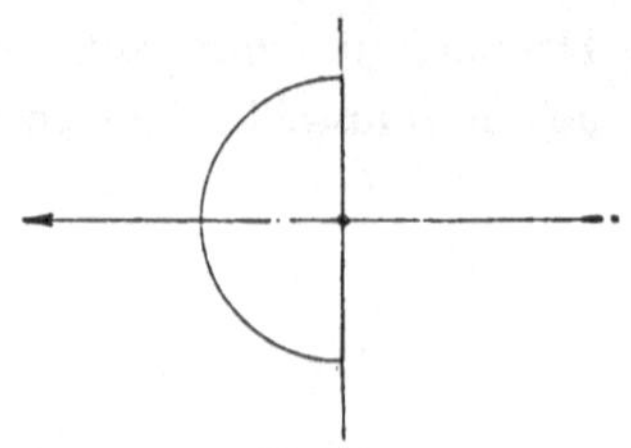

Fig. 86.

Wir kommen daher der Wirklichkeit näher, wenn wir den Koeffizienten für die Luftwiderstände unserer Zylinderelemente im Mittel zu ¼ schätzen.

Wir schreiben also:

$$dQ = \frac{1}{4} \frac{\gamma}{g} Ddx \cdot x^2 w^2$$

Jedes Luftwiderstandselement dQ tritt auf jeder Seite des Zylinders einmal auf und liefert ein Drehpaar von der Größe

$$dW = dQ \cdot 2x = \frac{1}{16} Ddx \cdot x^3 w^2 \quad . \quad . \quad . \quad . \quad 78)$$

sofern wir in der Gleichung für dQ die Konstante $\frac{\gamma}{g}$ wieder durch $\frac{1}{8}$ ersetzen.

Durch Integration der Gleich. 78 zwischen den Grenzen $x = 0$ und $x = \frac{l}{2}$ erhalten wir das gesamte Luft-Widerstandsmoment des Schiffes gegen Drehung mit der Winkelgeschwindigkeit w zu:

$$W = \frac{1}{16} Dw^2 \int_{x=0}^{x=\frac{l}{2}} x^3 dx = \frac{1}{16} Dw^2 \left[\frac{x^4}{4}\right]_{x=0}^{x=\frac{l}{2}}$$

$$\text{also } W = \frac{1}{4} \cdot \frac{1}{256} Dw^2 l^4 \quad . \quad . \quad . \quad . \quad . \quad 79)$$

Dieses Drehmoment muß von seiten des maximalen Steuermomentes aufgebracht werden, um die Rotation des Schiffes mit der Winkelgeschwindigkeit w zu gewährleisten.

Es ist nun klar, daß für ein nach Fig. 87 gebautes Schiff von mehr fischförmiger Gestalt dieses Widerstandsmoment W geringer ausfallen muß, als bei dem der Rechnung zu Grunde liegenden zylindrischen Ballonkörper der Fig. 85.

Wir berücksichtigen diesen Umstand dadurch, daß wir in Gleichung 79 für das Produkt $Dl = F$ setzen, und darunter einen Längsschnitt durch das Schiff in qm verstehen wollen. In Fig. 87 wäre also unter F die schraffierte Fläche zu verstehen, und käme danach für ein derartig geformtes Schiff ein geringeres Widerstandsmoment W heraus, als für ein Zylinderschiff von demselben größten Durchmesser D und der gleichen Länge l.

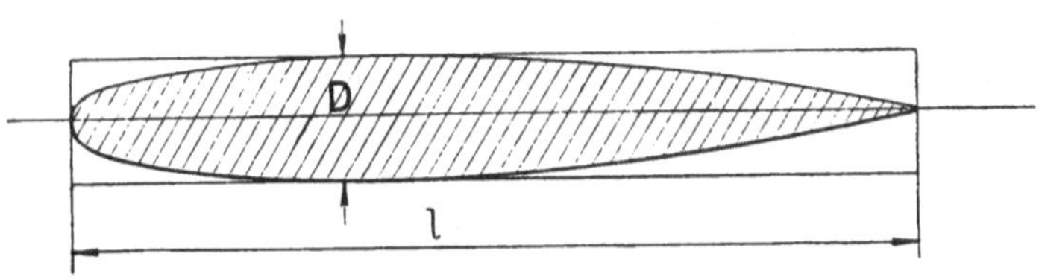

Fig. 87.

Gleichung 79 schreibt sich dann in der Form:

$$W = \frac{1}{4} \cdot \frac{1}{256} F w^2 l^3 \quad . \quad . \quad . \quad . \quad . \quad . \quad . \quad 80)$$

womit die Linienführung des Schiffes eine Berücksichtigung gefunden hat.

Durch Gleichsetzen der Gleichungen 80 und 76 erhalten wir die gesuchte Beziehung zwischen dem maximalen Steuermoment und der zur Erzielung des Drehkreishalbmessers ρ erforderlichen Winkelgeschwindigkeit w zu:

$$\frac{1}{16} I v^2 = \frac{1}{4} \cdot \frac{1}{256} F w^2 l^3$$

$$\text{oder } I v^2 = \frac{1}{64} F w^2 l^3$$

und daraus ergibt sich sofort das Verhältnis zwischen Eigengeschwindigkeit und Winkelgeschwindigkeit des Schiffes zu:

$$\frac{v}{w} = \frac{l}{8} \sqrt{\frac{F \, . \, l}{I}}$$

und damit ist bei gegebenem Schiff die Beziehung zwischen dem Drehkreisradius ρ und der dazu notwendigen Steuerintensität I bekannt. Wir brauchen das eben gefundene Verhältnis $\frac{v}{w}$ nur in Gleichung 77 einzusetzen, um mit der daraus sich ergebenden Gleichung die gestellte Aufgabe gelöst zu haben.

Wir erhalten dann:

$$\rho = \frac{l}{8}\sqrt{\frac{F \cdot l}{I}} \quad . \; . \; . \; . \; . \; . \; . \; . \quad 81)$$

Und daraus ergibt sich schließlich für einen geforderten Drehkreisradius ρ die notwendige Steuerintensität, und damit die Dimensionierung der Steuerungsanlage zu:

$$I = \frac{1}{64} \cdot \frac{Fl^3}{\rho^2} \quad . \; . \; . \; . \; . \; . \; . \quad 82)$$

Die Faktoren f und a, aus denen sich die Steuerintensität I zusammensetzt (s. Gl. 75), also Ruderfläche und deren Abstand vom Schwerpunkt des Schiffes, können dann nach Belieben gewählt werden.

Da der Abstand a des Ruders vom Schwerpunkt nur wenig größer werden kann, als die halbe Länge des Schiffes, was der Fall ist, wenn das Ruder am äußersten Ende des Ballons angebaut wird, wie dies bei den starren Z.-Schiffen zutrifft, so erhalten wir die zur Erzielung einer gewünschten Steuerintensität I kleinstmögliche Ruderfläche, wenn wir in Gleichung 75 für $a = l/_2$ setzen, zu:

$$f_{\min} = \frac{2I}{l}$$

und unter Berücksichtigung der Gl. 82:

$$f_{\min} = \frac{F}{32} \cdot \frac{l^2}{\rho^2} \quad . \; . \; . \; . \; . \; . \; . \; . \quad 83)$$

Mit Hilfe der bis jetzt gegebenen einfachen Gleichungen ist es möglich, die Steuereinrichtung so zu dimensionieren, daß eine vorgeschriebene Wendefähigkeit eines Schiffes mit Sicherheit erreicht wird.

Bis jetzt besteht ja allerdings noch keine verkehrspolizeiliche Vorschrift über das für den Drehkreisradius einzuhaltende Maß, und es ist daher zunächst jedem Luftfahrzeugkonstrukteur freigestellt, seinen Steuerapparat nach dem ihm genügend erscheinenden Drehkreisradius zu entwerfen, den er im Interesse der Gewichtsersparnis möglichst groß zu wählen geneigt sein wird.

Er muß dabei jedoch beachten, daß, wenn er auch vorerst in der Luft noch keine Zusammenstöße mit anderen Flugfahrzeugen zu befürchten hat, in der gefährlichen Nähe der Erde ihm ein kleiner Drehkreisradius von recht großem Nutzen sein kann, und ich möchte daher raten, wenn irgend möglich, für Luftschiffe nicht über 150 m Drehkreisradius hinauszugehen.

Wenn in künftiger Zeit das Gedränge in der Luft etwas größer sein wird als jetzt, dann wird im Interesse der Sicherheit des Luftverkehrs die Vorschrift eines noch zu bestimmenden Drehkreishalbmessers zur Notwendigkeit, und dann erst werden die hier entwickelten Gleichungen an praktischem Wert gewinnen. Ich will jedoch damit nicht sagen, daß sie deshalb augenblicklich überflüssig sind, denn jedenfalls gestatten sie dem vor die vorliegende Aufgabe gestellten Konstrukteur einen Überblick auf den Einfluß der maßgebenden Faktoren auf das Ganze, und dieser Überblick ist nach meiner Ansicht für den in der Praxis stehenden Ingenieur die Hauptsache.

Ich möchte nun an praktischen Beispielen nachweisen, daß die aufgestellten Gleichungen mit genügender Genauigkeit der Wirklichkeit entsprechen.

Das preußische Militärluftschiff M III besitzt einen Längsschnitt $F = 874$ qm von der Form eines Fisches, eine Länge von 80 m und eine Steuerintensität oder ein Flächenmoment des Ruders von $I = 319$ cbm.

Danach berechnet sich ein Drehkreisradius dieses Schiffes nach Gleichung 81 zu:

$$\rho = \frac{80}{8} \sqrt{\frac{874 \cdot 80}{319}} \sim 150 \text{ m}$$

ein Resultat, das mit der Wirklichkeit genau übereinstimmt.

Das Militärluftschiff Z I zeigt einen Längsschnitt $F = 1590$ qm bei zylindrischer Form, eine Länge von 136 m und eine Steuerintensität von $I = 939$ cbm, wofür uns Gleichung 81 den zugehörigen Drehkreisradius angibt zu:

$$\rho = \frac{136}{8} \sqrt{\frac{1590 \cdot 136}{939}} \sim 260 \text{ m}$$

ein Ergebnis, das mit der Wirklichkeit ebenfalls einigermaßen übereinstimmt. Das Schiff erfordert in der Praxis einen etwas größeren Radius zum Wenden.

Der Grund dafür liegt darin, daß bei meiner Abschätzung des mittleren Luftwiderstandskoeffizienten zu ¼ bei Aufstellung der Gl. 78

außer der bereits dort erwähnten Kompensation, durch den Ersatz des Produktes $D \cdot l$ durch den Längsschnitt F des Ballonkörpers, für fischförmig gebaute Schiffe, auch noch stillschweigend der Umstand Beachtung fand, daß die Luft an den allmählich verlaufenden Enden des Schiffes bei der Drehung desselben viel leichter abfließt, als bei dem nahezu zylindrischen starren Schiff.

Der Luftwiderstandskoeffizient gegen Drehung ist also für zylindrisch gebaute Schiffe etwas zu günstig gewählt, worauf hiermit besonders aufmerksam gemacht sein soll.

Zum Schlusse wäre zu bemerken, daß der Führer eines Schiffes beim Auftreten eines Hindernisses niemals ängstlich stoppen darf, um einen Zusammenstoß zu vermeiden, sondern im Gegenteil mit voller Kraft und hart gelegtem Ruder dagegen anzufahren hat, um damit die größte Wahrscheinlichkeit für sich zu haben, den gefährlichen Punkt zu umschiffen, denn das Steuermoment wächst nach Gl. 76 mit dem Quadrate der Eigengeschwindigkeit, und kann daher die größtmögliche und schnellste Wendefähigkeit des Schiffes nur erzwingen, wenn dasselbe seine höchste Geschwindigkeit entfaltet. Ein Bremsen des Schiffes kann bei der großen lebendigen Kraft, die in dem Fahrzeuge steckt, den drohenden Zusammenstoß nicht verhindern, sondern nur verzögern.

Hiermit wäre nun so ziemlich alles gesagt, was für die Wirkung und Berechnung einer Steuerungsanlage von Bedeutung ist.

Zu bemerken wäre allenfalls noch, daß die Übersetzung vom Steuerseil zu dem von Hand bewegten Steuerrad so zu bemessen ist, daß bei maximalem Ruderdruck der Steuermann allerhöchstens 25 kg aufzuwenden hat, da er sonst bei unruhigem Wetter, das häufiger eine Hartlage des Ruders bedingt, zu bald ermüdet.

Den maximalen Ruderdruck und damit auch den Steuerseilzug erhalten wir aus Gleichung 72, wenn wir dort für $\alpha = 45°$ setzen. Es wird dann, wenn wir noch $\frac{\gamma}{g}$ durch $^1/_8$ ersetzen:

$$P_{\max} = \frac{1}{11,3} f v^2 \quad . \; . \; . \; . \; . \; . \; . \; . \quad 13)$$

Für ein 17 m pro Sekunde fahrendes Schiff, dessen Ruderfläche $f = 12$ qm beträgt, erhalten wir sonach einen maximalen Ruderdruck von rund 300 kg, was eine Übersetzung zum Handsteuerrad von $^1/_{12}$ erfordern würde.

15. Die Höhensteuerung.

Die Aenderung der Höhenlage eines Luftschiffes kann zunächst genau wie beim Freiballon mittels Ballast und Ventil bewirkt werden.

Ein Luftschiff verfügt jedoch infolge seiner Eigengeschwindigkeit relativ zur umgebenden Luft über rationellere Mittel zur Erreichung des genannten Zweckes, indem es diese Eigengeschwindigkeit zur Erzeugung von Kräften benutzt, mit deren Hilfe es in der Lage ist, sich ohne Opfer von Ballast oder Gas über oder unter seine Gleichgewichtslage zu begeben und sich dort dauernd zu halten.

Soll ein, in seiner Gleichgewichtszone fahrendes Luftschiff ohne Änderung seines Gewichtes — also ohne Ballastabgabe — eine größere Höhe ersteigen und sich dort dauernd aufhalten, so muß an demselben eine nach oben gerichtete Kraft wirken, welche dem mit zunehmender Erhebung über die Gleichgewichtslage immer größer werdenden Gewichtsunterschied zwischen Schiff und der von ihm verdrängten Luft entspricht.

Diese Kraft erzeugt man im allgemeinen durch Neigung der Schiffsachse gegen die Horizontale. Der durch die Eigengeschwindigkeit des Fahrzeuges hervorgerufene Luftstrom trifft gegen die Bauchfläche des Ballonkörpers (s. Fig. 88), deren Drachenwirkung eine Kraft K verursacht, die ungefähr senkrecht zur Achse des Schiffes gerichtet ist.

Die senkrechte Komponente K_1 dieser Kraft drückt nun das Schiff so lange nach oben, bis die vom Ballonkörper verdrängte Luft gerade um K_1 *kg* weniger wiegt als das ganze Fahrzeug.

In dieser Höhe, in der das Schiff also um K_1 *kg* schwerer ist, als die von ihm verdrängte Luft, tritt nun ein neuer Gleichgewichtszustand ein, der mit Hilfe der Komponente K_1 dauernd aufrechterhalten werden kann.

Die dabei gleichzeitig auftretende horizontale Komponente K_2 (s. Fig. 88) vergrößert den Fahrwiderstand des Schiffes. Die dadurch hervorgerufene Verminderung der Eigengeschwindigkeit spielt jedoch praktisch keine Rolle, da die Neigungswinkel der Schiffsachse gegen die Horizontale sehr klein sind und im allgemeinen 6—9° nicht übersteigen.

Die durch die Drachenwirkung des schief liegenden Schiffes hervorgerufene Kraft K wächst mit dem Quadrate der Eigengeschwindigkeit. Schnellfahrende Schiffe reagieren daher auf die Höhensteuerung rascher und lassen sich weiter über ihre Gleichgewichtslage hinausdrücken, als ein langsameres Fahrzeug vom gleichen Rauminhalt.

Soll daher ein Schiff in der Nähe der Erde mit Hilfe der Höhensteuerung ein Hindernis übersteigen, so ergibt sich für den Führer die praktische Regel, mit voller Kraft dagegen anzufahren.

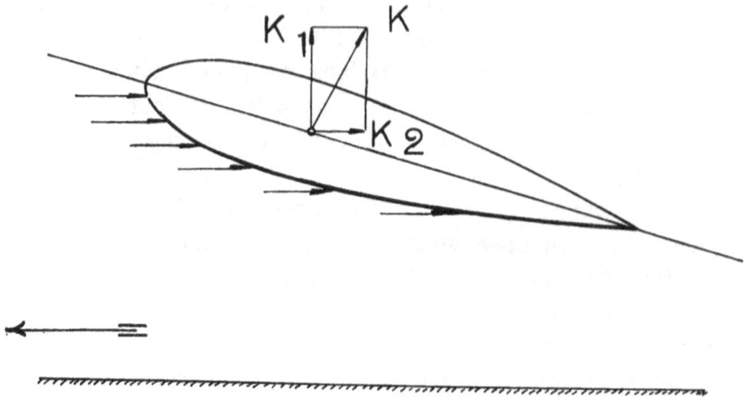

Fig. 88.

Das Volumen eines Schiffes ist für die Wirkung der Höhensteuerung insofern von Bedeutung, als bei gleicher dynamischer Hubkraft K_1 das Schiff mit größerem Rauminhalt nicht so hoch über seine Gleichgewichtslage geführt werden kann als ein kleineres Fahrzeug, da bei ersterem der Unterschied zwischen dem Gewicht der verdrängten Luft und dem Eigengewicht schon in geringerer Höhe die Größe der Hubkraft K_1 erreicht haben wird, als das kleinere Luftschiff.

Stellt man die Ballonachse so ein, daß der Kopf des Schiffes zur Erde geneigt ist, so trifft der durch die Fahrt erzeugte Luftstrom schief auf den Rücken des Ballons, so daß die Kraft K und ihre senkrechte Komponente K_1 nach unten gerichtet ist.

Durch dieses Manöver vermag man das Luftschiff aus seiner Gleichgewichtslage ohne Ventilzug — also ohne ein Opfer von Gas — bis zur Erde zu führen, und anderseits ist man dadurch in der Lage, dasselbe bei vorhandenem Auftrieb zu hindern, in die statische Gleichgewichtshöhe emporzusteigen. Die andauernde Entlastung des Schiffes durch den mit der Fahrtdauer zunehmenden Benzinverbrauch macht die zuletzt erwähnte Maßnahme meistens zur Notwendigkeit. Dabei ist jedoch zu beachten, daß es bei den großen weit über 1000 kg gehenden Benzinvorräten unserer Luftschiffe auf die Dauer schwer möglich ist, das Hochgehen in die Gleichgewichtslage zu verhindern, denn die Höhensteuerung kann das Fahrzeug offenbar nur so lange niederhalten, als die senkrechte Komponente K_1 gleich oder größer ist als der durch den Verbrauch in Betriebsstoffen hervorgerufene Auftrieb. Sobald dieser die niederdrückende Kraft der Höhensteuerung übersteigt, geht das Schiff unfehlbar in die Höhe, die seinem Gleichgewicht entspricht.

Dort angelangt, kann es mit Hilfe der Höhensteuerung ohne weiteres wieder bis zur Erde zurückgefahren, beziehungsweise in jeder Zwischenlage gehalten werden, da es sich dann in jeder Höhe u n t e r der Gleichgewichtslage in labilem Gleichgewichtszustande befinden muß, wie dies von der Theorie des Freiballons her bekannt ist.

Ein prinzipieller Unterschied in den statischen Verhältnissen besteht zwischen Freiballon und Motorballon selbstverständlich nicht, so daß alles, was darüber über den Freiballon gesagt wurde, genau in der gleichen Weise auf den Motorballon angewendet werden kann, und zwar gleichgültig, ob es sich um ein Schiff des starren Systems oder um ein Ballonetluftschiff handelt.

Wir kommen nun zu den Mitteln, durch welche die Neigung der Schiffsachse und damit die höhensteuernde Kraft erreicht werden kann.

1. Zunächst läßt sich die Schiefstellung des Schiffes erzwingen durch ein Laufgewicht, das durch mechanische Mittel, am besten durch die Kraft des Motors, je nach Bedarf nach vorn oder hinten verschoben werden kann.

In Fig. 89 bedeute P das Laufgewicht und b die größte Strecke, um die das Gewicht vom Deplacementsschwerpunkt S des Schiffes aus nach vorn oder hinten gebracht werden kann. Q sei das Gesamtgewicht des Fahrzeuges und a der Abstand des Systemschwerpunktes S' vom Deplacementsschwerpunkt S und schließlich α der Neigungswinkel der Ballonachse gegen die Horizontale.

Aus der Gleichgewichtsbedingung

$$Qa \sin \alpha = Pb \cos \alpha$$

ergibt sich das zur Erzeugung dieser Neigung erforderliche Gewicht P zu:

$$P = Q \frac{a}{b} \operatorname{tg} \alpha$$

Für das Gewicht des Schiffes Q können wir setzen 1,29 V, wobei V das Volumen des Ballons und 1,29 das Gewicht von 1 cbm atm.

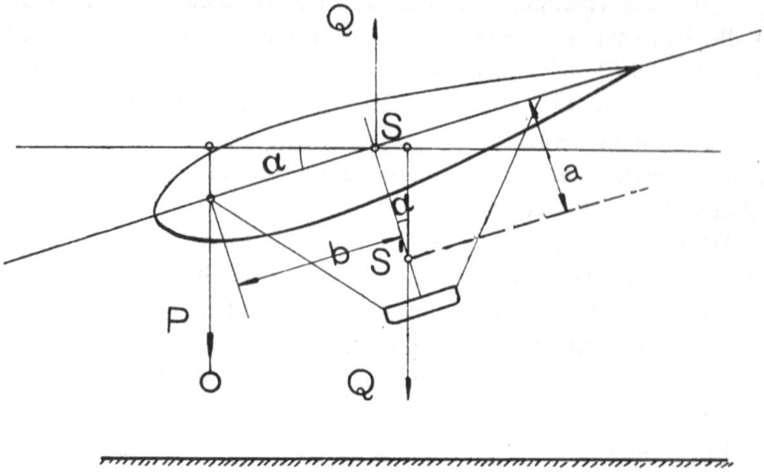

Fig. 89.

Luft bedeutet. Setzen wir ferner für die Neigung zirka 9° ein, was reichlich genug ist, so ergibt sich für P die Gleichung:

$$P = \frac{Va}{5b} \quad . \; . \; . \; . \; . \; . \; . \; . \; . \quad 84)$$

An Stelle eines Laufgewichtes wird auch häufig Wasser verwendet, das je nach Bedarf in Behälter gepumpt werden kann, die vorn und hinten, möglichst weit von der Mitte des Schiffes, angeordnet sind.

Beide Arten der Höhensteuerung wirken durch Verschiebung des Systemschwerpunktes S', da die Massenverteilung durch das Vor- und Zurückbringen des Gewichtes P eine andere wird.

Aus der Gleichung 84 für die Größe des Gewichtes P erkennt man, daß dasselbe um so kleiner wird, je weiter es nach außen verschoben werden kann, und je dichter die Gondel am Ballon hängt.

Die Steuerung wirkt also am besten bei langen und niedrigen Schiffen.

2. Major v. P a r s e v a l schlägt den entgegengesetzten Weg ein, um die Achse des Ballons zu neigen, indem er nicht den Systemschwerpunkt S', sondern den Deplacementsschwerpunkt S zur Verschiebung bringt. Es befindet sich zu diesem Zwecke an jedem Ende des Ballons ein Ballonet, von denen jedes zum Teil mit Luft gefüllt ist.

Befindet sich in jedem gleich viel Luft, so steht der Ballon horizontal, und der Deplacementsschwerpunkt S befindet sich ungefähr in der Mitte des Ballonkörpers.

Pumpt man nun mit Hilfe eines Ventilators die gesamte Luftmasse nach dem vorderen Ballonet (s. Fig. 90), so verschiebt sich der

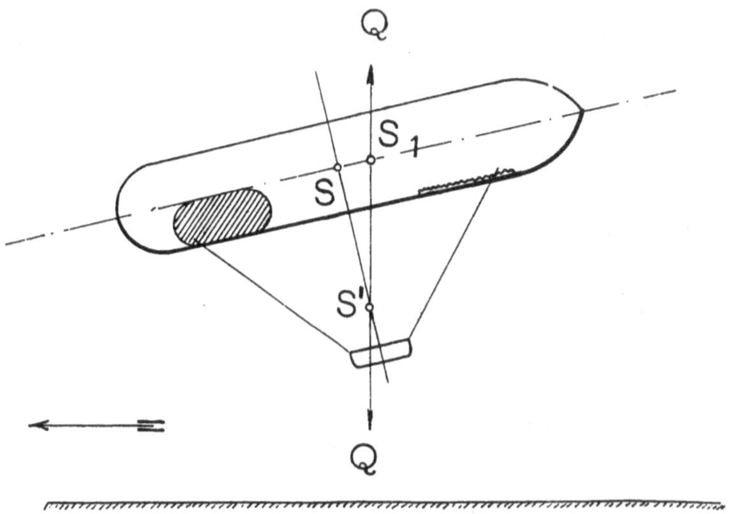

Fig. 90.

Schwerpunkt des Gasraumes nach rückwärts, etwa nach S_1, und das Schiff neigt den Kopf so lange zur Erde, bis der neue Deplacementsschwerpunkt S_1 und der Systemschwerpunkt S' wieder in einer Senkrechten liegen.

Den bis jetzt angeführten Methoden der Höhensteuerung haftet der Nachteil an, daß die Verschiebung der Gewichte bzw. der Luftmassen stets mehr oder weniger Zeit erfordert, ein Umstand, der besonders in der Nähe der Erde gefährlich werden kann.

3. D i e z w e c k m ä ß i g s t e A r t d e r H ö h e n s t e u e r u n g b e s i t z e n w i r i m F l ä c h e n s t e u e r, d e s s e n V o r z u g i n s e i n e r s o f o r t i g e n W i r k u n g b e g r ü n d e t i s t.

In Fig. 91 besitze der Mittelpunkt der vorn am Ballon drehbar gelagerten Fläche von *F qm* Inhalt in Bezug auf die durch den Deplacementsschwerpunkt *S* gehenden Ballonachsen $x:x$ und $y:y$ die Koordinaten *b* und *c*.

Durch Drehung der Fläche *F* um den Winkel α' zur Ballonachse $x:x$ soll eine Luftwiderstandskraft *P* erzeugt werden, deren Moment in Bezug auf den Deplacementsschwerpunkt *S* eine Neigung der Längsachse der Schiffes um den Winkel α zur horizontalen Fahrrichtung dauernd aufrecht erhalten soll.

Für diese Luftwiderstandskraft *P* erhalten wir ziemlich genau nach dem v. Loesslschen Gesetz:

$$P = \frac{\gamma}{g} F v^2 \sin(\alpha' + \alpha)$$

wobei γ das Gewicht von 1 cbm atm. Luft, *g* die Erdbeschleunigung und *v* die Eigengeschwindigkeit des Schiffes bedeutet; $\alpha' + \alpha$ ist der Winkel, unter dem die Fläche von *F qm* Inhalt von der Luft getroffen

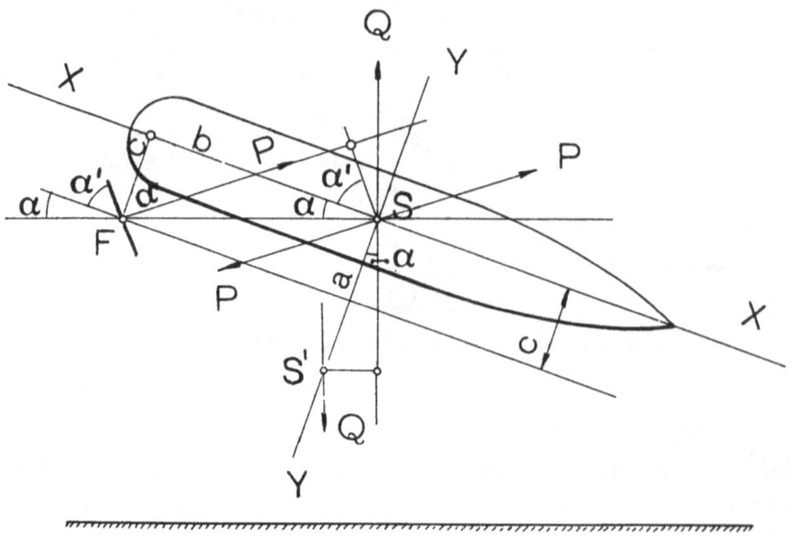

Fig. 91.

wird. *S'* sei wiederum der Systemschwerpunkt des ganzen Fahrzeuges und *a* dessen Abstand vom Deplacementsschwerpunkt *S*.

Zur Aufrechterhaltung des Neigungswinkels α der Ballonachse zur Horizontalen besteht die Momentengleichung:

$$P(b\cos\alpha' - c\sin\alpha') = Qa\sin\alpha$$

wobei *Q* wieder das Gesamtgewicht des Schiffes repräsentiert.

Nach Einsetzen des Wertes P in diese Gleichung ergibt sich die zur Erzeugung des Neigungswinkels α erforderliche Fläche des Höhensteuers zu:

$$F = \frac{10 Va \sin \alpha}{v^2 \sin (\alpha' + \alpha)\,(b \cos \alpha' \mp c \sin \alpha')} \text{ qm} \quad . \quad . \quad 85)$$

Dabei wurde wie früher das Gewicht Q des Schiffes durch das Produkt $V\gamma$ ersetzt, wobei V das Volumen des Ballons in cbm bedeutet. Die Erdbeschleunigung g ist auf 10 m abgerundet.

Das negative Vorzeichen im Nenner der obigen Gleichung gilt für die Steuerung nach aufwärts, das positive dagegen für die Fahrt zur Erde unter dem gleichen Neigungswinkel α zur Horizontalen.

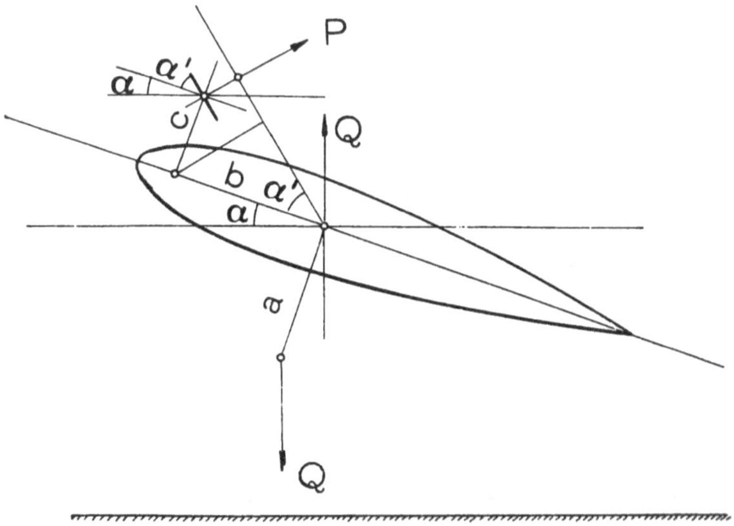

Fig. 92.

Aus den verschiedenen Vorzeichen geht hervor, daß für die Tieffahrt beim gleichen Ausschlagwinkel α des Ruders zur Herstellung der Neigung α der Schiffsachse eine kleinere Fläche F erforderlich ist, als für die Höhenfahrt, oder mit anderen Worten: das Ruder steuert besser nach unten als nach aufwärts, da die Fläche F natürlich stets dieselbe bleibt.

Die Ursache dieser Erscheinung ist bedingt durch die Lage der Fläche F unterhalb der Ballonachse und erklärt sich durch die größeren Hebelarme, die der Luftwiderstandskraft P bei der Abwärtsfahrt zur Verfügung stehen.

Liegt die Ruderfläche über der Ballonachse (s. Fig. 92), eine Ausführung, die bei starren Schiffen ohne weiteres möglich wird, dann tritt der umgekehrte Fall ein, die Steuerung wirkt also intensiver nach oben als nach unten. In Gleich. 85 gilt dann das negative Vorzeichen für das Steuern nach der Erde und das positive für die Höhenfahrt.

Dieser Unterschied verschwindet, wenn $c = 0$ wird, wenn also die Fläche F in der Höhe der Ballonachse angebracht wird (s. Fig. 93).

Die Ruderfläche ergibt sich dann zu:

$$F = \frac{10 V a \sin \alpha}{v^2 \sin (\alpha' + \alpha)\, b \cos \alpha'} \quad . \quad . \quad . \quad . \quad . \quad 86)$$

Die Fläche F wird um so kleiner, je größer ihr Abstand b vom Deplacementsschwerpunkt S des Ballons entfernt ist. Das Höhensteuer muß also möglichst weit nach vorn gelegt werden.

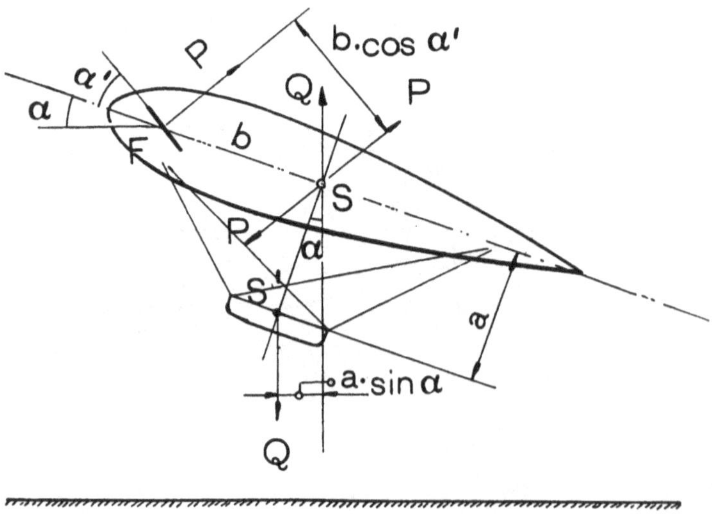

Fig. 93.

Liegt das Ruder am Schwanzende des Ballons (s. Fig. 94), dann wird

$$F = \frac{10 V a \sin \alpha}{v^2 \sin (\alpha' - \alpha)\, (b \cos \alpha' \mp c \sin a')} \quad . \quad . \quad . \quad 87)$$

wobei wieder das negative Vorzeichen für die Hoch-, das positive für die Tieffahrt gilt.

Für $c = 0$, also für die Lage des Ruders am Heck in Höhe der Ballonachse, erhalten wir die notwendige Ruderfläche zu:

$$F = \frac{10 V a \sin \alpha}{v^2 \sin (\alpha' - \alpha)\, b \cos \alpha'} \quad . \quad . \quad . \quad . \quad . \quad 88)$$

Aus der Betrachtung der Gleichungen und der Figuren geht hervor, daß unter denselben Verhältnissen das Hecksteuer stets schlechter wirken muß als ein Bugsteuer, da bei gleichem Ruderausschlag das letztere immer einen größeren Lufteinfallwinkel zur Verfügung hat als das rückwärts liegende Hecksteuer, bei welchem der Lufteinfallwinkel um die Neigung α der Ballonachse vermindert wird, während das vorn liegende Steuer diesen Winkel gewinnt, und zwar gleichgültig, ob das Schiff auf- oder abwärts fährt.

Aus diesem Grunde ist es auch nicht zweckmäßig, die Höhensteuer vorn und hinten zu verteilen. Man braucht zur Erzielung der gleichen Wirkung weniger Flächen, wenn man dieselben vorn konzentriert.

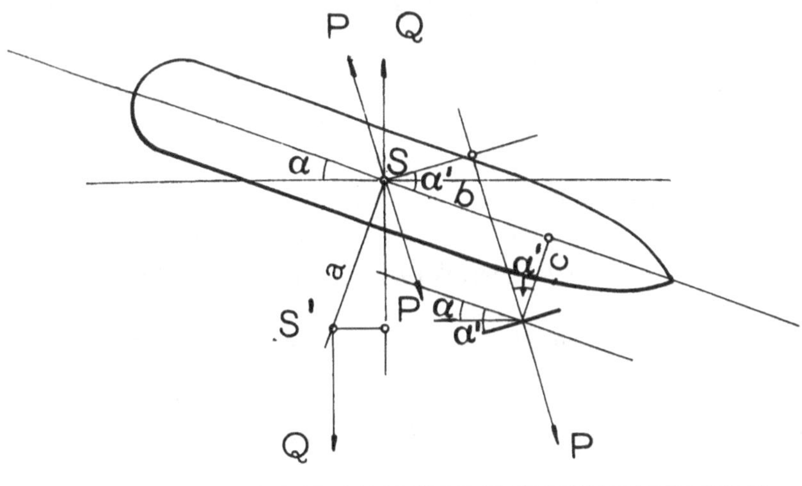

Fig. 94.

Denken wir uns in Höhe der Ballonachse vorn und hinten im gleichen Abstand vom Deplacementsschwerpunkt gleich große Flächen angebracht, und neigen dieselben in entgegengesetztem Drehsinne um den Winkel α' zur Ballonachse, so addieren sich die Momente der Luftwiderstandskräfte, und wir brauchen zur Herstellung der Neigung α des Schiffes eine gesamte Fläche für die Steuerungsanlage von

$$F = \frac{10 Va \sin \alpha}{v^2 b \sin \alpha' \cos \alpha' \cos \alpha} \quad . \quad . \quad . \quad . \quad . \quad 89)$$

Aus der Gegenüberstellung dieser Gleichung mit Gl. 86, die für das Vordersteuer unter gleichen Umständen gilt, ergibt sich, daß die Anlage von Bug- und Hecksteuer stets mehr Fläche erfordert als das

Bugsteuer allein, denn das Produkt $\sin\alpha' \cos\alpha' \cos\alpha$ im Nenner der Gl. 89 muß stets kleiner sein als das Produkt $\sin(\alpha' + \alpha)\cos\alpha'$ im Nenner der Gl. 86.

Wichtig ist nun noch derjenige Neigungswinkel α' des Ruders, für den das Steuermoment ein Maximum wird. Um diesen Winkel zu ermitteln, differentieren wir zunächst für den Fall der Fig. 91 das Moment der Luftwiderstandskraft P nach α' und setzen den erhaltenen Differentialquotienten = Null.

Der günstigste Neigungswinkel der Ruderfläche ergibt sich dann für unterhalb des Ballons liegende Ruder zu:

$$\sin\alpha'_{max} = \sqrt{\frac{1}{2}\left(1 \pm \sqrt{\frac{(b\sin\alpha \pm c\cos\alpha)^2}{b^2 + c^2}}\right)} \qquad 90)$$

Dabei gilt für B u g s t e u e r das positive Vorzeichen vor $c\cos\alpha$ für die Hochfahrt, das negative für die Fahrt zur Erde. Bei H e c k - s t e u e r dagegen gilt umgekehrt das negative Zeichen vor $c\cos\alpha$ für die Hochfahrt und das positive für die Tieffahrt.

Ferner gilt für H e c k s t e u e r immer das positive Vorzeichen v o r d e r W u r z e l, für B u g s t e u e r dagegen immer das negative.

Setzen wir in Gleichung 90 $c = 0$, so geht sie über in

$$\sin\alpha'_{max} = \sqrt{\frac{1}{2}(1 \pm \sin\alpha)} \quad . \quad . \quad . \quad . \quad . \quad 91)$$

und gilt dann f ü r e i n i n d e r H ö h e d e r B a l l o n a c h s e a n - g e b r a c h t e s R u d e r, wie in Fig. 93 skizziert.

Das positive Vorzeichen unter der Wurzel gilt wieder für Hecksteuer, das negative für Bugsteuer.

Für einen Neigungswinkel der Ballonachse von zirka 9° berechnen sich die günstigsten Neigungswinkel der Ruderflächen aus Gl. 91, für Vordersteuerung zu zirka 40°, für Hintersteuerung dagegen zu zirka 50°.

Diese Werte für die Ausschlagwinkel α' sind also in die Gleichungen zur Berechnung der Steuerflächen F einzusetzen, um die gewünschte Neigung der Ballonachse bei kleinster Fläche zu erreichen.

Ferner müssen die Ruder so konstruiert sein, daß die berechneten Ausschlagwinkel von 40 bzw. 50° nicht überschritten werden können, da sonst die Steuerwirkung wieder nachläßt.

In Fig. 95 sind die Steuermomente für ein Bug- und Hecksteuer von gleicher Fläche F und gleichem Abstand b für $c = 0$ und $\alpha = 9^0$ berechnet und auf der y-Achse aufgetragen für die Ausschlagwinkel von 0 bis 90°. Man erkennt sofort die große Überlegenheit des Bugsteuers. Die Maximalmomente erscheinen bei 40 bzw. 50°, wie dies von Gleichung 91 gefordert wurde.

Ein weiterer wichtiger Vorzug der Bugsteuer erhellt aus folgender Überlegung: Denken wir uns in Fig. 93 die Luftwiderstandskraft *P* des Bugsteuers nach dem Depl.-Schwerpunkt *S* verlegt, so erhalten wir zunächst aus den Kräften *P* ein Drehpaar, dessen Moment $Pb \cos \alpha'$ die Neigung des Schiffes erzwingt, und ferner eine nach oben gerichtete freie Kraft *P*, die den beabsichtigten Zweck der Hebung des Schiffes unterstützt.

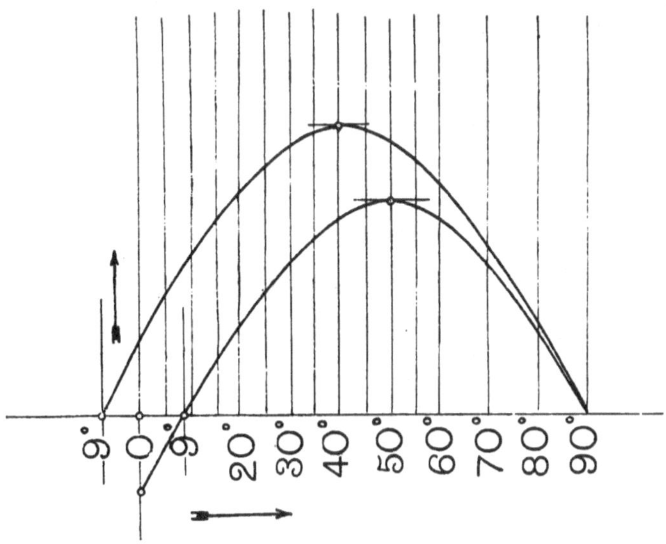

Fig. 95.

Das Gegenteil davon ist der Fall beim Hecksteuer, wie aus Fig. 94 ersichtlich ist: Das Fahrzeug wird durch die Kraft *P* niedergedrückt. An diesen wesentlichen Unterschieden zwischen Bug- und Hecksteuer ändert sich auch nichts bei der Fahrt des Schiffes nach der Erde.

Bei Bug- und Hecksteuer kommt die Resultierende der freien Luftwiderstandskräfte in Betracht, deren senkrechte Komponente dann allerdings fast verschwindet und somit weder helfend noch hemmend auftreten kann. Man begibt sich jedoch bei dieser Anordnung des Vorzuges, den das Bugsteuer bietet, indem es durch seine Luftwiderstandskraft die gewünschte Wirkung verstärkt.

Ein wesentlicher Punkt ist noch bei der Konstruktion des Bugsteuers zu beachten. Denken wir uns das Schiff durch irgend welche

Ursache um den Winkel α geneigt, ohne daß das Höhensteuer aus seiner Ruhelage gebracht wurde, so wird trotzdem eine Luftwiderstandskraft P auftreten, da die Fläche mit der Fahrrichtung den Winkel α einschließt (s. Fig. 96).

Untersuchen wir nun, wie groß die Fläche des Steuers sein müßte, damit das Schiff in dieser Lage verharrt. Durch Gleichsetzen der auf dasselbe einwirkenden Momente ergibt sich diese Flächengröße zu

$$F_{\max} = \frac{10 Va}{v^2 b} \quad . \; . \; . \; . \; . \; . \; . \; . \quad 92)$$

Die gleiche Beziehung ergibt sich, wenn wir in Gleichung 86 den Ausschlagwinkel α' des Ruders gleich Null setzen.

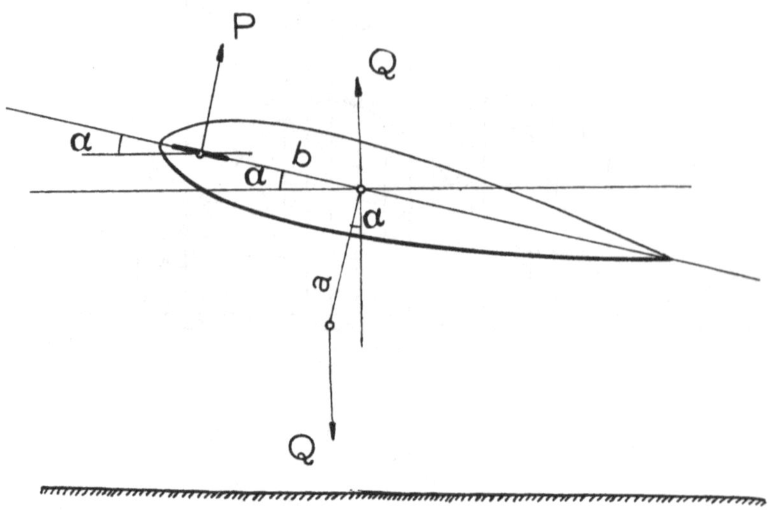

Fig. 96.

Wir schließen aus Gleichung 92, daß für die sich aus ihr ergebende Flächengröße die Gleichgewichtslage des Schiffes unabhängig von dessen Neigung α wird. Der Gleichgewichtszustand wird also labil, so daß das Schiff sich überschlagen könnte, wenn nicht mit zunehmender Neigung auch die Eigengeschwindigkeit v nachlassen würde.

Die Fläche des Bugsteuer F darf also niemals die durch Gl. 92 gegebene Größe überschreiten, da das Schiff zum mindesten außerordentlich schwer stampfend laufen würde.

Ein Nachteil sämtlicher bis jetzt aufgeführten dynamischen Höhensteuerungsarten liegt in dem Umstand, daß sie nur bei Fahrt steuern. Die Steuerfähigkeit läßt mit abnehmender Geschwindigkeit des Schiffes erheblich nach. Bei verminderter oder ganz geschwundener Eigengeschwindigkeit kann also nur noch mit Ballast und Ventil die Höhenlage geändert werden, falls das Schiff nicht mit einer Hubschraube ausgerüstet ist, die hiermit als die letzte der Steuerungsmöglichkeiten angeführt sein soll.

16. Disposition der Gondel. Kühleranordnung und Kühlerventilator.

Im Interesse einer Verminderung des Gewichtes und des Fahrwiderstandes ist bei der Disposition der Gondeleinrichtung die Rücksicht auf äußerste Raumausnützung der maßgebende Faktor.

Bei unstarren Schiffen handelt es sich bei der Dimensionierung und Einrichtung der Gondel um die Unterbringung der Motore, der Schraubenanlage mit Kuppelungen und Getriebe, wofür ich ein Kegelradgetriebe als am zweckmäßigsten empfehlen möchte, ferner um Unterbringung der Pumpen, der Kühler- und Ballonettventilatoren, der Benzin- und Wasserballastbehälter und schließlich der Insassen, die sich aus Führer, Steuermann, Maschinisten und Passagieren zusammensetzen. Für Kriegsschiffe kommt noch der Funkenapparat mit Dynamo und ein leichtes Schnellfeuergeschütz hinzu.

Man sieht also, daß es sich um den Einbau einer ganzen Reihe von Konstruktionsaggregaten handelt, deren zweckmäßige Anordnung und Verteilung dem zum ersten Male vor diese Aufgabe gestellten Konstrukteur etwas schwerer fallen dürfte, als er vielleicht glauben möchte.

Als Hauptgesichtspunkte mögen angeführt werden, daß zunächst der vordere Raum der Gondel für Führer und Steuermann reserviert bleiben muß, der folgende Raum diene für die Passagiere, so daß für die Maschinenanlage der hintere Teil der Gondel in Betracht kommt. Daß für die Einrichtung der letzteren Übersichtlichkeit und Zugänglichkeit das ausschlaggebende Moment zu bilden haben, ist naheliegend.

Der Antrieb derjenigen Nebenmaschinen, die für den Betrieb der Motoren notwendig sind, hat so zu erfolgen, daß sie beim Arbeiten der Motoren dauernd zum Mitlaufen gezwungen sind, während die übrigen Nebenmaschinen und insbesondere die Schrauben mit Kupplungen versehen sein müssen, so daß sie je nach Bedarf in oder außer Tätigkeit gesetzt werden können.

Der Antrieb der Nebenmaschinen erfolgt zweckmäßig durch Seile, da Ketten bei den hier vorliegenden Geschwindigkeiten nicht mehr als betriebssicher gelten können.

Bei jedem Seil- oder Kettenantrieb ist sorgfältig auf die Aufnahme des Zuges durch Abstützungsorgane zu achten, und ferner darf nie eine Nachstellvorrichtung fehlen, die ein Nachspannen des Zugorganes während des Betriebes gestattet.

Jede Schraubenmutter im Schiff ist prinzipiell zu sichern.

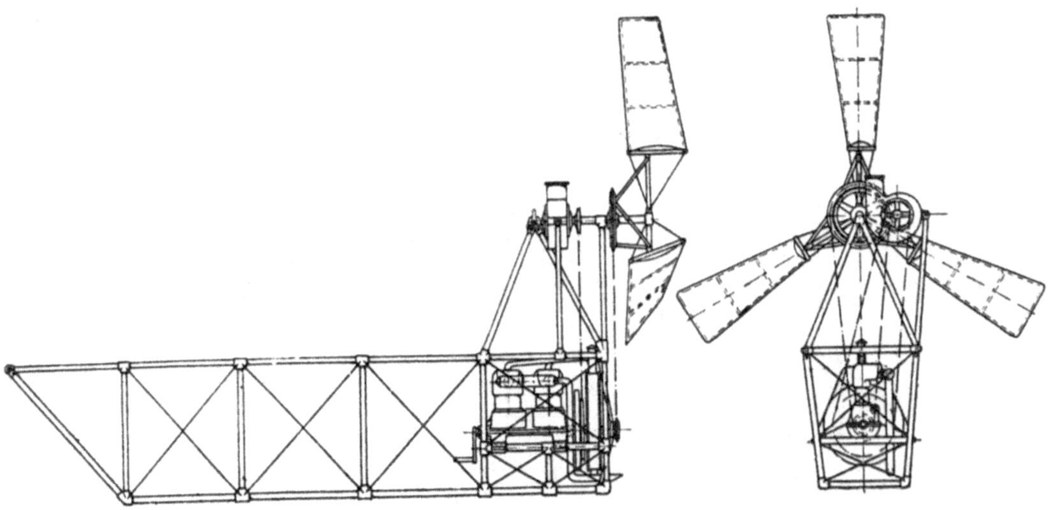

Fig. 97.

Außerdem müssen sämtliche Rohre, wie Benzinleitungs-, Auspuff- und Vergaserrohre durch Drahtverspannungen oder Abstützungen vor Schwingungen und Vibrationen geschützt sein. Dieselben können bei voller Fahrt mit 400 oder 500 PS derartig ausfallen, daß auf die Dauer ein Rohrbruch eintreten muß.

Bei mehreren Motoren ist die Einrichtung prinzipiell so zu treffen, daß Nebenmaschinen und **sämtliche** Schrauben in Betrieb gehalten werden können, auch wenn ein oder mehrere Motore stillgesetzt werden.

Was dabei die Nebenmaschinen betrifft, so kommen dafür natürlich nur diejenigen in Betracht, deren Tätigkeit zum Betrieb der noch laufenden Motore erforderlich ist.

Die damit für die Disposition der Gondel gegebenen Gesichtspunkte mögen genügen, zumal die Besprechung konstruktiver Fragen nicht der Zweck dieser Arbeit sind.

Etwas näher eingehen möchte ich nur noch auf die Lage des Kühlers und die Dimensionierung des Kühlerventilators.

Der Anfänger wird meistens das hartnäckige Bestreben zeigen, den Kühler an die Spitze der Gondel zu setzen, weil er mit Recht glaubt, daß dort die Zufuhr der kühlenden Luft am sichersten ge-

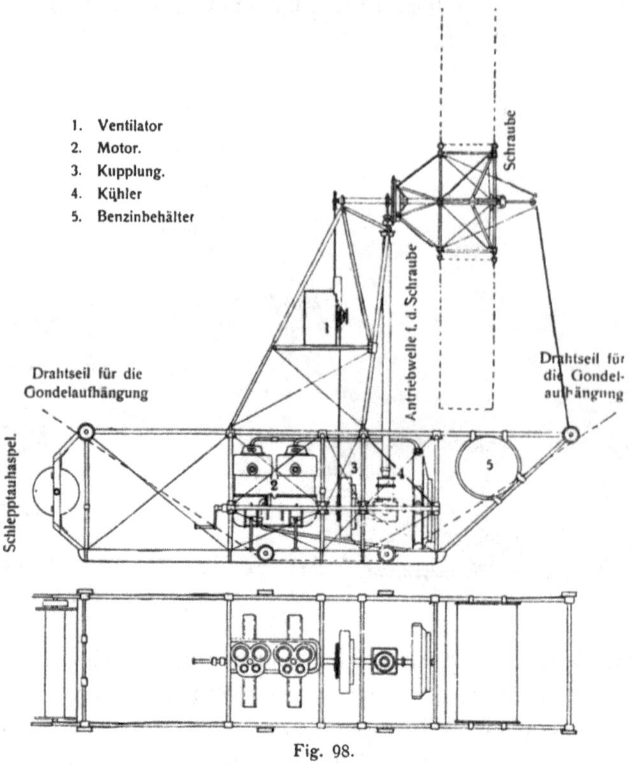

Fig. 98.

währleistet sei, und außerdem deshalb, weil er es von den Automobilen her nicht anders gewohnt ist.

So richtig nun die Anordnung des Kühlers und damit des Kühlerventilators bei einem Automobil auch ist, so verkehrt wäre sie im Luftschiff.

Der Kühler und sein Kühlerventilator gehört an das hinterste Ende der Gondel, und zwar erstens deshalb, weil es im Führerstand auf die Dauer niemand aushalten würde, ununterbrochen einem im

Winter eiskalten Luftstrom ausgesetzt zu sein, was auf jeden Fall in Kauf genommen werden müßte, falls man sich nicht entschließt, eine besondere Schutzeinrichtung vorzusehen, durch welche der Luftstrom nach den Seiten abgelenkt wird.

Zweitens wäre es sehr ungeschickt, wenn man den pro 100 PS immerhin 10 bis 12 Pferde beanspruchenden Kühlerventilator nicht zum Vortrieb der Gondel ausnutzen würde, was nur möglich ist, falls er sich am hintersten Ende der Gondel befindet, allenfalls noch, wenn man ihn über der Gondel an den Schraubenauslegern befestigt.

Die Rücksicht auf bessere Luftzufuhr an der Spitze spielt gegenüber dem letzteren Grunde gar keine beachtenswerte Rolle.

Man konstruiert also die Kühlerventilatoren als kleine Luftschrauben, die bei großen Schiffen immerhin in der Lage sein können,

Fig. 99.

einen beträchtlichen Teil des Fahrwiderstandes der Gondel zu bewältigen.

Zu beachten ist noch beim Entwurf des Kühlerventilators, daß das Produkt aus Tourenzahl und Steigung desselben, dividiert durch 60, also dessen ideelle Marschgeschwindigkeit $\frac{ns}{60}$ (s. „Theorie und Berechnung der Luftschrauben" p. 35) erheblich größer als die Eigengeschwindigkeit des Schiffes wird, da anderenfalls der Kühlerventilator zu wenig oder gar keine Luft mehr fördert.

Man wählt zweckmässig $\frac{ns}{60} \geqq 1{,}5v$.

Nicht so einfach ist auch die Unterbringung der bei großen Schiffen mehr als 1000 kg betragenden Benzin- und Ballastvorräte in der Gondel.

Halbstarre und starre Schiffe, sowie solche mit langen Gondeln tun sich in diesem Punkte leichter, indem die entsprechenden Behälter außerhalb der Gondel Platz finden können und richtigerweise auch müssen.

Die Fig. 97 bis 99 zeigen die Gondeldispositionen dreier Parsevalschiffe von 25, 100 und 200 PS, auf deren Zweckmäßigkeit besonders hingewiesen sein soll.

Von großer Wichtigkeit ist es, daß sämtliche zur Führung des Schiffes erforderlichen Leinen, wie Ventilleinen, Ballonetklappenzüge etc. in klarer, übersichtlicher Weise im Führerstand vor Augen liegen, durch deutlich erkennbare Schilder ihren Zweck verratend.

Die Reißleinen allein werden abseits der zum normalen Betrieb des Schiffes erforderlichen Züge angeordnet, durch grellrote Farbe gekennzeichnet und sorgfältig in ihrer Lage gesichert.

Es ist schon manchmal dagewesen, daß Reißleinen sich von ihrer Befestigung lösten, von den Luftschrauben erfaßt wurden und dadurch die Hauptsicherung ausgeklinkt haben, so daß nur der Umstand, daß die Leine von den Schrauben durchschnitten wurde, eine Katastrophe verhindert hat.

Bei jedem Motorluftschiff ist die Reißleine durch zwei Klinkvorrichtungen zu sichern.

Schließlich möge noch erwähnt werden, daß Schiffe mit mehr als 17 m Eigengeschwindigkeit mit geschlossenen Gondeln versehen sein sollen, zum mindesten aber einen Windschutz für den Führerstand aufweisen müssen, da anderenfalls, besonders bei Dauerfahrten im Winter, die Besatzung in unverantwortlicher Weise strapaziert wird.

17. Die Navigation im Luftschiff. Das Aktionsfeld.

Die Geschwindigkeit eines Luftschiffes relativ zur Erde setzt sich nach Größe und Richtung aus zwei Komponenten zusammen, nämlich aus der Eigengeschwindigkeit des Schiffes und aus der Geschwindigkeit des Windes. Bedeutet v_e die Eigengeschwindigkeit und v_w die Windgeschwindigkeit, so würde die Richtung und Geschwindigkeit des Schiffes relativ zur Erde durch die Resultierende v dieser beiden Geschwindigkeiten dargestellt, siehe Fig. 100.

Ein Luftschiff fährt also im allgemeinen bei Wind mit der Flanke halb rechts oder halb links voraus, d. h. die Kiellinie bildet mit dem Kurs des Schiffes einen Winkel α, den ich den Kielwinkel nennen will. Der Kielwinkel wird zu Null, wenn das Schiff mit oder gegen den Wind fährt.

Die Windgeschwindigkeit trägt also eine Komplikation in die Navigationsverhältnisse eines Luftschiffes hinein, wie sie der Seefahrer nicht kennt, denn ein Seeschiff hält seine Kiellinie immer aufs Ziel gerichtet, sofern wir von dem unbedeutenden Einfluß der Meeresströmungen absehen. Kurs und Kiellinie fallen also beim Seeschiff stets zusammen, d. h. der Kielwinkel ist immer gleich Null. Diese einfachen Verhältnisse stellen sich, wie schon erwähnt, bei einem Luftschiff nur dann ein, wenn das Ziel zufällig in der Windrichtung liegt. Aus dem Parallelogramm der Geschwindigkeiten, Figur 100, ersehen wir ferner, daß das Schiff während der Fahrt, ganz unabhängig von Richtung und Stärke des herrschenden Windes, stets dem gleichen Luftdrucke ausgesetzt ist, nämlich nur dem von der Eigengeschwindigkeit des Schiffes herrührenden Winddruck, der immer in der Richtung der Kiellinie wirkt. Der Luftschiffer hat also während der Fahrt stets nur Stirnwind zu erwarten, und zwar immer den gleichen. Den augenblicklich in seinem Fahrbereich herrschenden Wind fühlt er nicht, weil er dessen Bewegung mitmacht. Die Windgeschwindigkeit v_w macht sich nur bemerkbar bei der Abfahrt und der Landung, und dann je nach der Stärke des Windes in mehr oder weniger unangenehmer Weise. Die Abfahrt unter kräftigem Wind erfordert nicht minder wie die Landung größte Umsicht und Aufmerksamkeit der die Fahrt leitenden Persönlichkeit, sowie ein gut geschultes und zahlreiches Personal.

Betrachten wir nun zunächst den Einfluß, den die Windgeschwindigkeit auf das Aktionsfeld eines Luftschiffes ausübt. Herrscht Windstille, so ist dasselbe eine Kreisfläche mit dem Standorte B des Luftschiffes als Mittelpunkt. Der Radius R des Kreises, der Aktionsradius des Schiffes, ist abhängig von der Eigengeschwindigkeit und der maximalen Fahrtdauer, also dem Benzinvorrat des Fahrzeuges. Das Schiff kann also jeden Ort erreichen, der nicht weiter als um R vom Standorte B entfernt liegt.

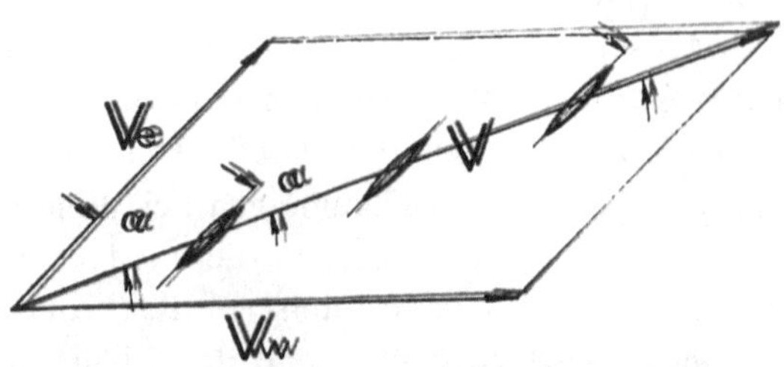

Fig. 100.

Weht jedoch Wind, dessen Geschwindigkeit und Richtung in Fig. 101 durch v_w gekennzeichnet ist, während die Eigengeschwindigkeit des Schiffes v_e ihrer Größe nach durch den Radius des Kreises gegeben sein soll, so gelangt das Schiff in der Zeiteinheit, wenn es seinen Kiel in die zum Winde unter dem beliebigen Winkel φ gewählte Richtung BC einstellt, nicht nach dem Punkte C der Kreisperipherie, wie es bei Windstille der Fall wäre, sondern nach einem Punkte C', der um die Windgeschwindigkeit v_w in der Richtung des Windes verschoben ist. Das Gleiche gilt für jede andere Kielrichtung des Schiffes, z. B. BD. Stets gelangen wir nach einem Punkte D', der von D um die Strecke v_w in der Windrichtung entfernt liegt.

Verbinden wir alle diese Punkte C', D' usw., so erhalten wir wieder einen Kreis vom Radius v_e, dessen Mittelpunkt nun ebenfalls um die Strecke v_w vom Standorte B des Schiffes in der Windrichtung abgerückt ist (siehe Fig. 102).

Wir erkennen also aus Fig. 102, daß das Schiff bei Wind für jede Fahrtrichtung eine andere Geschwindigkeit besitzt. Die Länge eines

Fahrstrahles von B aus bis zur Peripherie des Kreises entspricht der dieser Fahrrichtung zugeordneten Geschwindigkeit v des Schiffes relativ zur Erde. Dieselbe wird ein Maximum $v_{max} = v_e + v_w$, wenn das Schiff mit dem Winde, ein Minimum $v_{min} = v_e - v_w$, wenn es gegen den Wind fährt.

Der Kielwinkel α, unter dem das Schiff zu fahren hat, um z. B. nach C zu gelangen, wird erhalten, indem man den Zielpunkt C mit dem Mittelpunkt des Kreises verbindet (siehe Figur 103). Der Winkel bei C ist dann der Kielwinkel α, den die Längsachse des Schiffes mit der Kurslinie BC dauernd erhalten muß.

Für die Wege pro Zeiteinheit, also für die Geschwindigkeiten von Wind und Schiff, können wir in Figur 102 auch die Wege, die der

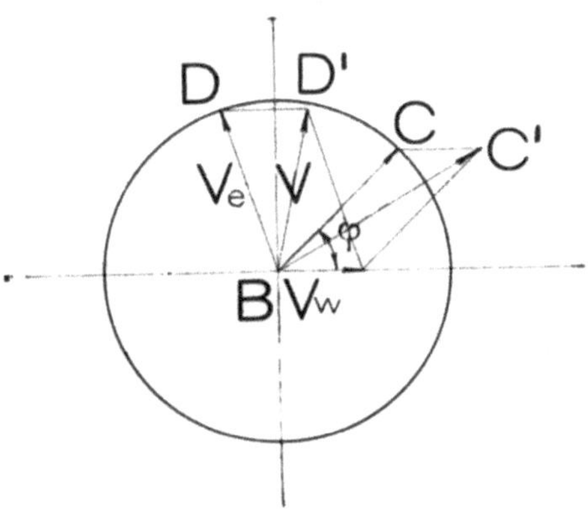

Fig. 101.

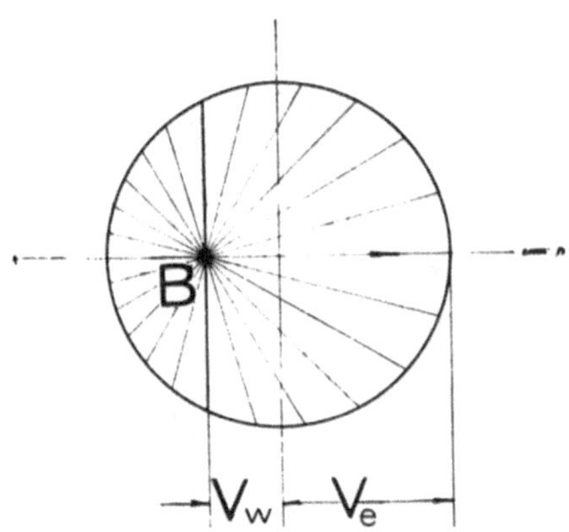

Fig. 102.

maximalen Fahrdauer des Schiffes T entsprechen, einführen. Der Radius des Kreises entspricht dann dem Aktionsradius R des Schiffes bei Windstille. Er ergibt sich aus

$$R = 3600\, v_e \cdot T \cdot \frac{1}{1000} = 3{,}6\, v_e \cdot T;$$

wenn v in Metern und T in Stunden gegeben ist. Beträgt z. B. die Eigengeschwindigkeit eines Schiffes $v_e = 15$ Meter pro Sekunde und der maximale Benzinvorrat genüge für eine Fahrdauer von 24 Stunden, so beträgt der Aktionsradius für Windstille:

$$R = 15 \cdot 24 \cdot 3{,}6 \sim 1300 \text{ km};$$

Die Windgeschwindigkeit v_w hätten wir dann in Figur 102 zu ersetzen durch die Strecke:

$$W = v_w \cdot T \cdot 3{,}6,$$

also denjenigen Weg, den das Schiff in der Zeit von 24 Stunden zurücklegen würde, wenn es allein dem Winde überlassen wäre.

Aus Fig. 102 erkennen wir, daß der Stationsort *B* des Schiffes exzentrisch innerhalb eines Kreises mit dem Radius *R* liegt, und zwar auf demjenigen Fahrstrahl, der in der Windrichtung durch den Mittelpunkt des Kreises gezogen ist. Die Exzentrizität ist gleich dem Weg des Windes *W* in der Zeit *T* und muß entgegengesetzt der Windrichtung abgetragen werden. Die Windrichtung wählen wir in allen unseren Beispielen mit der positiven Richtung der *X*-Achse zusammenfallend.

Der Aktionsradius ist für jede Richtung von anderer Größe, es gilt hier genau das Gleiche, was wir über die mit der Fahrrichtung veränderlichen Geschwindigkeiten festgestellt haben. Jedenfalls

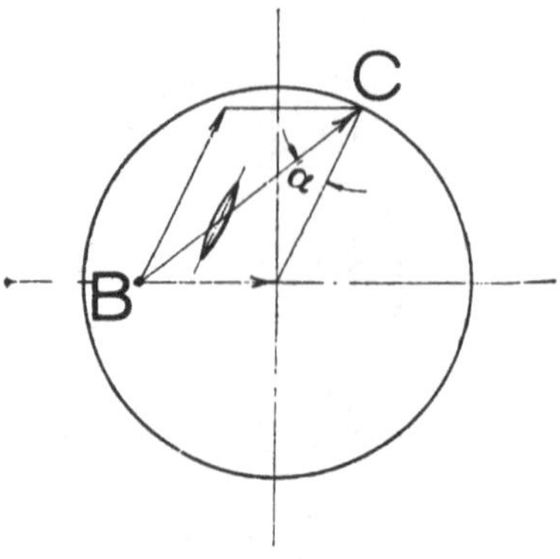

Fig. 103.

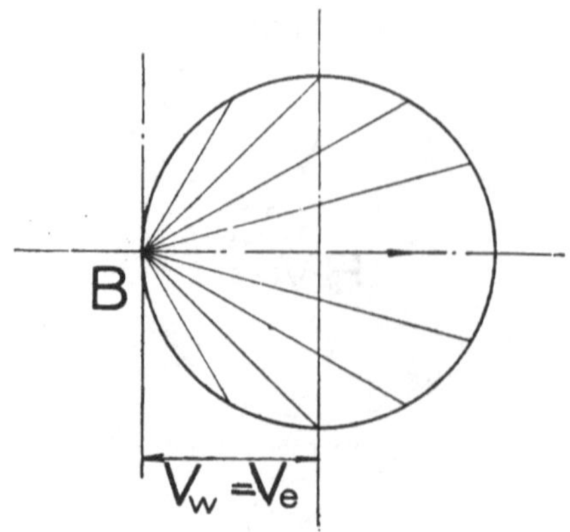

Fig. 104.

wissen wir, daß das Luftschiff, nach welcher Richtung des Horizontes es sich auch wenden möge, stets nach Ablauf der Zeit *T* die Peripherie des Aktionskreises erreicht, und damit seinen Benzinvorrat erschöpft hat.

Bis jetzt haben wir vorausgesetzt, daß die Windgeschwindigkeit kleiner als die Eigengeschwindigkeit des Fahrzeuges sei. Werden die beiden Geschwindigkeiten gleich groß, dann wird in Fig. 102 $W = R$, und der Stationsort des Schiffes fällt auf die Peripherie des Aktionskreises. Wir erhalten dann das Bild der Figur 104. Es fällt sofort auf, daß das Schiff jetzt nur noch die Hälfte des Horizontes beherrscht. Alle Richtungen, die links von der durch *B* gezogenen senkrechten Geraden liegen, bleiben ihm verschlossen, während im vorigen Falle, solange also v_w kleiner war wie v_e, jede beliebige Richtung offen stand.

Noch beschränkter wird das Schiff in seiner Gebrauchsfähigkeit, wenn die Windstärke die Eigengeschwindigkeit des Fahrzeuges übertrifft. Der Stationsort B kommt dann außerhalb des mit dem Radius R geschlagenen Kreises zu liegen. Das Aktionsfeld besitzt dann die Gestalt der Figur 105. Das Aktionsfeld wird also räumlich größer als früher, die Zahl der zur Verfügung stehenden Fahrrichtungen dagegen wird um so mehr beschränkt, je mehr die Windgeschwindigkeit überwiegt. Aus Figur 105 ersehen wir, daß das Schiff nur diejenigen Richtungen beherrscht, die nicht weiter als um den Winkel $\frac{\alpha}{2}$ von der Windrichtung abweichen. Es ist nach Figur 105:

$$\sin\frac{\alpha}{2} = \frac{R}{W}$$

$$\text{für } W = \infty \text{ wird } \alpha = 0$$

d. h. das Schiff könnte dann nur noch in einer Richtung, nämlich nur mit dem Winde fahren.

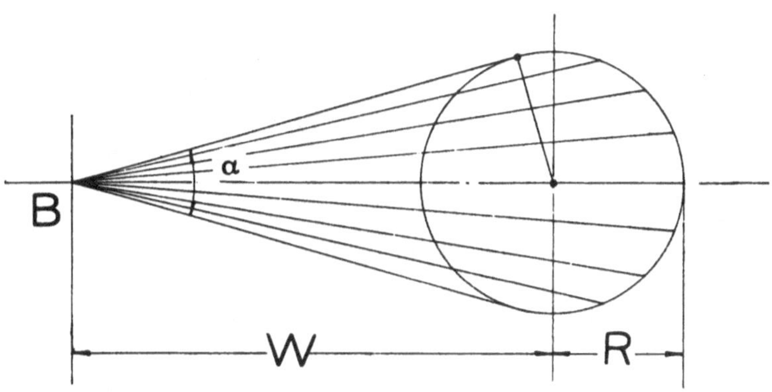

Fig. 105.

Aus den Figuren 102, 104 und 105 erkennt man, von welch ausschlaggebender Bedeutung eine große Eigengeschwindigkeit für die Verwendungsfähigkeit eines Luftschiffes ist.

Was den dritten Fall, v_e kleiner als v_w (Fig. 105), betrifft, so möchte ich der Vollständigkeit halber noch erwähnen, daß hier zu jeder Richtung zwei Kielwinkel möglich sind. Für den unter dem beliebigen Winkel φ gezogenen Strahl, der die Kreisperipherie in den Punkten C und D schneidet (Fig. 106), können wir sowohl für den Schnittpunkt D, als auch für C ein Parallelogramm der Geschwindigkeiten bezw. der Wege zeichnen. Das Schiff fährt also sowohl unter dem Kielwinkel α als auch unter dem Kielwinkel α' in der Richtung des gewählten Strahles. Fährt es unter dem stumpfen Kielwinkel α', so ist sein Benzinvorrat bereits in C erschöpft, während es bei Fahrt unter dem Kielwinkel α in der gleichen Zeit bis D gelangt.

Die in den Figuren 102, 104 und 105 gezeichneten Aktionsfelder sind jedoch nur maßgebend für ein Sport- oder Verkehrsluftschiff, das nicht an seinen Stationsort gebunden ist. Für ein Kriegsluftschiff, das im allgemeinen stets zum Ausgangspunkte zurückkehren muß, wird durch diese Bedingung das Aktionsfeld ganz bedeutend beschränkt.

Untersuchen wir die Verhältnisse unter Zugrundelegung der Fig. 102, also $v_w < v_e$ Ziehen wir in Fig. 107 durch den Stationsort B einen beliebigen Strahl unter dem Winkel α und untersuchen wir nun, wieweit wir in der Richtung auf Punkt D zu hinausfahren können, um den Ausgangspunkt B gerade in demjenigen Augenblick wieder zu erreichen, in dem der Benzinvorrat zu Ende geht. Bezeichnen wir die gesuchte Strecke mit ρ und den Endpunkt von ρ, bei welchem spätestens die Umkehr des Schiffes erfolgen muß mit U, bezeichnen

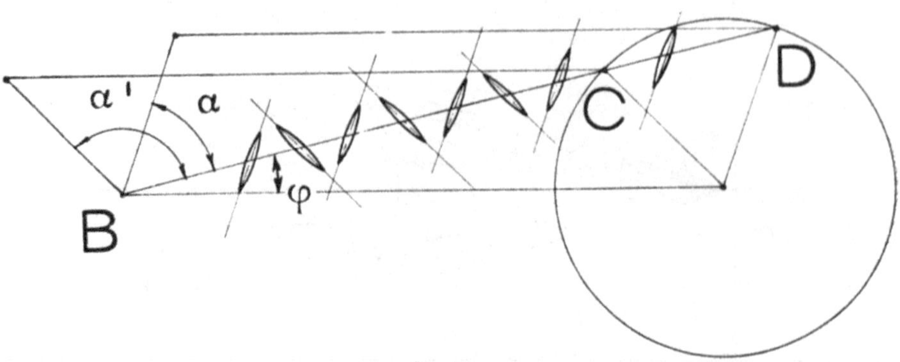

Fig. 106.

wir ferner die Geschwindigkeit des Schiffes bei Fahrt in Richtung von B nach D mit v_1 und die Geschwindigkeit in entgegengesetzter Richtung, also von B nach C mit v_2, schließlich die Zeit für die Fahrt von B nach U mit t_1, so haben wir zunächst:

$$\rho = v_1 t_1 = v_2 t_2 \quad . \quad . \quad . \quad . \quad . \quad . \quad . \quad . \quad 93)$$

ferner

$$t_1 + t_2 = T \quad . \quad . \quad . \quad . \quad . \quad . \quad . \quad . \quad 94)$$

wenn T die maximale Fahrtdauer des Schiffes bedeutet.

Außerdem haben wir noch für die Geschwindigkeiten v_1 und v_2 die Gleichungen:

$$v_1 = \frac{s_1}{T} \text{ und } v_2 = \frac{s_2}{T};$$

Diese Werte, eingesetzt in Gleichung 93, liefern:

$$\rho = \frac{s_1 t_1}{T} = \frac{s_2 t_2}{T} \quad . \quad . \quad . \quad . \quad . \quad . \quad . \quad . \quad 95)$$

oder auch

$$s_1 t_1 = s_2 t_2 \quad . \quad . \quad . \quad . \quad . \quad . \quad . \quad . \quad 96)$$

Aus Gleichung 94 und 96 erhalten wir nun:

$$s_1 t_1 = s_2 (T - t_1) = s_2 T - s_2 t_1$$

oder

$$t_1 (s_1 + s_2) = s_2 T$$

und somit

$$t_1 = \frac{s_2}{s_1 + s_2} T \quad . \quad . \quad . \quad . \quad . \quad . \quad . \quad . \quad 97)$$

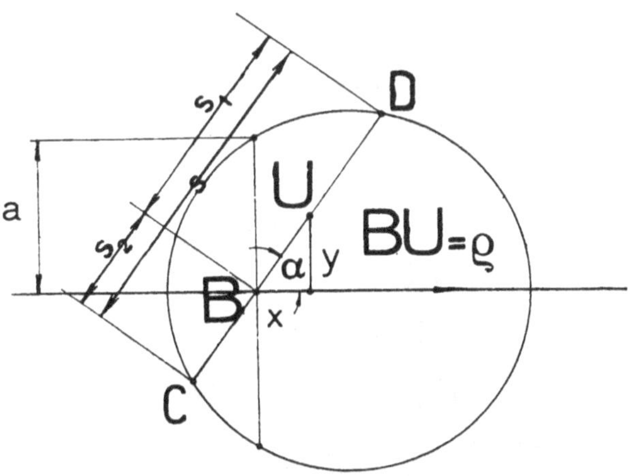

Fig. 107.

Diesen Wert t_1, eingesetzt in Gleichung 95, gibt:

$$\rho = \frac{s_1 \cdot s_2}{s_1 + s_2}$$

Setzen wir für die Summe der Sehnenabschnitte $s_1 + s_2$ die ganze Sehnenlänge s ein, und erinnern wir uns des Satzes über die Produkte der Abschnitte zweier sich schneidender Sehnen, so erhalten wir, wenn a die halbe Länge der im Stationsort B des Luftschiffes senkrecht zur Windrichtung gezogenen Sehne bedeutet für:

$$\rho = \frac{a^2}{s} \quad . \quad . \quad . \quad . \quad . \quad . \quad . \quad . \quad 98)$$

womit uns für jeden beliebigen durch B gezogenen Fahrstrahl bei gegebener Windrichtung und Stärke diejenige Strecke ρ bekannt ist, um welche wir uns vom Stationsorte B entfernen dürfen, um gerade wieder nach Hause zu kommen. Dabei ist es offenbar gleichgültig, ob wir in Richtung auf D oder C zu fahren.

Die Fahrzeit, nach welcher das Schiff spätestens umzukehren hat, um den Stationsort wieder zu erreichen, ermittelt sich bei Fahrt in Richtung nach D aus Gleichung 97 zu:

$$t_1 = \frac{s_2}{s_1 + s_2} \cdot T$$

oder

$$t_1 = \frac{s_2}{s} \cdot T \quad . \; . \; . \; . \; . \; . \; . \; . \; . \; . \quad 99)$$

Bei Fahrt in Richtung auf C dagegen wird es höchste Zeit zur Umkehr nach Ablauf der Zeit:

$$t_2 = \frac{s_1}{s} \cdot T \quad . \; . \; . \; . \; . \; . \; . \; . \quad 100)$$

Gleichzeitig bedeutet t_2 nach Gleichung 100 die Dauer der Rückfahrt, falls man in der Richtung auf D zu abgefahren ist, und t_1 die Zeit

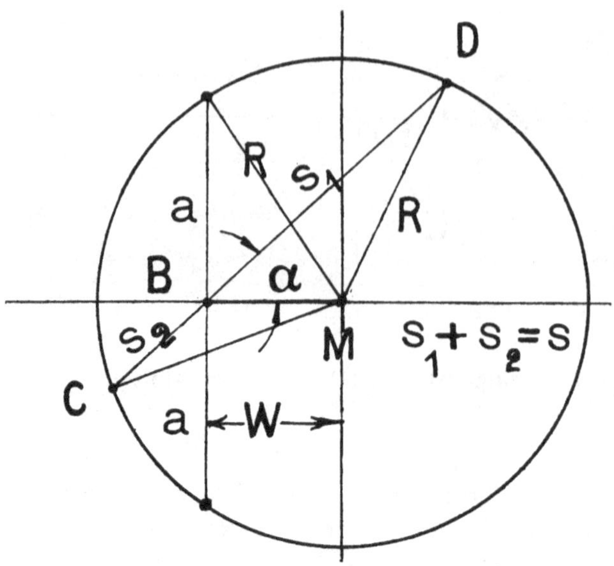

Fig. 108.

zur Rückkehr für den Fall, daß man die Richtung nach C zu eingeschlagen hatte.

Wir wollen nun untersuchen, wie sich die Strecke ρ mit dem Winkel α ändert. Wählen wir zu diesem Zwecke den Stationsort B zum Pol eines Koordinatensystems, dessen X-Achse wir mit der Windrichtung zusammenfallen lassen, und bezeichnen wir die Koordinaten des Endpunktes U der Strecke ρ mit x und y, so haben wir nach Fig. 107:

$$x^2 + y^2 = \rho^2$$

oder nach Gleichung 98:

$$x^2 + y^2 = \left(\frac{a^2}{s}\right)^2 \quad \ldots\ldots\ldots \quad 101)$$

Verbinden wir nun in Figur 108 die Endpunkte D und C des Strahles mit dem Mittelpunkt M des Kreises, so erhalten wir für das Dreieck BMD nach dem Cosinussatz:

$$s_1^2 + W^2 - 2 s_1 W \cos \alpha = R^2 \quad \ldots\ldots \quad 102)$$

und ebenso für das Dreieck BMC:

$$s_2^2 + W^2 - 2 s_2 W \cos (180^0 - \alpha) = R^2$$

oder:

$$s_2^2 + W^2 + 2 s_2 W \cos \alpha = R^2 \quad \ldots\ldots \quad 103)$$

Gleichung 102 und 103 lassen sich auch schreiben

$$s_1^2 - 2 s_1 W \cos \alpha = a^2$$

und

$$s_2^2 + 2 s_2 W \cos \alpha = a^2$$

wenn man beachtet, daß nach Fig. 108

$$R^2 = a^2 + W^2$$

ist, und daraus ergeben sich schließlich die beiden Sehnenabschnitte zu:

$$s_1 = W \cos \alpha \pm \sqrt{a^2 + W^2 \cos^2 \alpha}$$

und

$$s_2 = - W \cos \alpha \pm \sqrt{a^2 + W^2 \cos^2 \alpha}$$

und durch Addition dieser beiden Gleichungen erhalten wir die Länge der ganzen Sehne zu:

$$s = \pm 2 \sqrt{a^2 + W^2 \cos^2 \alpha}$$

Diesen Wert eingesetzt in Gleichung 101 liefert

$$x^2 + y^2 = \frac{a^4}{4 (a^2 + W^2 \cos^2 \alpha)}$$

Nach Fig. 107 ist:

$$\cos \alpha = \frac{x}{\sqrt{x^2 + y^2}}$$

Und diesen Wert in die vorige Gleichung eingesetzt, gibt:

$$x^2 + y^2 = \frac{a^4}{4} \cdot \frac{2}{a^2 + W^2 \dfrac{x^2}{x^2 + y^2}}$$

Daraus wird nach einigen Umformungen:

$$4 x^2 (a^2 + W^2) + 4 a^2 y^2 = a^4$$

Für $a^2 + W^2$ können wir nach Figur 108 wieder R^2 setzen.

Es wird also:

$$4x^2R^2 + 4a^2y^2 = a^4$$

oder

$$\left(\frac{x}{\frac{a^2}{2R}}\right)^2 + \left(\frac{y}{\frac{a}{2}}\right)^2 = 1 \quad . \quad . \quad . \quad . \quad . \quad . \quad 104)$$

womit wir die gesuchte Funktion gewonnen haben. Wir erkennen in Gleichung 104 die Gleichung einer Ellipse mit dem Stationsort B des Schiffes als Mittelpunkt, mit den Halbachsen $\frac{a^2}{2R}$ und $\frac{a}{2}$ und zwar liegt immer die kleine Achse der Ellipse in der Windrichtung, denn $\frac{a^2}{2R}$ ist immer kleiner als $\frac{a}{2}$. Die Halbachsen geben zugleich die Strecken an, die das Schiff in der Windrichtung und senkrecht dazu hinausfahren darf. Mit oder gegen den Wind können wir uns also von B entfernen, um die Strecke $\frac{a^2}{2R}$ und senkrecht zur Windrichtung um die Strecke $\frac{a}{2}$. Die gleichen Werte ergeben sich natürlich, wenn wir die zu diesen Richtungen gehörigen Sehnenlängen in einem Falle $s = 2R$, im anderen Falle $s = 2a$ in die Gleichung 98 einführen.

Das Aktionsfeld für ein Kriegsluftschiff kann also bei bekannter Windrichtung und Windstärke nach den Ergebnissen der vorausgehenden Rechnung sofort gezeichnet werden. Es bezeichne wieder in Figur 109 R den Aktionsradius für Windstille, und es sei beispielsweise die Windgeschwindigkeit gleich der Hälfte der Eigengeschwindigkeit des Schiffes. Da sich die Wege wie die Geschwindigkeiten verhalten, so ist also der Weg des Windes in der Zeit der maximalen Fahrdauer T gleich $W = \frac{R}{2}$; diese Strecke entgegengesetzt der Windrichtung vom Mittelpunkt des Kreises aus abgetragen, liefert die Lage des Stationsortes B, die dort zur Windrichtung gezogene Senkrechte die Strecke a und die Ellipse, welche für diesen Fall das Aktionsfeld des Kriegsluftschiffes begrenzt, kann dann, da ihre Halbachsen bekannt sind, ohne weiteres eingezeichnet werden. Wir ersehen aus Figur 109, daß das Aktionsfeld in einer ganz beträchtlichen Weise zusammenschrumpft, wenn die Bedingung der Rückkehr zum Ausgangspunkte gestellt wird. Die Fahrstrecken werden um so mehr beschränkt gegenüber denjenigen eines Sport- oder Verkehrsschiffes, je weniger der Fahrstrahl von der Windrichtung abweicht.

Zeichnen wir uns nun für verschiedene Windstärken W_1, W_2, W_3 usw. die Ellipsen ein, so erhalten wir das Bild der Figur 110. Wir ersehen daraus die beträchtliche Abnahme der Aktionsfelder mit der Zunahme des Windes. Herrscht Windstille, so wird die Ellipse zum Kreis mit dem Radius $\frac{R}{2}$. Wird schließlich die Windgeschwindigkeit gleich der Eigengeschwindigkeit des Schiffes, wird also $W = R$, so werden die beiden Halbachsen der Ellipse zu Null, womit das Aktionsfeld verschwindet. Also ein Schiff, das zum Ausgangspunkte zurückkehren muß, kann dann seinen Stationsort in Figur 110, Pkt. B_5 über-

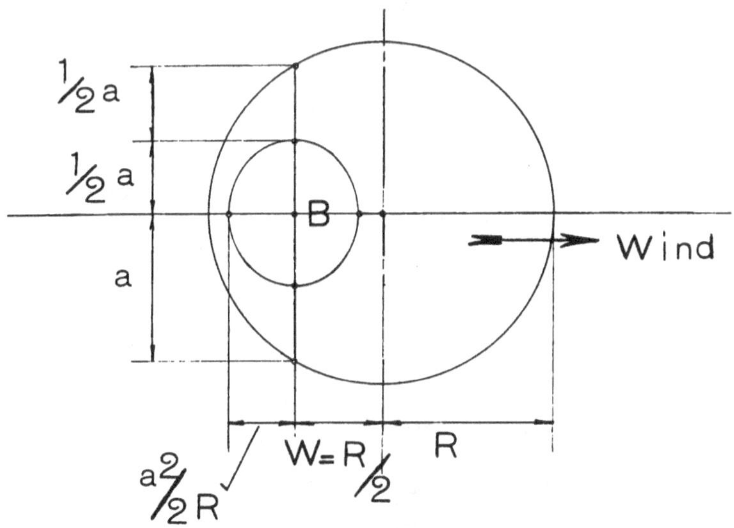

Fig. 109.

haupt nicht mehr verlassen, während ein Schiff, das der Bedingung zur Rückkehr nicht unterworfen ist, in diesem Falle immer noch alle auf der Peripherie des Kreises mit dem Radius R liegenden Orte erreichen kann. Auch in der Nähe des Punktes B_5 sind die elliptischen Aktionsfelder, besonders in der Windrichtung, schon von so geringer Ausdehnung, daß die praktische Verwendbarkeit des Schiffes bei diesen Windstärken illusorisch wird. Wir erkennen aus dem Verlauf der Ellipsen, von welch ausschlaggebender Bedeutung für Kriegsschiffe ganz besonders große Eigengeschwindigkeiten und beträchtliche Benzinvorräte sein werden. Ein Sport- oder Verkehrsschiff bleibt trotz geringerer Eigengeschwindigkeit und geringeren Benzinvorrats noch in ausgedehntem Maße verwendungsbereit, während ein schnelleres und mit größerem Aktionsradius ausgestattetes Kriegsschiff bei der gleichen Windstärke längst die Arbeit einstellen muß. Dieser bemerkenswerte Unterschied ist die Folge der geometrischen Verhältnisse, die durch die Forderung der Rückkehr des Schiffes zum Stationsort bedingt sind.

Der Unterschied läßt sich kurz in folgenden Sätzen zusammenfassen:

1. Das Schiff, das stets zum Ausgangspunkte zurückkehren muß, erfährt mit zunehmendem Winde eine derartige Beschränkung

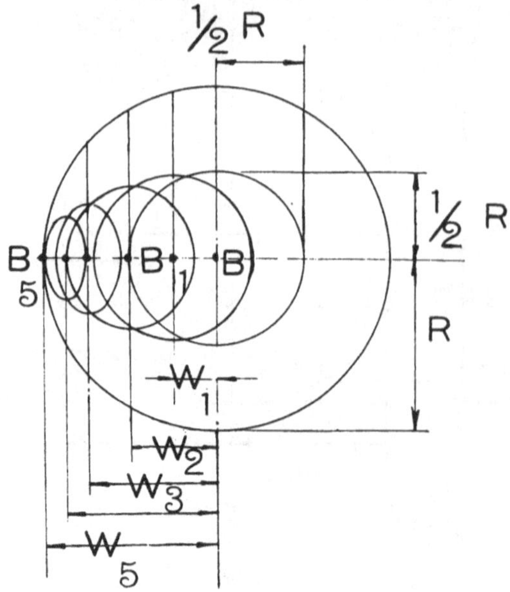

Fig. 110.

seines Aktionsfeldes, daß bei Windstärken, die sich der Eigengeschwindigkeit des Fahrzeuges nähern, die praktische Verwendungsfähigkeit sehr bald illusorisch wird.

Der Stationsort liegt unabhängig von der Windstärke stets im Mittelpunkte des Aktionsfeldes, das durch eine Ellipse begrenzt wird, deren kleine Achse in der Windrichtung liegt. Wird $W = R$, so ist der Aktionsradius des Schiffes nach jeder Richtung hin gleich Null.

2. Das Aktionsfeld eines Schiffes dagegen, das an die Rückkehr zum Stationsort nicht gebunden ist, bleibt unabhängig vom Winde seiner Größe nach konstant, nämlich stets eine Kreisfläche vom Radius R. Es ändert sich mit wachsendem Winde lediglich die Lage

des Stationsortes innerhalb des Aktionsfeldes, und zwar entfernt sich der Stationsort mit zunehmendem Winde, vom Mittelpunkte des Kreises, entgegengesetzt der Windrichtung, immer mehr, bis er schließlich bei einer Windstärke gleich der Eigengeschwindigkeit des Schiffes die Peripherie des Kreises erreicht. In diesem ungünstigsten Falle beherrscht das Schiff immer noch den halben Horizont (siehe Figur 104), und vermag alle Punkte des Kreisumfanges zu erreichen, während ein der Bedingung zur Rückkehr unterworfenes Schiff unter den gleichen Verhältnissen seinen Stationsort überhaupt nicht mehr verlassen darf.

Die Umsetzung der bisher gewonnenen Resultate in die Praxis läßt sich am einfachsten etwa folgendermaßen bewerkstelligen:

Man zeichnet sich auf durchsichtigem Papier etwa nach Figur 110 einen Kreis mit dem Aktionsradius R des Schiffes für Windstille, in dem Maßstabe der für die Fahrt verwendeten Karten und teilt dann den Radius in beliebig viele Teile. Ich habe der Einfachheit halber deren nur fünf gewählt. In den Teilpunkten errichtet man die Senkrechten, durch deren Halbierung man nach Gleichung 12 die großen Achsen der Aktionsellipsen erhält, die kleinen Achsen ermitteln sich ebenfalls nach Gleichung 104 zu $\frac{a^2}{2R}$ wobei a die halbe Länge der im Stationsort zur Windrichtung errichteten senkrechten Sehne bedeutet. Punkt B_1 entspricht dann einer Windstärke von $1/5$, B_2 von $2/5$, B_3 von $3/5$ usw. der Eigengeschwindigkeit des Schiffes für den Fall, daß man die Teile alle gleich groß wählt, was in Figur 110 allerdings nicht der Fall ist. Hat man nun die Windstärke und die Windrichtung festgestellt, so legt man den der gemessenen Windstärke entsprechenden Punkt B_1, B_2 usw. auf der Karte auf den Stationsort des Schiffes und dreht die Figur solange, bis die X-Achse mit der Windrichtung zusammenfällt. Die zugehörige Ellipse bzw. der Kreis lassen dann auf der Karte sofort die Orte erkennen, die im ersteren Falle bei Rückkehr zum Standorte, im zweiten Falle bei Ausfahren des Benzinvorrates in einer Richtung erreicht werden können. Die den verschiedenen Windstärken entsprechenden Ellipsen können der Übersichtlichkeit halber in verschiedenen Farben gezeichnet werden, schließlich ist es auch nicht umständlicher, wenn man sich für jede Windstärke eine besondere Figur zeichnet (siehe etwa Figur 111). Diese Figuren müssen stets an Bord des Schiffes vorhanden sein, ebenso Tabellen für die Fahrzeiten nach verschiedenen Richtungen, die aus den Gleichungen 99 und 100 zu berechnen wären. Die Fahrrichtungen, die in bestimmten Winkeln vom Mittelpunkt der Ellipse aus bis zur Peripherie des Kreises durchgezogen werden (siehe Figur 111), werden numeriert und aus der Tabelle die zugehörige Fahrzeitdauer abgelesen. Die Fahrzeittabelle ist natürlich nur nötig, wenn es sich um die Rückkehr des Schiffes handelt, denn wenn es bis zur Peripherie des Kreises durchfährt, braucht es für jede Richtung die gleiche Zeit *T*, die von vornherein bekannt ist.

Nachdem wir uns nun zunächst darüber klar geworden sind, in welcher Richtung und wie weit bzw. wie lange in dieser Richtung ein Luftschiff unter gegebenen Verhältnissen zu fahren vermag, so liegt jetzt die Frage nahe, auf welche Weise es praktisch gelingt, das Schiff an den gewünschten Ort zu bringen. Wir wissen nach Fig. 100, daß es sich vor allem um die richtige Einstellung des Kielwinkels

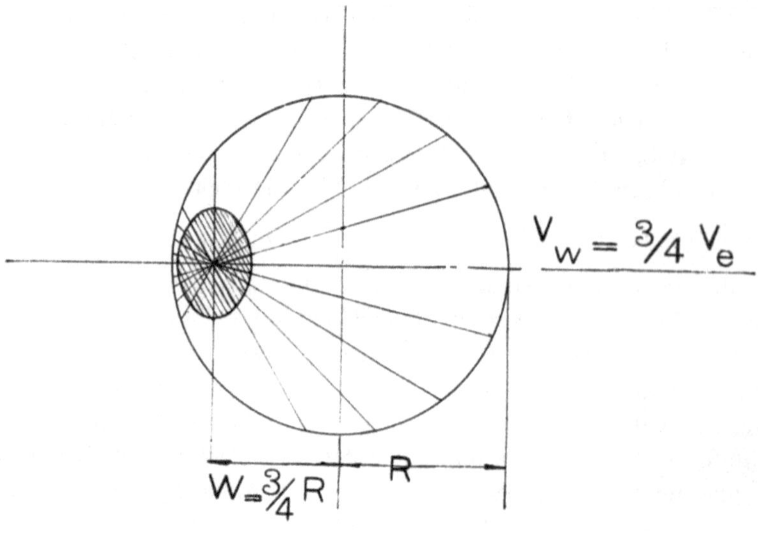

Fig. 111.

handelt. In Figur 112 sei wieder *B* der Stationsort des Schiffes, dasselbe habe den Auftrag, nach dem Zielpunkte Z zu fahren. Der Wind wehe in der Richtung des Pfeiles mit der Geschwindigkeit *BW*. Das Schiff fährt nun zunächst aus aeronautischen Gründen gegen den Wind ab. Ist nun die stets für den Luftschiffer unangenehme Erde in genügender Entfernung und der Beharrungszustand des Schiffes erreicht, so wendet der Steuermann ungefähr das Schiff in die gewünschte Richtung. Dieselbe wird nun im allgemeinen mehr oder weniger von der Richtung nach Z abweichen. Bedeutet in Figur 112 *BE* die Eigengeschwindigkeit des Schiffes, so bewege es sich nun nach Zusammensetzung mit der Windegeschwindigkeit in der Richtung nach X. Mit Hilfe von Karte und Kompaß stellt nun der Steuermann ein um eine horizontale und vertikale Achse drehbares Fernrohr, das mit senkrechtem Fadenstrich versehen ist, in die Richtung zu dem Zielorte Z ein. In Bezug auf die Fernrohrachse, die nun mit der Zielrichtung BZ zusammenfällt, zerlegt sich die Geschwindigkeit des Schiffes relativ zur Erde BX in zwei Komponenten; die eine BC in Richtung der Fernrohrachse, die andere AB senkrecht dazu. Dreht nun der Steuermann das Fernrohr um seine horizontale Achse solange nach abwärts, bis er die Erde erblickt, so zieht offenbar das Gelände mit der Geschwindigkeitskomponente AB an dem senkrechten Fadenstrich des Fernrohres vorbei. Solange er eine solche Bewegung wahrnimmt, weicht die Fahrrichtung des Schiffes um so mehr von der gewünschten Kurslinie BZ ab, je schneller die Bewegung seinem Auge erscheint. Er legt nun das Ruder solange in entsprechender

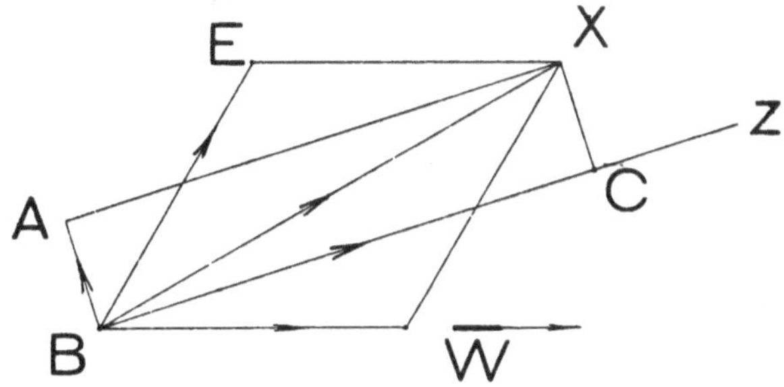

Fig. 112.

Richtung um, bis die Geschwindigkeitskomponente AB zu Null geworden ist, welcher Moment sich dadurch kennzeichnet, daß das Gelände direkt ins Fernrohr hineinläuft, etwa so, wie eine gerade Landstraße in ein rasch fahrendes Automobil hinein zu laufen scheint.

In der beständigen Aufrechterhaltung des Kielwinkels liegt die Kunst des Steuermannes. Sie erfordert eine andauernde Korrektur und somit eine ununterbrochene gespannte Aufmerksamkeit des Mannes am Ruder, der infolgedessen einer öfteren Ablösung bedarf.

Außer der bis jetzt besprochenen Navigationsart für die Fahrt unter Kielwinkel gibt es aber noch eine andere, die praktisch einfacher und für den Steuermann weniger anstrengend ist. Sie ist aber nur möglich, wenn man das Ziel vor Augen hat und führt außerdem nicht in einer geraden Linie, sondern in einer Kurve zum Bestimmungsorte. Diese Navigationsart besteht darin, daß man die Kiellinie des Schiffes stets auf das Ziel gerichtet hält, was praktisch eine einfache Sache ist. Man braucht als Navigationsapparat nur ein festes Lineal, das parallel zur Längsachse des Schiffes steht und mit einer Visiereinrichtung versehen ist. Es geht aber auch ohne dieses. In Figur 113 sei Z das Ziel und B der Abfahrtsort. Der Wind wehe parallel der X-Achse in Richtung des Pfeiles. dw bedeute den Weg, den das Schiff in der unendlich kleinen Zeit dt vom Winde davongeführt wird, während dv die in derselben Zeit durch die Eigengeschwindigkeit des Fahrzeuges zurückgelegte Strecke nach Größe und Richtung darstellt. Richtet man nun die Kiellinie des Schiffes mit Hilfe der festen Visiereinrichtung auf das Ziel Z, so bewegt sich

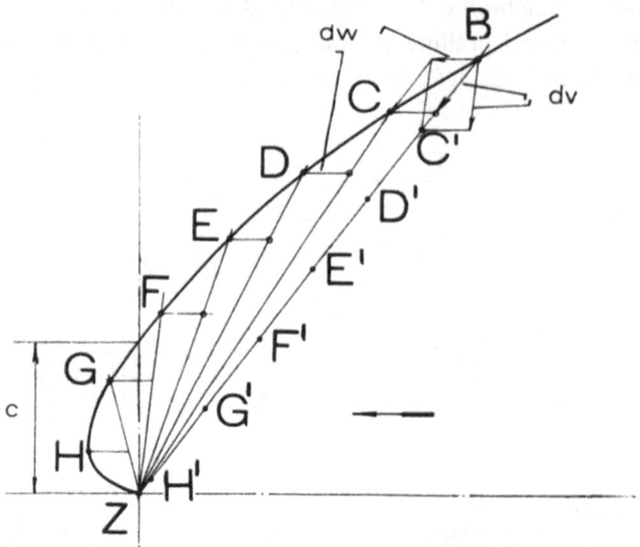

Fig. 113.

das Schiff tatsächlich unter dem Einfluß der Eigengeschwindigkeit und der Windgeschwindigkeit in der Richtung BC. Nach Ablauf der unendlich kleinen Zeit dt sei es in C angelangt und nun wendet es seinen Kiel von neuem nach dem Bestimmungsorte Z. Das Schiff gelangt dann nach Punkt D, und in jedem weiteren Augenblick wiederholt sich das gleiche Spiel, so daß das Schiff, den Kiel ununterbrochen auf das Ziel gerichtet, die Kurve $BCDE$ beschreibt, die unter gewissen Bedingungen näher und näher an den Bestimmungsort heranführt und denselben schließlich erreicht. Die Geschwindigkeit des Schiffes relativ zur Erde ist dabei nicht mehr konstant, wie es bei der bisherigen geradlinigen Fahrt unter konstantem Kielwinkel der Fall war wie man ohne weiteres aus Figur 113 erkennen kann.

Ich habe vorhin bemerkt, daß man bei dieser Fahrmethode nur unter bestimmten Bedingungen das Ziel erreicht bzw. in dessen Nähe gelangt. Diese Bedingungen sind abhängig von der Lage des Abfahrtortes B in Bezug auf das Ziel und insbesondere von dem Verhältnis von Wind- und Eigengeschwindigkeit zueinander. In Figur 114 können wir uns von jedem Punkt der Ebene als Abfahrtsort für alle möglichen Verhältnisse zwischen Wind und Eigengeschwindigkeit die Fahrkurven für den Zielpunkt Z konstruiert denken. Die ganze Ebene unseres Koordinatensystems ist dann mit Kurven bedeckt, und wir wollen nun, um deren Eigenschaften kennen zu lernen, die allgemeine

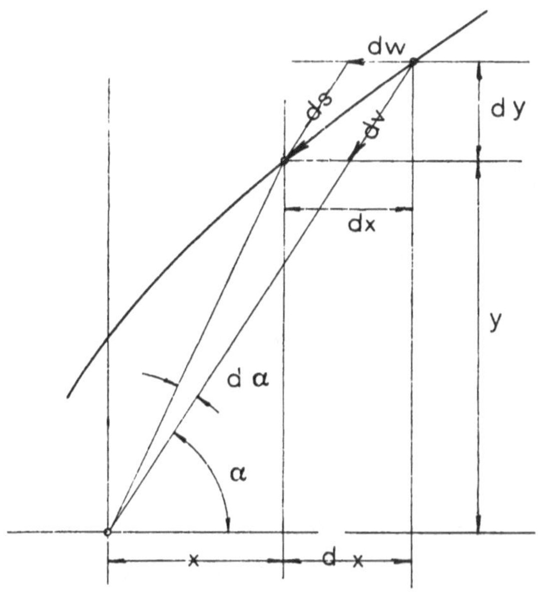

Fig. 114.

Gleichungsform für dieselben aufstellen. Als Pol unseres Koordinatensystems wählen wir den Zielpunkt Z und der Wind wehe wieder parallel zur X-Achse in der Richtung des Pfeiles. Das Kurvenelement ds setzt sich zusammen aus den Komponenten dw und dv, wobei dv die in der unendlich kleinen Zeit dt durch die Eigengeschwindigkeit des Schiffes zurückgelegte Strecke bedeutet, während dw der in der gleichen Zeit dt durch den Wind verursachten Ortsveränderung entspricht. dv ist der Voraussetzung gemäß stets zum Pol gerichtet, während dw eine konstante Richtung parallel zur X-Achse besitzt.

α sei der Winkel, den der vom Pol aus nach dem Kurvenelement gezogene Strahl mit der positiven Richtung der X-Achse einschließt. Wir haben nun nach Figur:

$$dy = dv \cdot \sin\alpha$$

und

$$dx = dw + dv \cdot \cos\alpha$$

also:

$$\frac{dx}{dy} = \frac{dw + dv \cdot \cos\alpha}{dv \cdot \sin\alpha} = \frac{dw}{dv \cdot \sin\alpha} + \operatorname{cotg}\alpha$$

Nach Figur 114 ist

$$\sin\alpha = \frac{y}{\sqrt{x^2 + y^2}}$$

und

$$\operatorname{cotg}\alpha = \frac{x}{y}$$

Setzen wir diese Werte in die obige Differentialgleichung ein, und beachten wir, daß für $\frac{dw}{dv}$ auch $\frac{w}{v}$ gesetzt werden kann, wenn w die Windgeschwindigkeit und v die Eigengeschwindigkeit des Schiffes bedeutet, so erhalten wir:

$$\frac{dx}{dy} = \frac{w\sqrt{x^2 + y^2} + vx}{vy}$$

oder

$$\frac{dy}{dx} = \frac{vy}{w\sqrt{x^2 + y^2} + vx} \quad \ldots\ldots \quad 105)$$

womit wir die Differentialgleichung der Kurve erhalten haben.

Dieselbe läßt sich lösen durch die Substitution $y = z\,x$; durch Differenzierung der Substitutionsgleichung wird:

$$\frac{dy}{dx} = \frac{dz}{dx}x + z \quad \ldots\ldots\ldots \quad 106)$$

Setzen wir die Gleichungen 105 und 106 einander gleich und schreiben wir in Gleichung 105 für y überall zx, so wird

$$\frac{dz}{dx}x + z = \frac{vzx}{w\sqrt{x^2 + z^2x^2} + vx}$$

und nach einigen Umformungen geht diese Gleichung über in:

$$\frac{x}{dx} = \frac{vz - z\,(w\sqrt{1 + z^2} + v)}{dz\,(w\sqrt{1 + z^2} + v)}$$

Stürzen wir auf jeder Seite den Bruch, so wird die Differentialgleichung der Kurve ohne weiteres integrierbar, und wir erhalten:

$$\int \frac{dx}{x} = \int \frac{(w\sqrt{1+z^2}+v)}{vz - z(w\sqrt{1+z^2}+v)} \cdot dz$$

oder nach einigen Vereinfachungen:

$$\int \frac{dx}{x} = -\int \frac{dz}{z} - \frac{v}{w}\int \frac{dz}{z\sqrt{1+z^2}}$$

Das Integral auf der linken Seite, sowie das 1. Integral auf der rechten Seite können als Fundamentalintegrale sofort angeschrieben werden.

Das zweite Integral rechts läßt sich lösen durch die Substitution

$$u = \sqrt{1+z^2}$$

und man erhält nach Ausführung der Integration dafür:

$$\frac{v}{w}\int \frac{dz}{z\sqrt{1+z^2}} = \frac{1}{2} \cdot \frac{v}{w} \ln \frac{\sqrt{1+z^2}-1}{\sqrt{1+z^2}+1} + c$$

Ich lasse die Zwischenrechnung weg, von der Richtigkeit der Lösung kann man sich leicht durch Differentation derselben überzeugen.

Wir erhalten nunmehr als Lösung unserer Differentialgleichung:

$$\ln x = -\ln z - \frac{v}{2w} \ln \frac{\sqrt{1+z^2}-1}{\sqrt{1+z^2}+1} + c$$

und nach Ersatz von z durch $\frac{y}{x}$ wird:

$$\ln x = -\ln \frac{y}{x} - \frac{v}{2w} \ln \frac{\sqrt{1+\left(\frac{y}{x}\right)^2}-1}{\sqrt{1+\left(\frac{y}{x}\right)^2}+1} + c$$

oder

$$\ln c \cdot y = \ln \left\{\frac{\sqrt{1+\left(\frac{y}{x}\right)^2}-1}{\sqrt{1+\left(\frac{y}{x}\right)^2}+1}\right\}^{-\frac{v}{2w}}$$

Setzen wir die Logarithmanden einander gleich, und stürzen wir den Bruch auf der rechten Seite unter gleichzeitigem Wechsel des Vorzeichens des Exponenten $\frac{v}{2w}$, so wird:

$$cy = \left\{\frac{\sqrt{1+\left(\frac{y}{x}\right)^2}+1}{\sqrt{1+\left(\frac{y}{x}\right)^2}-1}\right\}^{\frac{v}{2w}}$$

und nach einer kleinen Umformung erhalten wir in:

$$cy = \left\{\frac{\sqrt{x^2+y^2}+x}{\sqrt{x^2+y^2}-x}\right\}^{\frac{v}{2w}} \quad . \quad . \quad . \quad . \quad . \quad . \quad 107)$$

die gesuchte Gleichung der Steuerkurve in ihrer allgemeinsten Form. Dabei bedeutet die Konstante c einen Parameter, der abhängig ist von der Wahl des Abfahrtspunktes, während der Exponent $\frac{v}{2w}$ durch das Verhältnis zwischen Wind- und Eigengeschwindigkeit bestimmt ist.

Wir wollen nun die geometrischen Eigenschaften der Steuerkurven etwas näher untersuchen, und zwar um uns Klarheit darüber zu verschaffen, wie deren Verlauf sich ändert, je nachdem die Eigengeschwindigkeit des Schiffes größer oder kleiner als die Windgeschwindigkeit wird, bzw. wenn beide Geschwindigkeiten einander gleich sind.

Zu diesem Zwecke setzen wir zunächst den Exponenten

$$\frac{v}{2w} = \frac{1}{n}$$

und erhalten dann für Gleichung 107:

$$cy = \left\{\frac{\sqrt{x^2+y^2}+x}{\sqrt{x^2+y^2}-x}\right\}^{\frac{1}{n}}$$

oder nachdem wir auf beiden Seiten mit n potenzieren:

$$cy^n\left(\sqrt{x^2+y^2}-x\right) = \sqrt{x^2+y^2}+x$$

Multiplizieren wir, um uns der Wurzeln zu entledigen, beide Seiten der Gleichung mit

$$\left(\sqrt{x^2+y^2}-x\right)$$

so wird:

$$cy^n\left(\sqrt{x^2+y^2}-x\right)^2 = y^2$$

Durch Ausquadrieren erhalten wir:

$$2x^2+y^2-2x\sqrt{x^2+y^2} = cy^{(2-n)}$$

und schließlich durch Separierung der Wurzel und nochmaliges Quadrieren ergibt sich nach einigen Vereinfachungen die allgemeine Gleichungsform der Steuerkurve nunmehr zu:

$$y^{(2+n)} - 2cy^2 + c^2y^{(2-n)} = 4cx^2 \quad . \quad . \quad . \quad 108)$$

Setzen wir nun z. B. $v > w$ also etwa $v = 2w$, so wird für diesen besonderen Fall $n = 1$, und die Gleichung unserer Steuerkurve geht dann über in:

$$y^3 - 2cy^2 + c^2y = 4cx^2 \quad . \quad . \quad . \quad . \quad . \quad . \quad 109)$$

Zunächst sehen wir dieser Gleichung an, daß die von ihr repräsentierte Steuerkurve durch den Pol geht, daß also das Ziel tatsächlich erreicht wird, denn setzen wir $x = 0$, so wird die Gleichung erfüllt, wenn auch $y = 0$ wird.

Für $x = 0$ geht die Gleichung 109 aber auch weiterhin über in:

$$y^2 - 2cy + c^2 = 0$$

und daraus:

$$y = c \pm \sqrt{-c^2 + c^2}$$

oder

$$y = c.$$

Die Kurve zeigt also einen Verlauf, wie er durch Figur 113 dargestellt wird. Diese Figur zeigt die Kurve nur so weit, als sie für die Praxis in Betracht kommt.

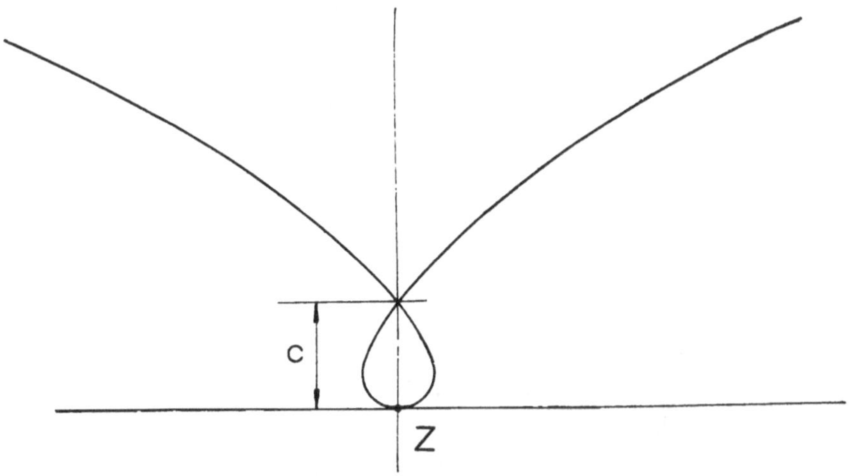

Fig. 115.

Lösen wir Gleichung 109 nach x auf, so erhalten wir:

$$x = \pm \sqrt{\frac{y^3 - 2cy^2 + cy^2}{4c}}$$

und in dieser Form erkennen wir sofort, daß wir für jeden beliebigen Wert von y, zwei, der absoluten Größe nach gleiche, dem Vorzeichen nach aber verschiedene Werte von x erhalten. Die Kurve liegt demnach symmetrisch zur y-Achse.

Setzen wir für y einen negativen Wert ein, so werden alle 3 Summanden unter der Wurzel negativ, x wird also dann stets eine imaginäre Größe. Die Kurve kann daher keinen reellen Punkt unterhalb der x-Achse besitzen. Damit ist die charakteristische Form der Steuerkurve vollkommen festgelegt. Sie bietet das Bild der Figur 115.

Setzen wir nun die Eigengeschwindigkeit des Schiffes gleich der Windgeschwindigkeit, so wird $n = 2$ und Gleichung 108 geht über in:

$$y^4 - 2cy^2 + c^2 = 4cx^2$$

oder

$$(y^2 - c)^2 = 4cx^2$$

oder

$$y^2 - c = 2x\sqrt{c}$$

Setzen wir

$$\sqrt{c} = p$$

so wird:

$$y^2 = p^2 + 2px \quad . \quad . \quad . \quad . \quad . \quad . \quad . \quad 110)$$

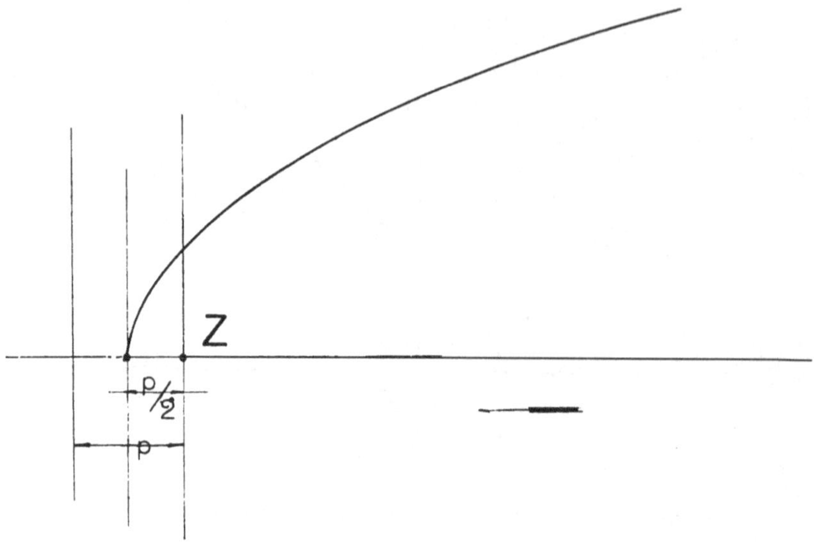

Fig. 116.

Das ist die Gleichung einer Parabel mit dem Parameter $2p$, deren Brennpunkt im Pol liegt, siehe Figur 116. Da wir den Pol als Ziel gewählt haben, so schließen wir aus Gleichung 110, daß für den Fall, daß Eigen- und Windgeschwindigkeit einander gleich sind, das Ziel nicht erreicht wird, sondern daß man an einen Ort gelangt, der um $\frac{p}{2}$ in der Windrichtung vom Zielpunkte entfernt liegt. In diesem Punkte angekommen, steht das Schiff still, da Eigengeschwindigkeit und Windgeschwindigkeit gleich groß und entgegengesetzt gerichtet sind, und deshalb keine Resultierende mehr darstellen können.

Wird nun schließlich die Windgeschwindigkeit größer als die Eigengeschwindigkeit des Schiffes, so wird $n > 2$ und der 3. Summand der allgemeinen Gleichung 108:

$$c^2 y^{(2-n)}$$

erhält daher stets einen negativen Exponenten, und für $y = 0$ erhalten wir dann immer $x = \infty$; das Ziel kann also niemals erreicht werden.

Nun noch eine Bemerkung über den Zeitunterschied bei Fahrt unter konstantem Kielwinkel, also in gerader Linie aufs Ziel, und bei Fahrt unter veränderlichem Kielwinkel, also bei der eben besprochenen Kurvenfahrt.

Verbinden wir zu diesem Zwecke in Figur 113 den Abfahrtsort mit dem Ziel durch eine gerade Linie, so legt das Schiff in der Zeit dt die konstante Strecke BC' zurück, während bei der Kurvenfahrt der Weg pro Zeitelement ein unveränderlicher ist. Die Orte auf der Kurve und auf der Geraden, die das Schiff gleichzeitig erreicht, sind in der Figur 113 mit gleichen Buchstaben bezeichnet, und ein Blick auf dieselben läßt erkennen, daß man bei gerader Fahrt etwas früher zum Ziele gelangt.

Der gerade Weg ist also auch in der Luft immer noch der kürzeste, jedoch der andere ist bequemer, denn, wie schon früher erwähnt, erfordert die dauernde Aufrechterhaltung des Kielwinkels ununterbrochene, gespannte Aufmerksamkeit des Führers, während es dagegen wenig Mühe macht, den Kiel des Schiffes immer aufs Ziel gerichtet zu halten.

18. Die Messung der Eigengeschwindigkeit.

Am einfachsten bestimmt man die maximale Eigengeschwindigkeit eines Luftschiffes, indem man an einem völlig windstillen Tage eine gerade Strecke mit voller Maschinenkraft abfährt.

Dabei ist darauf zu achten, daß sowohl der Anfangspunkt wie auch der Endpunkt der gewählten Strecke in voller Fahrt passiert werden, damit die Beschleunigungsperiode keinen Einfluß auf die Messung gewinnen kann.

Die Eigengeschwindigkeit ergibt sich dann aus der Länge der befahrenen Strecke und der mittelst Stoppuhr gemessenen Fahrzeit.

Da völlig windstille Tage nun sehr selten sind, und nicht immer die Zeit vorhanden ist, auf einen solchen Tag zu warten, so hat man sich bemüht Messungsmethoden ausfindig zu machen, die auch bei Wind ein genaues Meßresultat gewährleisten.

Bedingung für die Brauchbarkeit solcher Methoden ist jedoch, daß die Messung der Windstärke dabei nicht erforderlich wird, denn die Bestimmung der Windgeschwindigkeit ist nicht so genau möglich, daß wir sie einer Messung der Eigengeschwindigkeit zu Grunde legen könnten.

Die eine Methode ist nun folgende:

Man fährt eine abgesteckte Strecke von der Länge s, die möglichst genau in der Richtung des herrschenden Windes liegen muß, einmal mit dem Winde und einmal gegen den Wind ab, und bestimmt dabei die zur Hin- und Rückfahrt erforderlichen Zeiten, die wir mit t_1 und t_2 bezeichnen wollen.

Wir haben dann für die Fahrt mit dem Winde, wenn wir wie früher die Eigengeschwindigkeit mit v_e und die Windgeschwindigkeit mit v_w bezeichnen:

$$v_e + v_w = \frac{s}{t_1}$$

und für die Fahrt gegen den Wind:

$$v_e - v_w = \frac{s}{t_2}$$

Durch Addition dieser beiden Gleichungen wird die Windgeschwindigkeit eliminiert und wir erhalten die gewünschte Eigengeschwindigkeit zu:

$$v_e = \frac{s}{t_1} + \frac{s}{t_2} \quad . \quad . \quad . \quad . \quad . \quad . \quad . \quad 111)$$

Es ist natürlich auch hier wieder darauf zu achten, daß beim Passieren der Endpunkte der Beharrungszustand vorliegt, und ferner, daß während der ganzen Fahrt die Höhe möglichst genau eingehalten wird, da man sonst nicht sicher weiß, ob die Windstärke während der Versuchsdauer immer die gleiche war, was natürlich für die Zuverlässigkeit der Messung als notwendig vorausgesetzt werden muß.

Die Länge der abzufahrenden Strecke wird zweckmäßig zu 10 km gewählt.

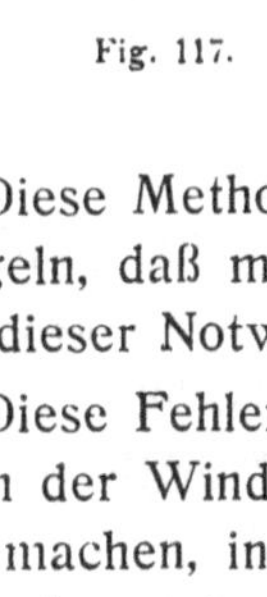

Fig. 117.

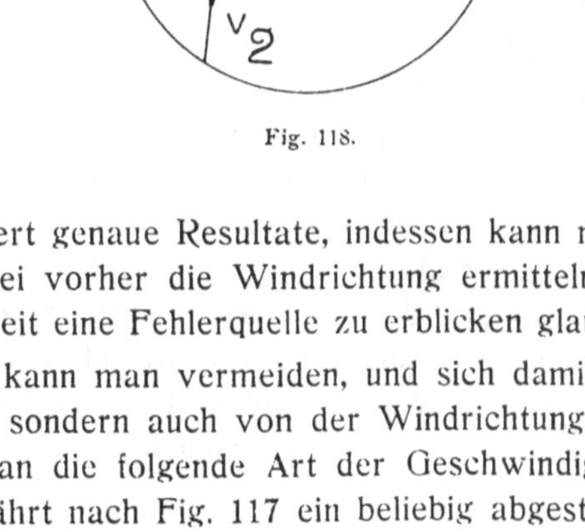

Fig. 118.

Diese Methode liefert genaue Resultate, indessen kann man es bemängeln, daß man dabei vorher die Windrichtung ermitteln muß, und in dieser Notwendigkeit eine Fehlerquelle zu erblicken glaubt.

Diese Fehlerquelle kann man vermeiden, und sich damit nicht nur von der Windstärke, sondern auch von der Windrichtung unabhängig machen, indem man die folgende Art der Geschwindigkeitsmessung benutzt. Man fährt nach Fig. 117 ein beliebig abgestecktes Dreieck ab, ohne sich um die Windrichtung zu kümmern, die in Fig. 117 durch einen Pfeil angedeutet ist.

Durch Messung der Fahrzeiten bestimmt man für jede der Dreieckseiten die zugehörige Fahrgeschwindigkeit aus:

$$\frac{a}{t_1} = v_1$$

$$\frac{b}{t_2} = v_2$$

und

$$\frac{c}{t_3} = v_3$$

wobei a, b und c die Längen der Seiten in Metern angeben. Nun zieht man nach Fig. 118 durch einen Punkt drei Stahlen parallel zu den Seiten des abgefahrenen Dreiecks und trägt auf jedem Strahl die zugehörigen Fahrgeschwindigkeiten v_1, v_2 und v_3 an.

Die Endpunkte dieser drei Strahlen bilden nun ein zweites Dreieck, und der Radius des diesem Dreieck umschriebenen Kreises liefert sofort die gesuchte Eigengeschwindigkeit.

Der Abstand des Schnittpunktes der drei Geschwindigkeitsstrahlen vom Mittelpunkte des Kreises zeigt die Windgeschwindigkeit, und die Verbindungsgerade dieser beiden Punkte die Windrichtung an, deren Vergleich mit der Wirklichkeit als Kontrolle für die Messung dienen kann. Der Beweis für die Richtigkeit dieser Methode ist auf Grund der Darlegungen des Kapitels 17 wohl ohne weiteres aus der Fig. 118 ersichtlich.

Schließlich kann die Eigengeschwindigkeit noch dadurch gemessen werden, daß man an einem windstillen Tage das mit voller Kraft laufende Schiff durch ein Fernrohr beobachtet und das Passieren der Kopf- und Schwanzspitze durch den senkrechten Fadenstrich mit der Stoppuhr markiert.

Die bekannte Länge des Schiffes dividiert durch die gemessene Zeit liefert die Eigengeschwindigkeit.

Es ist dabei gut, aber nicht unbedingt notwendig, wenn man das Schiff möglichst von der Breitseite beobachtet.

Welcher Methode man nun auch den Vorzug geben mag, jedenfalls ist es erforderlich, eine größere Anzahl von Messungen vorzunehmen. Das arithmetische Mittel aus den gewonnenen Meßresultaten wird dann in jedem Falle die Eigengeschwindigkeit des Fahrzeuges mit genügender Genauigkeit ergeben.